GAOCENG JIANZHU JIEGOU SHEJI

最新规范

高层建筑结构设计

主　编　郭仕群
副主编　吴传文　褚云朋

重庆大学出版社

内容提要

本书主要介绍高层建筑结构设计的基本原理和方法。全书以我国高层结构设计有关规范、规程为依据，阐述高层建筑结构各种体系的常用设计计算问题，包括：高层建筑结构体系、布置及荷载，高层建筑结构设计要求，框架结构设计，剪力墙结构设计，框架-剪力墙结构设计，筒体结构设计简介以及高层钢结构设计等内容。

本书可作为高等院校土木工程专业的本科生教材或教学参考用书，也可供相关专业工程技术人员、科研人员参考。

图书在版编目(CIP)数据

高层建筑结构设计／郭仕群主编. -- 重庆：重庆
大学出版社，2022.1
高等学校土木工程本科教材
ISBN 978-7-5689-3014-7

Ⅰ. ①高… Ⅱ. ①郭… Ⅲ. ①高层建筑—结构设计—
高等学校—教材 Ⅳ. ①TU973

中国版本图书馆 CIP 数据核字(2022)第 011277 号

高层建筑结构设计

主 编 郭仕群
副主编 吴传文 褚云朋
策划编辑：鲁 黎

责任编辑：文 鹏 张洁心 版式设计：鲁 黎
责任校对：关德强 责任印制：张 策

*

重庆大学出版社出版发行
出版人：饶帮华
社址：重庆市沙坪坝区大学城西路 21 号
邮编：401331
电话：(023)88617190 88617185(中小学)
传真：(023)88617186 88617166
网址：http://www.cqup.com.cn
邮箱：fxk@cqup.com.cn(营销中心)
全国新华书店经销
重庆俊蒲印务有限公司印刷

*

开本：787mm×1092mm 1/16 印张：18.75 字数：483 千
2022 年 1 月第 1 版 2022 年 1 月第 1 次印刷
印数：1—1 500
ISBN 978-7-5689-3014-7 定价：45.00 元

前　言

　　随着我国经济快速发展,高层建筑在城乡建设中应用越来越广泛,高层建筑充分体现了现代建筑的特征和科技力量。目前的高层结构已基本采用计算机程序建立三维空间计算模型进行分析计算,但作为工程技术人员,深入理解和掌握高层建筑结构设计的基本概念和基本理论,仍然是学习高层建筑结构设计至关重要的一环。

　　为适应宽口径、厚基础、多方向、重应用的土木工程专业人才培养模式要求,本书在编写过程中以建筑工程相关规范为主线,结合多年的教学、科研和工程实践经验,并吸收了国内外一些研究成果,同时紧密结合了高层建筑结构设计学科的最新发展状况。

　　本书在编写内容上贯彻教学中以学生为中心、教师为主导的思想,注重教材的实用性,把基本工程概念、基本知识、基本技能培养放在第一位,力求做到概念清楚、简明扼要、重点突出,在拓宽专业面的同时贯彻少而精的原则,使读者容易掌握常用的高层建筑结构体系的特点和设计方法。

　　本书共 8 章,主要内容包括:绪论,高层建筑结构体系、布置及荷载,高层建筑结构设计要求,框架结构设计,剪力墙结构设计,框架-剪力墙结构设计,筒体结构设计简介,以及高层钢结构设计。全书内容深入浅出,为帮助读者学习,本书采用了大量图表和例题,并在各章都附有思考题。

　　本书由郭仕群担任主编,吴传文、褚云朋担任副主编。第1,2,5,8 章由郭仕群编写,第4 章由郭仕群、褚云朋编写,第3,6,7 章由吴传文编写。

　　由于编者水平有限,书中难免存在不足之处,敬请读者不吝指正。

编　者
2021 年 3 月

目录

第1章　绪论 ……………………………………………… 1

1.1 高层建筑的特点 ……………………………………… 1

1.2 高层建筑的发展与展望 ……………………………… 3

1.3 本课程的主要内容、学习目的和要求 ……………… 9

第2章　结构体系、布置及荷载 ……………………… 11

2.1 高层建筑的结构体系与选型 ……………………… 11

2.2 高层建筑结构布置原则 …………………………… 18

2.3 结构布置实例 ……………………………………… 28

2.4 高层建筑结构荷载 ………………………………… 33

思考题 …………………………………………………… 50

第3章　高层建筑结构设计要求 ……………………… 52

3.1 荷载效应和地震作用效应组合 …………………… 52

3.2 结构设计要求 ……………………………………… 54

思考题 …………………………………………………… 64

第4章　框架结构设计 ………………………………… 66

4.1 框架结构内力的近似计算方法 …………………… 66

4.2 框架结构在水平荷载作用下侧移的近似计算 …… 91

4.3 钢筋混凝土框架的延性设计 ……………………… 94

思考题 …………………………………………………… 120

第5章　剪力墙结构设计 ……………………………… 121

5.1 剪力墙结构的受力特点和分类 …………………… 121

5.2 剪力墙结构内力及位移的近似计算 ……………… 126

5.3 剪力墙结构的延性设计 …………………………… 154

思考题 …………………………………………………… 187

第6章　框架-剪力墙结构设计 ……………………… 188

6.1 框架-剪力墙结构的受力特点和计算简图 ……… 188

6.2 框架-剪力墙结构的内力和位移的近似计算 …… 191

6.3 框架-剪力墙结构延性设计 ……………………… 208

思考题 …………………………………………………… 214

1

第 7 章　筒体结构设计简介 ················· 215
　7.1　筒体结构概念设计 ················· 215
　7.2　筒体结构设计计算方法 ··········· 220
　　思考题 ····························· 227

第 8 章　高层钢结构设计 ················· 228
　8.1　高层钢结构的性能特点 ··········· 228
　8.2　钢框架结构 ····················· 231
　8.3　框架-支撑结构 ··················· 248
　8.4　钢框架-墙板结构 ················· 274
　　思考题 ····························· 288

附录　风荷载体型系数 ··················· 290

参考文献 ······························· 294

第 **1** 章 绪论

1.1 高层建筑的特点

1.1.1 高层建筑的定义

随着社会生产的发展和人们生活的需要,高层建筑越来越多地应用于现代城市建设中。根据我国《高层建筑混凝土结构技术规程》(JGJ 3—2010)的规定,10 层及 10 层以上或房屋高度大于 28 m 的住宅建筑和房屋高度大于 24 m 的其他高层民用建筑称为高层建筑。

1.1.2 高层建筑的受力和位移特点

结构在施工和使用过程中,要同时承受竖向荷载和水平荷载的作用。根据已有的结构知识可知,由于高层建筑结构较高,承受的水平荷载也较多层结构大得多,因此,抗侧力结构成为高层建筑结构设计的主要问题。

如图 1.1 所示为建筑物高度与荷载效应的关系。由图可知,随着高度增大,位移增长最快,弯矩次之。高层建筑设计不仅需要较大的承载力,还需要较大的抗侧刚度,以限制水平侧移在一定的范围内。较大的侧移会使人感到不舒服,影响使用,同时,过大的侧向变形会使填充墙或建筑装修出现裂缝或损坏,会使电梯轨道变形。此外,过大的侧向变形可能使主体结构出现裂缝,甚至损坏。同时过大的侧向变形产生的附加弯矩,即 $P\text{-}\Delta$ 效应,可能引起结构的倒塌。

若把建筑物看成一个竖向悬臂构件,随着建筑物高度的增加,水平荷载(风荷载或水平地震作用)产生的内力和位移迅速增大,其最大轴力 N、弯矩 M 和位移 Δ 可表达如下:

①轴力与高度成正比,在竖向荷载作用下

$$N = WH = f(H) \tag{1.1}$$

②弯矩与高度的二次方成正比, 在水平荷载作用下

$$M = \frac{qH^2}{2} = f(H^2) \quad (均布) \tag{1.2}$$

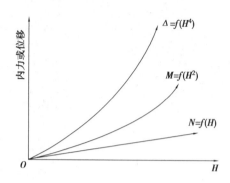

图 1.1　建筑物高度对内力、位移的影响

H—建筑物高度；M—弯矩；N—轴力；Δ—位移

$$M = \frac{qH^2}{3} = f(H^2) \quad （倒三角形） \tag{1.3}$$

③侧向位移与高度的四次方成正比，在水平荷载作用下

$$\Delta = \frac{qH^4}{8EI} = f(H^4) \quad （均布） \tag{1.4}$$

$$\Delta = \frac{11qH^4}{120EI} = f(H^4) \quad （倒三角形） \tag{1.5}$$

式中　q, W——高层结构每米高度的水平荷载和竖向荷载，kN/m。

从以上式子可知，抗侧力结构的设计会成为高层建筑结构设计的关键。要使抗侧力结构具有足够的承载能力和刚度，应尽可能提高材料利用率，降低材料消耗，从选择结构材料、结构体系、基础形式等方面着手，采用合理可行的设计方法，重视构造等细部处理，从而获得良好的技术经济效益。

由结构力学可知，高层结构竖向构件的变形是由弯曲变形、轴向变形及剪切变形 3 个因素的影响叠加组成的，可计算为

$$\delta_{ij} = \int \frac{M_i M_j}{EJ}\mathrm{d}s + \int \frac{N_i N_j}{EA}\mathrm{d}s + \int \frac{\mu \theta_i \theta_j}{GA}\mathrm{d}s \tag{1.6}$$

在多层建筑结构的内力和位移计算中，一般只考虑弯曲变形，其轴力项很小，剪力项一般可不考虑。对高层建筑结构，其层数多，高度大，轴力值很大，再加上沿高度积累的轴向变形显著，轴向变形会使高层建筑结构的内力数值与分布产生明显的变化。如图 1.2 所示的框架结构，在各层相等楼面均布荷载作用下，不考虑柱轴向变形时，各横梁的弯矩大致相同，梁端有较大负弯矩。而实际上，中柱轴力比边柱大，中柱轴向压缩变形也大于边柱，相当于梁的中支座沉陷，中支座上方梁端负弯矩自下而上逐层减少，到上部楼层还可能出现正弯矩。高层建筑结构不考虑墙、柱轴向变形会使结果产生显著的偏差。构件轴向变形（墙、柱轴向力大）与剪切变形（截面高度大）对结构内力和位移影响不可忽略，墙肢和柱的轴向变形对内力和位移的影响因荷载作用方向和结构形式的不同而有较大的区别。

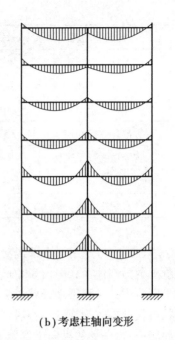

(a) 不考虑柱轴向变形   (b) 考虑柱轴向变形

图 1.2 柱的轴向变形对梁的内力影响

1.2 高层建筑的发展与展望

1.2.1 高层建筑的发展

高层建筑是随着社会生产和人们生活需要发展起来的,其中轻质高强材料的出现,计算机技术等在建筑中的广泛应用为高层建筑的发展提供了物质条件和技术条件。

古代高层建筑主要是塔。我国古代的一些木塔或砖塔经受住了上千年的风吹雨打和地震影响,保留至今,可见其结构之合理,工艺之精良。国外古埃及的金字塔,也经历了 4 600 多年的岁月洗礼,依然保存较好。

现代高层建筑出现在 19 世纪,1884—1885 年,美国芝加哥建成了 11 层的家庭保险大楼 (Home Insurance Building),这栋大楼是用铸铁和钢建造的框架结构,开创了现代高层建造结构的技术途径。随着材料和技术的不断提高,高层建筑在世界各地不断涌现。表 1.1 列出了世界上建成高度超过 400 m 的主要高层建筑。

表 1.1 世界上建成高度超过 400 m 的主要高层建筑

序号	建筑物名称	国家·城市	高度/m	建成年份
1	哈利法塔	阿联酋·迪拜	828	2010
2	上海中心大厦	中国·上海	632	2015
3	麦加皇家钟塔	沙特阿拉伯·麦加	601	2012

续表

序号	建筑物名称	国家·城市	高度/m	建成年份
4	广州珠江新城东塔	中国·广州	530	2014
5	台北101	中国·台湾	508	2003
6	上海环球金融中心	中国·上海	492	2008
7	香港环球贸易广场	中国·香港	484	2012
8	吉隆坡的双子星塔	马来西亚·吉隆坡	452	1998
9	广州新电视塔	中国·广州	450(塔身主体)	2009
10	紫峰大厦	中国·南京	450	2010

哈利法塔(图1.3)采用了下部混凝土结构、上部钢结构的结构体系。其中,−30~601 m为钢筋混凝土剪力墙体系;601~828 m为钢结构,其中601~760 m采用带斜撑的钢框架结构。结构平面采用三叉形平面形状(图1.4),可获得较大的侧向刚度,降低风荷载,同时,对称的平面形状可使结构较为规则,有利抗震。整个抗侧力体系是一个竖向带扶壁的核心筒,六边形的核心筒居中,每一翼的纵向走廊墙形成核心筒扶壁,共6道,横向分户墙作为纵墙的加劲肋,此外,每翼的端部还有4根独立的端柱。这样,抗侧力结构形成空间整体受力体系,具有良好的侧向刚度和抗扭刚度。中心筒的抗扭作用可模拟为一个封闭的空心轴,由3个翼上的6道纵墙扶壁大大加强,而走廊纵墙又被分户横墙加强。整个建筑就像一根刚度极大的竖向梁,抵抗风和地震产生的剪力和弯矩。并且加强层的协调使端部柱也能参与抗侧力工作。

图1.3 哈利法塔

图1.4 哈利法塔的结构平面

上海中心大厦(图1.5)采用"巨型框架-核心筒-伸臂桁架"抗侧力体系。巨型框架结构由8根巨型柱、4根角柱以及8道位于设备层两个楼层高的箱形空间环带桁架组成,巨型柱和角柱均采用钢骨混凝土柱。巨型柱与角柱平面布置如图1.6所示。核心筒为钢筋混凝土结构,截面平面形式根据建筑功能布局由低区的方形逐渐过渡到高区的十字形。为减小底部墙体的轴压比,增加墙体的受剪承载力以及延性,在地下室以及1~2区核心筒翼墙和腹墙中设置钢板,形成了钢板组合剪力墙结构。沿结构竖向共布置6道伸臂桁架(图1.7),伸臂桁架在加强层处贯穿核心筒的腹墙,并与两侧的巨型柱相连接,增加了巨型框架在总体抗倾覆力矩中所占的比例。同时,通过每道加强层处的环带桁架将周边次框架柱的重力荷载传至巨型柱和角柱,从而减小了巨型柱水平荷载产生的上拔力。另外,在每个加强层的上部设备层内,设置了多道沿辐射状布置的径向桁架,径向桁架不仅承担了设备层内机电设备以及每区休闲层的竖向荷载,还承担了外部悬挑端通过拉索悬挂起下部每个区的外部玻璃幕墙的荷载,并将荷载传至环带桁架、巨型柱以及核心筒。

图 1.5　建设中的上海中心大厦

图 1.6　上海中心大厦结构平面图

5

图 1.7　结构平面图

台北 101(图 1.8)采用新式的"巨型结构",在大楼的 4 个外侧各有两支巨柱,共 8 支巨柱,每支截面长 3 m、宽 2.4 m,自地下 5 楼贯通至地上 90 楼,柱内灌入高密度混凝土,外以钢板包覆。为了减小高空强风及台风吹拂造成的摇晃,大楼内设置了"调谐质块阻尼器",作为世界上第一座防震阻尼器外露于整体设计的大楼,在 88~92 楼挂置一个质量达 660 t 的巨大钢球,利用摆动来减缓建筑物的晃动幅度(图 1.9)。

图 1.8　台北 101

图 1.9　台北 101 内的调谐质块阻尼器

21世纪,高层建筑进入一个飞速发展的阶段。其建筑层数不断增多,高度不断增加,结构体型更趋复杂,平面、立面更加多样化。钢-混凝土混合(组合)结构的应用越来越多,钢结构高层建筑也迅速崛起。

1.2.2　高层建筑结构急需解决的问题

随着城市人口的不断增加,建设可用地的减少,高层建筑的高度不停向着更高的高度发展,结构所需承担的荷载和倾覆力矩越来越大,高层建筑正在从概念设计、结构材料、结构构件及减震技术等方面不断推陈出新。

(1)新的结构布置概念和结构体系的使用

高层建筑在水平荷载作用下,主要靠竖向构件提供抗侧移刚度和强度来维持稳定。在各类竖向构件中,竖向线性构件(柱)的抗侧移刚度很小,竖向平面构件(墙或框架)虽然在其平面内具有很大的抗侧移刚度,然而其平面外刚度依然很小。由4片墙或密柱深梁围成的墙筒或框筒,将基本线性或平面构件转变成具有不同力学性能的立体构件,在任何方向水平力的作用下,具有宽大的翼缘参与抗压和抗拉,其抗力偶的力臂,即横截面受压区中心到受拉区中心的距离很大,能够抵御很大的倾覆力矩,从而适应更多层数。

为了抵抗地震时的扭转振动,高层建筑的抗侧力构件正从中心布置和分散布置向高层建筑周边布置,以便能提供更大的抗扭转刚度,同时也能提供更大的抗力偶抵抗倾覆力矩。

框筒结构能提供较大的抗侧移刚度,但其固有的剪力滞后效应,削弱了它的抗侧移刚度和水平承载力,致使翼缘框架抵抗倾覆力矩的作用大大降低。为使框筒能充分发挥潜力,在其中增设支撑或斜向布置的抗剪墙板,则成为一种有力的措施。把在抵抗倾覆力矩中承担压力或拉力的构件,由原来的沿高层建筑周边分散布置,改为向结构四角集中,在转角处形成一个巨大柱,并利用交叉斜杆连成一个立体支撑体系,称为桁架筒体体系,这是高层建筑结构的又一发展趋势。巨大角柱对任意方向的倾覆力矩都有最大的力臂,不少高层结构都采用了这一体系,如图1.10所示的香港中国银行就是采用了这一体系。

图 1.10　香港中国银行

新的结构体系在高层建筑结构设计中不断涌现,如日本东京拟建的 Millennium Tower(千年塔)(图1.11),高约840 m,可以容纳6万人居住工作,其外观呈现圆锥形。其圆锥形结构能获得最小的风载体型系数,且每隔若干层设置一个透空层,更好地减小了风荷载;逐渐缩小的上部结构能减少风载和地震作用,从而减小倾覆力矩;倾斜外柱的轴力能部分抵消水平荷载;外柱间的空间支撑使整个结构形成了空间桁架筒体,使结构高度得到更好的实现。

图1.11 东京 Millennium Tower

(2)研发更加高强轻质的结构材料

目前高层建筑结构的主要材料是钢、钢筋和混凝土。随着建筑高度的增加,结构面积占建筑使用面积的比例越来越大。同时,建筑物越高,自重越大,引起的水平地震作用也越大,对竖向构件和地基造成的压力也越大,从而带来一系列的不利影响。

高强钢材和高强混凝土等高强轻质结构材料,以及其他轻质墙体填充材料成为高层建筑结构设计材料的首选。随着高性能混凝土材料的不断发展,混凝土的强度等级和塑性性能也不断得到改善,C80和C100强度等级的混凝土以及在超高层建筑结构中得到实际应用。高强度且具有良好可焊性的厚钢板,如Q460,Q550等,正在越来越多地应用于高层建筑结构。

轻质高强材料的不断研究发展将为高层建筑结构带来更大的发展。

(3)采用组合结构构件

为了满足超限、复杂高层建筑抗震设计的需要,钢筋混凝土竖向抗侧力构件越来越多地被钢-混凝土组合构件所代替。钢-混凝土组合构件是指钢板、型钢(也称"钢骨")或钢管(方钢管、圆钢管等)与钢筋混凝土(或混凝土)组成并共同工作的结构构件,包括圆钢管混凝土柱、方钢管混凝土柱、钢管混凝土叠合柱、型钢混凝土柱(也称"钢骨混凝土柱")、型钢混凝土剪力墙(也称"钢骨混凝土剪力墙")、钢桁架混凝土剪力墙、钢板混凝土剪力墙等。组合构件具有质量小、强度高、刚度大等特点,能有效减小构件的截面尺寸,极大地改善结构的抗震性能,相对纯钢结构,组合结构不需要附加防火材料,从而提高防火性能,且抗腐蚀性及耐久性也更易得到保证。

(4)发展结构耗能减震技术

建筑结构的减震有主动耗能减震和被动耗能减震(也称"主动控制和被动控制")。在高层建筑中的被动耗能减震有耗能支撑、带竖缝耗能剪力墙、被动调谐质量阻尼器,以及安装各种被动耗能的油阻尼器等。主动减震是由计算机控制,即由各种作动器驱动的调谐质量阻尼器对结构进行主动控制或混合控制的各种作用过程。结构主动减震的基本原理,是通过安装在结构上的各种驱动装置和传感器,与计算机系统相连接,计算机系统多地震动(或风振)和结构反应进行实时分析,向驱动装置发出信号,使驱动装置对结构不断地施加各种与结构反应相反的作用,从而达到在地震或风作用下减小结构反应的目的。目前,在美国、日本等国家,各种耗能减震控制装置已在高层建筑结构中得以应用,我国也有部分高层建筑工程中应用了这种技术。随着人类进入信息时代,使计算机、通信设备以及各类办公电子设备不受振动干扰而安全平稳运行,具有重要的现实意义,高层建筑的耗能减震控制将得到更大的发展空间和更广泛的应用前景。

目前,我国是世界上新建高层建筑最多的国家,建筑业是我国的主要支柱产业之一。我国建设规模之大,是世界上前所未有的。新材料、新结构、新技术、新的设计理念和新的设计思想层出不穷,使我国的建筑工程技术走在世界的前列。

1.3　本课程的主要内容、学习目的和要求

高层建筑结构作为一门学科,包括钢结构、混凝土结构、钢-混凝土组合结构等各类高层建筑结构的性能及设计和施工方面的有关技术问题。由于学时限制,本课程主要学习高层建筑结构常用的结构体系、设计要求、分析方法等。

本课程是专业课,要求先修的课程主要有结构力学、建筑材料、混凝土结构、钢结构、土力学与地基基础等。本课程的主要任务是学习高层建筑结构设计的基本方法。主要要求:了解高层建筑结构的常用结构体系、特点及应用范围;熟练掌握风荷载及地震作用的计算方法;掌握框架结构、剪力墙结构、框架-剪力墙结构 3 种基本结构内力及位移的计算方法,理解这 3 种结构内力分布及侧移变形的特点及规律,学会这 3 种结构体系中所包含的框架及剪力墙构件的配筋计算方法及构造要求。目前,计算机应用程序的发展及各种结构计算设计软件的出现,使绝大部分高层建筑的结构设计都可以通过设计软件完成,但大量的工程实践告诉我们,结构的概念设计更加重要,结构体系的选用和结构布置往往对设计起着决定作用。对于土木工程专业的学生来说,只有掌握扎实的工程建筑结构设计的基本知识,才能在今后的工作中正确运用各种设计软件,完成有创新特点的高层建筑结构的设计。

本课程涉及的主要国家规范及标准有《高层建筑混凝土结构技术规程》(JGJ 3—2010)、《混凝土结构设计规范》(GB 50010—2010)(2015 年版)、《建筑抗震设计规范》(GB 50011—2010)(2016 年版)、《建筑地基基础设计规范》(GB 50007—2011)、《建筑结构荷载规范》(GB 50009—2012)等。学生在学习过程中应注意将课程内容与相关规范内容相结合,通过对课程的学习,逐渐熟悉上述规范规程,以便毕业走出校门后尽快投入实际工程中去。

本课程各部分内容的具体要求如下:

(1)结构体系及布置

了解水平力对结构内力及变形的影响,了解不同体系的特点、优缺点及适用范围,了解结构总体布置的原则及需要考虑的问题,了解各种结构缝的处理、地基基础选型原则等。

（2）高层建筑结构设计要求

掌握高层建筑结构荷载效应组合的基本方法，掌握荷载效应组合各种工况的区别，理解无地震组合及有地震组合时承载力验算与位移限值的区别。掌握高层结构设计的验算内容，包括承载力验算、侧移验算、舒适度验算、稳定性及抗倾覆验算等。

（3）框架结构设计

熟练掌握框架结构内力、位移计算的方法，了解影响内力分布及位移的主要因素。了解延性框架的含义，以及实现延性框架设计的基本措施。能对梁、柱及节点进行抗震及非抗震设计，并掌握几个重要概念：延性框架、强柱弱梁、强剪弱弯、强节点强锚固、轴压比等。

（4）剪力墙结构设计

了解开洞对剪力墙内力及位移的影响，了解不同近似计算方法的适用范围。理解连续化方法的基本假定、计算简图、计算思路。了解剪力墙结构配筋特点及构造要求，掌握悬臂剪力墙及联肢剪力墙的截面配筋计算方法。掌握剪力墙约束边缘构件和构造边缘构件的概念，了解影响剪力墙延性的因素。

（5）框架-剪力墙结构设计

了解框架与剪力墙协同工作的意义。能正确建立计算简图，掌握总框架、总剪力墙、总连梁刚度的计算方法。掌握刚度特征值的物理意义及其对内力分配的影响，掌握框剪结构内力分布及侧移特点。了解框剪结构内力调整方法、截面设计及构造要求。

（6）筒体结构

了解常用筒体结构的类型、受力特点、一般设计原则和方法。

第 **2** 章

结构体系、布置及荷载

2.1 高层建筑的结构体系与选型

由于高层建筑除了竖向荷载作用外,主要应考虑抵抗由水平作用产生的侧移,因此应具有较强的抗侧刚度,抗侧力结构体系的确定和设计成为结构设计的关键问题。在高层建筑中,常用的抗侧力单元有框架、剪力墙、筒体(包括实腹筒和框筒)及支撑。

2.1.1 框架结构体系

框架结构由梁、柱组成抗侧力体系。其优点是建筑平面布置灵活,可以做成有较大空间的会议室、营业场所,也可以通过隔墙等分割成较小的空间,满足各种建筑功能需要。常用于办公楼、商场、教学楼、住宅等多高层建筑。

框架结构只能在自身平面内抵抗侧向力,必须在两个正交主轴方向设置框架,以抵抗各个方向的水平力。抗震框架结构的梁柱必须采用刚接,以便梁端能传递弯矩,同时使结构有良好的整体性和较大的刚度。框架抗侧刚度主要取决于梁、柱的截面尺寸。由于梁、柱都是线性构件,截面惯性矩小,因此框架结构的侧向刚度较小,侧向变形较大,在 7 度抗震设防区,一般应用于高度不超过 50 m(其他不同抗震设防地区的适用高度参见 2.1.6 节)的建筑结构。

框架结构在水平力作用下的受力变形特点如图 2.1 所示。其侧移由两部分组成:梁、柱由弯曲变形引起的侧移,侧移曲线呈剪切型,自下而上层间位移减小[图 2.1(a)];柱的轴向变形产生的侧移,侧移曲线呈弯曲型,自下而上层间位移增大[图 2.1(b)]。框架结构的侧向变形以由梁柱弯曲变形引起的剪切型曲线为主。

2.1.2 剪力墙结构体系

用钢筋混凝土剪力墙(也称"抗震墙")作为承受竖向荷载和抵抗侧向力的结构称为剪力墙结构,也称抗震墙结构。由于剪力墙是承受竖向荷载、水平地震作用和风荷载的主要受力构件,因此剪力墙应沿结构的主要轴线布置,抗震设计的剪力墙结构,应避免仅单向布置剪力墙。当平面为矩形、T 形或 L 形时,剪力墙沿纵横两个方向布置;当平面为三角形、Y 形时,剪力墙

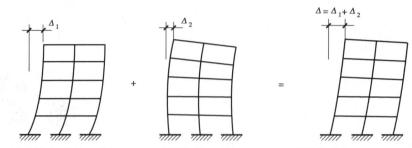

（a）由弯曲变形引起的侧移　（b）由轴向变形引起的侧移　（c）框架结构在水平作用下的变形

图 2.1　框架在侧向力作用下的侧移曲线

可沿 3 个方向布置；当平面为多边形、圆形和弧形时，则可沿环向和径向布置。剪力墙应尽量布置得比较规则、拉通、对直。在竖向，剪力墙宜上下连续，可采取沿高度改变墙厚和混凝土等级，或减少部分墙肢等措施，以避免刚度突变。

　　剪力墙的抗侧刚度和承载力均较大，为充分利用剪力墙的能力，减小结构自重，增大剪力墙结构的可利用空间，剪力墙不宜布置得太密，结构的侧向刚度不宜过大。一般小开间的剪力墙结构横墙间距为 2.7 ~ 4 m；大开间剪力墙结构的横墙间距可达 6 ~ 8 m。受楼板跨度的限制，剪力墙结构平面布置不太灵活，不能满足公共建筑大空间的要求，一般适用于住宅、旅馆等建筑。

　　现浇钢筋混凝土剪力墙是平面构件，在其自身平面内有较大的承载力和刚度，平面外承载力和刚度小。剪力墙在结构平面上要双向布置，分别抵抗各自平面内的侧向力，抗震设计时，应力求使两个方向的刚度接近。

　　当剪力墙的高宽比较大时，剪力墙是一个受弯为主的悬臂墙，侧向变形为弯曲型（图2.2）。经过合理设计，剪力墙结构可以成为抗震性能良好的延性结构。历次国内外大地震的震害情况均显示剪力墙结构的震害一般较轻。它在地震区和非地震区都有广泛的应用。

图 2.2　剪力墙结构的变形

　　为了改善剪力墙结构平面开间较小，建筑布局不够灵活的缺点，可采用底部大空间剪力墙结构（如框支剪力墙结构）（图 2.3）、跳层剪力墙结构（图 2.4）。

（a）底部大空间剪力墙结构　　　　　　　　（b）底部大空间剪力墙结构变形特点

图 2.3　框支剪力墙结构

(a)单片结构变形　　　　　　　(b)整体结构变形

图 2.4　跳层剪力墙结构

2.1.3　框架-剪力墙结构体系

在框架结构中设置部分剪力墙,使框架和剪力墙两者结合起来,共同工作,就组成了框架-剪力墙结构。如果把剪力墙布置成筒体,还可以成为框架-筒体结构。

框架-剪力墙结构是一种双重抗侧力结构。剪力墙刚度大,将承担大部分水平力(有时可达 80% ~ 90%),是抗侧力的主体,整个结构的侧向刚度较框架结构提高了很多;框架则主要承担竖向荷载,提供了较大的使用空间,仅承担小部分的水平力。在罕遇地震作用下,剪力墙的连梁(第一道抗侧力体系)往往先屈服,使剪力墙的刚度降低,由剪力墙承担的部分层剪力转移到框架(第二道抗侧力体系),若框架有足够的承载力和延性抵抗地震作用,就可以避免结构在罕遇地震作用下的严重破坏甚至倒塌。

框架本身在水平荷载作用下呈剪切型变形,剪力墙呈弯曲型变形。当两者通过刚度较大楼板协同工作时,变形必将协调,出现弯剪型的侧向变形(图 2.5)。其上下各层层间变形趋于均匀,并减小了顶点侧移,且框架各层层剪力趋于均匀,改善了框架结构及剪力墙结构的抗震性能,也有利于减小小震作用下非结构构件的破坏。

(a)框架-剪力墙结构　　(b)框架部分　　(c)墙肢部分　　(d)框架与墙肢协同工作

图 2.5　框架-剪力墙协同工作

框架-剪力墙结构既有框架结构布置灵活、延性好的特点,又有剪力墙结构刚度大、承载力大的优点,是一种较好的抗侧力体系,广泛应用于高层建筑。

2.1.4 筒体结构体系

筒体结构采用实腹的钢筋混凝土剪力墙或者钢筋混凝土密柱深梁形成空间受力体系,在水平力作用下可看成固定于基础上的箱形悬臂构件,比单片平面结构具有更大的抗侧刚度和承载力,并具有很好的抗扭刚度,满足了建造更高层建筑结构的需要。

筒体的基本形式有 3 种:实腹筒、框筒及桁架筒(图 2.6),由这 3 种基本形式又可形成束筒、筒中筒等多种形式。

|(a)实腹筒|(b)框筒|(c)桁架筒|(d)筒中筒|

图 2.6 筒体类型

实腹筒是采用现浇钢筋混凝土剪力墙围合成筒体形状,常与其他结构形式组合应用,形成框架-筒体结构(图 2.7)、筒中筒结构[图 2.6(d)]等。

框筒结构由密柱深梁框架围成,整体上具有箱形截面的悬臂结构。在形式上框筒由四榀框架围成,但其受力特点不同于框架。框架是平面结构,而框筒是空间结构,即沿四周布置的框架都参与抵抗水平力,层剪力由平行于水平力作用方向的腹板框架抵抗,倾覆力矩由腹板框架和垂直于水平力作用方向的翼缘框架共同抵抗,使建筑材料得到充分利用。

用稀柱、浅梁和支撑斜杆组成桁架,布置在建筑物的周边,就形成了桁架筒。与框筒相比,它更能节省材料。桁架筒一般都由钢材做成,支撑斜杆沿水平方向跨越建筑的一个面的边长,沿竖向跨越数个楼层,形成巨型桁架,4 片桁架围成桁架筒,两个相邻立面的支撑斜杆相交在角柱上,保证了从一个立面到另一个立面支撑的传力路线连续,形成整体悬臂结构,水平力通过支撑斜杆的轴力传至柱和基础。近年来,由于桁架筒受力的优越性,国内外已陆续建造了钢筋混凝土桁架筒体及组合桁架筒体。

图 2.7　框架-筒体结构平面

2.1.5　巨型结构体系

巨型结构(图 2.8)也称为主次框架结构,主框架为巨型框架,次框架为普通框架。

图 2.8　巨型结构

巨型结构常用的结构形式有两种:①仅由主次框架组成的巨型框架结构;②由周边主次框架和核心筒组成的巨型框架-核心筒结构。

巨型框架柱的截面尺寸大,多采用由墙体围成的井筒,也可采用矩形或工字形的实腹截面柱,巨柱之间用跨度和截面尺寸都很大的梁或桁架做成巨梁连接,形成矩形框架。巨型大梁之间,一般为 4~10 层,设置次框架,次框架仅承受竖向荷载,梁柱截面尺寸较小,次框架的支座是巨型大梁,竖向荷载由巨型框架传至基础,水平荷载由巨型框架承担或巨型框架和核心筒共同承担。

巨型结构的优点是,在主体巨型结构的平面布置和沿高度布置均为规则的前提下,建筑布置和建筑空间在不同楼层可以有所变化,形成不同的建筑平面和空间。

2.1.6　各结构体系的最大适用高度和高宽比

不同结构体系的抗侧刚度大小不同,在结构设计时,应根据建筑的高度、是否需要抗震设防、设防烈度等因素,选择合理的结构体系,使得结构的效能得到充分发挥,建筑材料得到充分利用。每一种结构体系,都有其最佳的适用高度范围。

我国现行《高层建筑混凝土结构技术规程》JGJ 3—2010(以下简称《高层规程》)规定了各种结构体系的最大适用高度。《高层规程》将高层建筑分为 A,B 两级,分别给出了其最大适用高度。

A 级高度钢筋混凝土高层建筑结构体系的最大适用高度见表 2.1。当高度超过表 2.1 的规定时,为 B 级高度高层建筑,B 级高度钢筋混凝土高层建筑结构体系的最大适用高度见表2.2。B 级高度高层建筑结构的设防烈度不超过 8 度,其抗震措施等要求高于 A 级。

表 2.1　A 级高度钢筋混凝土高层建筑结构的最大适用高度　　　　单位:m

结构体系		非抗震设计	抗震设防烈度				
			6 度	7 度	8 度		9 度
					0.20 g	0.30 g	
框架		70	60	50	40	35	—
框架-剪力墙		150	130	120	100	80	50
剪力墙	全部落地剪力墙	150	140	120	100	80	60
	部分框支剪力墙	130	120	100	80	50	不应采用
筒体	框架-核心筒	160	150	130	100	90	70
	筒中筒	200	180	150	120	100	80
板柱-剪力墙		110	80	70	55	40	不应采用

表 2.2　B 级高度钢筋混凝土高层建筑结构的最大适用高度　　　　单位:m

结构体系		非抗震设计	抗震设防烈度			
			6 度	7 度	8 度	
					0.20 g	0.30 g
框架-剪力墙		170	160	140	120	100
剪力墙	全部落地剪力墙	180	170	150	130	110
	部分框支剪力墙	150	140	120	100	80
筒体	框架-核心筒	220	210	180	140	120
	筒中筒	300	280	230	170	150

在使用表 2.1、表 2.2 的时候应注意:

①表中高度为抗震设防分类为乙类和丙类建筑的最大适用高度,甲类建筑的最大适用高度,6,7,8 度时的 A 级和 6,7 度时的 B 级高层建筑宜按本地区抗震设防烈度提高 1 度后采用表中的高度限值,9 度时的 A 级和 8 度时的 B 级应专门研究后决定。

②平面和竖向均不规则的结构或Ⅳ类场地上的结构,最大适用高度应适当降低。

《高层民用建筑钢结构技术规程》(JGJ 99—2015)(以下简称《高钢规》)规定了高层建筑钢结构各类结构体系的最大适用高度,见表2.3。

表2.3　钢结构房屋适用的最大高度　　　　　　　　单位:m

结构体系	6度,7度 (0.10 g)	7度 (0.15 g)	8度		9度 (0.40 g)	非抗震设计
			(0.20 g)	(0.30 g)		
框架	110	90	90	70	50	110
框架-中心支撑	220	200	180	150	120	240
框架-偏心支撑 框架-屈曲约束支撑 框架-延性墙板	240	220	200	180	160	260
简体(框架、简中简、桁架简、束简)巨型框架	300	280	260	240	180	360

表2.3中,房屋高度是指室外地面到主要屋面板板顶的高度(不包括局部突出屋顶部分);表内的简体不包括混凝土简;框架柱包括全钢柱和钢管混凝土柱;对超过表内高度的房屋,应进行专门研究和论证,采取有效的措施;甲类建筑6,7,8度时宜按本地区抗震设防烈度提高1度后符合表2.3要求,9度时应专门研究。

《高层规程》对高层混合结构的适用高度也作了规定,见表2.4。

表2.4　混合结构高层建筑适用的最大高度　　　　　　　　单位:m

结构体系		非抗震设计	抗震设防烈度				
			6度	7度	8度		9度
					0.20 g	0.30 g	
框架-核心筒	钢框架-钢筋混凝土核心筒	210	200	160	120	100	70
	型钢(钢管)混凝土框架-钢筋混凝土核心筒	240	220	190	150	130	70
简中简	钢外筒-钢筋混凝土核心筒	280	260	210	160	140	80
	型钢(钢管)混凝土外筒-钢筋混凝土核心筒	300	280	230	170	150	90

在高层建筑中,若结构的高宽比大,则倾覆力矩也大,不应建造宽度过小的高层建筑。一般应将结构高宽比控制在5~6以下。《高层规程》对各种结构的高宽比给出了限值,见表2.5。混合结构高层建筑高宽比不宜超过表2.6。

表 2.5　钢筋混凝土高层建筑结构适用的最大高宽比

结构体系	非抗震设计	抗震设防烈度		
		6度、7度	8度	9度
框架	5	4	3	—
板柱-剪力墙	6	5	4	—
框架-剪力墙、剪力墙	7	6	5	4
框架-核心筒	8	7	6	4
筒中筒	8	8	7	5

表 2.6　混合结构高层建筑适用的最大高宽比

结构体系	非抗震设计	抗震设防烈度		
		6度、7度	8度	9度
框架-核心筒	8	7	6	4
筒中筒	8	8	7	5

《高钢规》规定了高层建筑钢结构高宽比限值,见表2.7。

表 2.7　高层建筑钢结构最大高度比

烈度	6度、7度	8度	9度
最大高宽比	6.5	6	5.5

计算房屋高宽比时,房屋高度是指室外地面到主要屋面板板顶的高度,宽度是指屋平面轮廓边缘的最小宽度尺寸。当塔形建筑底部有大底盘时,计算高宽比的高度从大底盘顶部算起。

【例2.1】 有一幢采用 A 级高度的钢筋混凝土高层筒中筒结构,矩形平面的宽度为 26 m, 长度为 30 m,抗震设防烈度为 7 度。请确定该房屋的最大适用高度。

解　根据表2.5,该房屋的最大高宽比 $\dfrac{H}{B}=8$。

$$H = 8B = 8 \times 26 \text{ m} = 208 \text{ m}$$

根据表2.1,7度时,筒中筒结构的最大适用高度(A 级)$H = 150$ m < 208 m,取 $H = 150$ m。

2.2　高层建筑结构布置原则

高层建筑结构设计时,除了要根据建筑高度、抗震设防烈度等合理选择结构材料、抗侧力结构体系外,还应特别重视建筑体形和结构总体布置。建筑体形是指建筑的平面和立面,一般由建筑师根据建筑使用功能、建设场地条件、美学等因素综合确定;结构总体布置是指结构构件的平面布置和竖向布置,一般由结构工程师根据结构抵抗竖向荷载、抗风、抗震等要求,结合建筑平立面设计确定,与建筑体形密切相关。一个成功的建筑设计,一定是建筑师和结构工程师密切合作的结果,从方案设计阶段开始,一直到设计完成,甚至一直到竣工。成功的建筑,不能缺少结构工程师的创新和创造力的贡献。

2.2.1 结构平面布置

高层建筑的外形一般可以分为板式和塔式两类。

板式建筑平面两个方向的尺寸相差较大,有明显的长、短边。板式结构短边方向的侧向刚度差,当建筑高度较大时,不仅在水平荷载作用下侧向变形较大,还会出现沿房屋长度平面各点变形不一致的情况,长度很大的一字形建筑的高宽比 H/B 需控制更严格一些。在实际工程中,为了增大结构短边方向的抗侧刚度,可以将板式建筑平面做成折线形或曲线形,如图 2.9 所示。

(a) 上海华亭宾馆(29层,总高90 m)

(b) 北京昆仑饭店首层平面(总高99.9 m)

(c) 加拿大多伦多海港广场公寓大楼

图 2.9 非"一"字形板式结构平面布置

此外,当建筑物长度较大时,在风荷载作用下,结构会出现因风力不均匀及风向紊乱变化而引起的结构扭转、楼板平面挠曲等现象。当建筑平面有较长的外伸(如平面为 L 形、H 形、Y 形等)时,外伸段与主体结构之间会出现相对运动的振型。为避免楼板变形带来的复杂受力情况,对建筑物总长度及外伸长度都应加以限制,《高层规程》对建筑物总的平面尺寸及突出部位尺寸的比值都进行了相应的规定,见表 2.8,表中各符号的含义如图 2.10 所示。一般国内外大量高度较大的高层建筑都采用塔式。

表 2.8 平面尺寸及突出部位尺寸的比值限值

设防烈度	L/B	l/B_{max}	l/b
6 度、7 度	≤6.0	≤0.35	≤2.0
8 度、9 度	≤5.0	≤0.30	≤1.5

图 2.10 建筑平面示意

在塔式建筑中,平面形式常采用圆形、方形、长宽比较小的矩形、Y 形、井字形、三角形或其他各种形状。

无论采用哪种平面形式,都宜使结构平面形状简单、规则,质量、刚度和承载力分布均匀,不应采用严重不规则的平面布置。

在结构平面布置时,还应减少扭转的影响。要使结构的刚度中心和质量中心尽量重合,以减少扭转,通常偏心距 e 不宜超过垂直于外力作用线边长的 5%(图 2.11)。在考虑偶然偏心影响的规定水平地震力作用下,楼层竖向构件最大的水平位移和层间位移,A 级高度高层建筑不宜大于该楼层平均值的 1.2 倍,不应大于该楼层平均值的 1.5 倍;B 级高度高层建筑、超过 A 级高度的混合结构及复杂高层建筑(即带转换层的结构、带加强层的结构、错层高层结构、连体结构及竖向体型收进、悬挑结构)不宜大于该楼层平均值的 1.2 倍,不应大于该楼层平均值的 1.4 倍。结构扭转为主的第一自振周期与结构平动为主的第一自振周期之比,A 级高度高层建筑不应大于 0.9,B 级高度高层建筑、超过 A 级高度的混合结构及复杂高层建筑不应大于 0.85。在结构平面布置时,还应注意砖填充墙等非结构受力构件的位置,它们会影响结构刚度的均匀性。

图 2.11　结构偏心距

复杂、不规则、不对称的结构会带来难于计算和处理的复杂应力集中、扭转等问题,应注意避免凹凸不规则的平面及楼板开大洞口的情况。平面布置时,有效楼板宽度不宜小于该层楼面宽度的 50%,楼板开洞总面积不宜超过楼面面积的 30%,在扣除凹入或开洞后,楼板在任一方向的最小净宽度不宜小于 5 m,且开洞后每一边的楼板净宽度不应小于 2 m。一旦楼板开大洞削弱后,都应采取相应的加强措施,如加厚洞口附近楼板,提高楼板配筋率,采用双层双向配筋;洞口边缘设置边梁、暗梁;在楼板洞口角部集中配置斜向钢筋等。

另外,在结构拐角部位往往应力比较集中,应避免在拐角处布置楼电梯间。

【例 2.2】某拟建于 8 度区、Ⅱ类场地上的高度为 60 m 的框架-剪力墙结构建筑,其平面布置有 4 种方案,各平面示意图如图 2.12 所示。该建筑竖向体型无变化。从结构布置方面考虑,请比较 4 种方案的合理性。

（a）平面示意图　　　　　（b）剖面示意图

图 2.12　平面布置 4 种方案(图中长度单位:m)

解　根据表 2.8 的有关规定:

方案 A:$L/B = 56/14 = 4 < 5.0$,平面布置合理。

方案 B:$l/b = 5/3 = 1.67 > 1.5$,平面布置不合理。

方案 C:$L/B = 50/16 = 3.125 < 5.0$,

$l/B_{max} = 5/20 = 0.25 < 0.3$,

$l/b = 5/6 = 0.83 < 1.5$,平面布置合理。

方案 D:细腰形,平面布置不合理。

2.2.2 结构竖向布置

结构的竖向布置应规则、均匀,从上到下外形不变或变化不大,避免过大的外挑或内收,结构的侧向刚度宜下大上小,逐渐均匀变化,当楼层侧向刚度小于上层时,不宜小于相邻上层的70%。结构竖向抗侧力构件宜上、下连续贯通,形成有利于抗震的竖向结构。

抗震设计时,当结构上部楼层收进部位到室外地面的高度 H_1 与房屋高度 H 之比大于0.2时,上部楼层收进后的水平尺寸 B_1 不宜小于下部楼层水平尺寸 B 的75%,当上部结构楼层相对于下部楼层外挑时,上部楼层水平尺寸 B_1 不宜大于下部楼层的水平尺寸 B 的1.1倍,且水平外挑尺寸 a 不宜大于4 m(图2.13)。

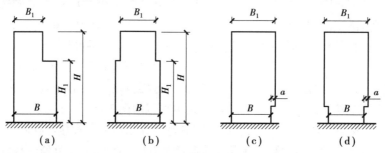

图 2.13 结构竖向收进和外挑示意

在地震区,不应采用完全由框支剪力墙组成的底部有软弱层的结构体系,也不应出现剪力墙在某一层突然中断而形成的中部具有软弱层的情况。顶层尽量不布置空旷的大跨度房间,如不能避免时,应考虑由下到上刚度逐渐变化。当采用顶层有塔楼的结构形式时,要使刚度逐渐减小,不应造成突变,在顶层突出部分(如电梯机房等)不宜采用砖石结构。

【例2.3】某一拟建于8度区,Ⅱ类场地的框架-剪力墙结构房屋,房屋高度为72 m,其平面为矩形,长40 m,在建筑物的宽度方向有3种方案,如图2.14所示(单位:m)。仅从结构布置相对合理角度考虑,选择最合理的方案。

图 2.14 建筑物的宽度方向的3种方案

解 根据 $H_1/H = 52/72 = 0.72 > 0.2$,

方案 A:$B_1/B = 15/18 = 0.83 > 0.75$,结构竖向收进合理。

方案 $B:B_1/B=12/18=0.67<0.75$,结构竖向收进不合理。

方案 $C:B_1/B=17/18=0.94>0.9$,$a=1\,\text{m}<4\,\text{m}$,但外挑使房屋抗侧刚度下小、上大,计算时,需要考虑竖向地震作用影响。

2.2.3　变形缝设置

考虑到结构不均匀沉降、温度收缩和体型复杂带来的应力集中对房屋结构产生的不利影响,常采用沉降缝、伸缩缝和抗震缝将房屋分成若干独立的结构单元。对这 3 种缝的要求,相关规范都作了原则性的规定。在实际工程中,由于设缝常会影响建筑立面效果,增加防水构造处理难度,因此常常希望不设或少设缝,此外,在地震区,设缝结构也有可能在强震下发生相邻结构相互碰撞的局部损坏。目前总的趋势是避免设缝,并从总体布置上或构造上采取一些相应措施来减少沉降、温度收缩和体型复杂带来的不利影响。是否设缝是确定结构方案的主要任务之一,应在初步设计阶段根据具体情况作出选择。

2.2.3.1　沉降缝

高层建筑常由主体结构和层数不多的裙房组成,裙房与主体结构间高度和质量都悬殊,可采用沉降缝将主体结构和裙房从基础到结构顶层全部断开,使各部分自由沉降。但若高层建筑设置地下室,沉降缝会使地下室构造复杂,缝部位的防水构造也不容易做好,可采取一定的措施减小沉降,不设沉降缝,把主体结构和裙房的基础做成整体。常用的具体措施如下:

①当地基土的压缩性小时,可直接采用天然地基,加大基础埋深,把主体结构和裙房放在一个刚度很大的整体基础上(如箱形基础或厚筏基础);若低压缩性的土埋层较深,可采用桩基将质量传到压缩性小的土层以减少沉降差。

②当土质较好,且房屋的沉降能在施工期间完成时,可在施工时设置沉降后浇带,将主体结构与裙房从基础到房屋顶面暂时断开,待主体结构施工完毕,且大部分沉降完成后,再浇筑后浇带的混凝土,将结构连成整体。设计时,基础应考虑两个阶段不同的受力状态,对其分别进行强度校核,连成整体后的计算应当考虑后期沉降差引起的附加内力。

③当地基土较软弱,后期沉降较大,且裙房的范围不大时,可从主体结构的基础上悬挑出基础,承受裙房质量(图 2.15)。

④主楼与裙楼基础采取联合设计,即主楼与裙楼采取不同的基础形式,但中间不设沉降缝。设计时主要应考虑 3 点:其一,选择合适的基础沉降计算方法并确定合理的沉降差,观察地区性持久的沉降数据。其二,基本设计原则是尽可能减少主楼的质量和沉降量(如采用轻质材料、采用补偿式基础等),同时在不导致破裂的前提下提高裙房基础的柔性,甚至可以采用独立柱基。其三,考虑施工的先后顺序,主楼应先行施工,让沉降尽可能预先发生,设计良好的后浇带。

2.2.3.2　伸缩缝

伸缩缝也称温度缝,新浇筑的混凝土在硬结过程中会因为收缩产生收缩应力,已建成的混凝土结构在季节温度变化、室内外温差以及向阳面和背阴面之间的温差也会使结构热胀冷缩产生温度应力。混凝土硬结收缩大部分在施工后的 $1\sim2$ 个月完成,而温度变化对结构的作用则是经常的。为了避免收缩裂缝和温度裂缝,我国《高层规程》规定,现浇钢筋混凝土框架结构、剪力墙结构伸缩缝的最大间距分别为 55 m 和 45 m,现浇框架-剪力墙结构或框架-核心筒结构房屋的伸缩缝间距可根据具体情况取现浇框架结构与剪力墙结构之间的数值。有充分依

图 2.15　悬挑基础

据或可靠措施时,可适当加大伸缩缝间距。伸缩缝从基础以上设置。若与抗震缝合并,伸缩缝的宽度不小于抗震缝的宽度。

温度、收缩应力的理论计算比较困难,近年来,国内外普遍采取一些施工或构造处理的措施来解决收缩应力问题,常用措施如下:

①在温度变化影响较大的部位提高配筋率,减小温度和收缩裂缝的宽度,并使裂缝分布均匀,如顶层、底层、山墙、纵墙端开间。对剪力墙结构,这些部位的最小构造配筋率为 0.25%,实际工程一般都为 0.3% 以上。

②顶层加强保温隔热措施,或设架空通风屋面,避免屋面结构温度梯度过大。外墙可设置保温层。

③顶层可局部改变为刚度较小的形式(如剪力墙结构顶层局部改为框架),或顶层设双墙或双柱,做局部伸缩缝,将顶部结构划分为较短的温度区段。

④每 30～40 m 间距留出施工后浇带,带宽 800～1 000 mm,钢筋采用搭接接头(图 2.16),后浇带混凝土宜在 45 d 后浇筑。

⑤采用收缩小的水泥,减少水泥用量,在混凝土中加入适宜的外加剂。

⑥提高每层楼板的构造配筋率或采用部分预应力结构。

800～1 000

图 2.16　后浇带构造(钢筋搭接)

2.2.3.3　防震缝

当房屋平面复杂、不对称或结构各部分刚度、高度和质量相差悬殊时,在地震力作用下,会造成扭转及复杂的振动状态,在连接薄弱部位会造成震害。可通过防震缝将其划分为若干独立的抗震单元,使各个结构单元成为规则结构。

在设计高层建筑时,宜调整平面形状和结构布置,避免设置防震缝。体型复杂、平立面不规则的建筑,应根据不规则程度、地基基础条件和技术经济等因素的比较分析,确定是否设置防震缝。

凡是设缝的部位应考虑结构在地震作用下因结构变形、基础转动或平移引起的最大可能侧向位移,应留够足够的缝宽。《高层规程》规定,当必须设置防震缝时,应满足以下要求:

①框架结构房屋,高度不超过 15 m 时,防震缝宽度不应小于 100 mm;高度超过 15 m 时,6度、7 度、8 度和 9 度分别每增高 5、4、3 和 2 m,宜加宽 20 mm。

②框架-剪力墙结构房屋的防震缝宽度可取框架结构房屋防震缝宽度的 70%,剪力墙结构房屋的防震缝宽度可取框架结构房屋防震缝宽度的 50%,同时均不宜小于 100 mm。

③防震缝两侧结构体系不同时,防震缝宽度应按不利的结构类型确定。

④防震缝两侧的房屋高度不同时,防震缝宽度可按较低的房屋高度确定。

⑤8 度、9 度抗震设计的框架结构房屋,防震缝两侧结构层高相差较大时,防震缝两侧框架柱的箍筋应沿房屋全高加密,并可根据需要沿房屋全高在缝两侧各设置不少于两道垂直于防震缝的抗撞墙。

⑥当相邻结构的基础存在较大沉降差时,宜增大防震缝的宽度。

⑦防震缝宜沿房屋全高设置,地下室、基础可不设防震缝,但在与上部对应处应加强构造和连接。

⑧结构单元之间或主楼与裙房之间不宜采用牛腿托梁的做法设置防震缝,否则应采取可靠措施。

【例 2.4】已知建于设防烈度为 7 度地区的某钢筋混凝土框架-剪力墙结构房屋,其相邻结构单元的屋面高度分别为 76.5 m 和 62.5 m。试确定该房屋防震缝的最小宽度。

解　按较小高度的框架-剪力墙结构考虑防震缝宽度。

$$\delta = 0.7\left(70 + \frac{62.5 - 15}{4} \times 20\right) \text{ mm} = 215.25 \text{ mm} > 100 \text{ mm}$$

该房屋的最小防震缝宽度为 215.25 mm。

【例 2.5】已知如图 2.15 所示钢筋混凝土房屋,a 单元为框架结构,b 单元为框架-剪力墙结构,抗震设防烈度为 8 度。计算防震缝的最小宽度。

解　按较小高度的框架结构考虑防震缝宽度。

$$\delta = \left(100 + \frac{24 - 15}{3} \times 20\right) \text{ mm} = 160 \text{ mm}$$

该房屋的最小防震缝宽度为 160 mm。

2.2.4　楼盖设置

在一般层数不太多、布置规则、开间不大的高层建筑中,楼盖体系与多层建筑的楼盖相似,但在层数更多(如 20～30 层以上,高度超过 50 m)的高层建筑中,对楼盖的水平刚度及整体性要求更高,当采用筒体结构时,楼盖的跨度通常较大(10～16 m),且平面布置不易标准化。另外,楼盖的结构高度将直接影响建筑的层高,从而影响建筑的总高度,增加房屋的总高度会大大增加墙、柱、基础等构件的材料用量,还会加大水平荷载,从而增加结构造价,而且也会增加建筑、管道设施、机械设备等的造价。高层建筑还应注意减小楼盖的质量。基于以上原因,《高层规程》对楼盖结构提出了以下要求:

①房屋高度超过 50 m 时,框架-剪力墙结构、筒体结构及复杂高层建筑结构应采用现浇楼盖结构,剪力墙结构和框架结构宜采用现浇楼盖结构。

②房屋高度不超过 50 m 时,8 度、9 度抗震设计时宜采用现浇楼盖结构,6 度、7 度抗震设计时可采用装配整体式楼盖,且应符合相关构造要求。例如,楼盖每层宜设置厚度不小于 50 mm 的钢筋混凝土现浇层,并应双向配置直径不小于 6 mm、间距不大于 200 mm 的钢筋网,钢筋应锚固在梁或剪力墙内。楼盖的预制板板缝上缘宽度不宜小于 40 mm,板缝大于 40 mm 时应在板缝内配置钢筋,并宜贯通整个结构单元,现浇板缝、板缝梁的混凝土强度等级宜高于预制板的混凝土强度等级。预制空心板孔端应有堵头,堵头深度不宜小于 60 mm,并应采用强度等级不低于 C20 的混凝土浇灌密实。预制板板端宜留胡子筋,其长度不宜小于 100 mm。对无现浇叠合层的预制板,板端搁置在梁上的长度不宜小于 50 mm。

③房屋的顶层、结构转换层、大底盘多塔楼结构的底盘顶层、平面复杂或开洞过大的楼层、作为上部结构嵌固部位的地下室楼层应采用现浇楼盖结构。一般楼层现浇楼板厚度不应小于 80 mm,当板内预埋暗管时不宜小于 100 mm,顶层楼板厚度不宜小于 120 mm,且宜双层双向配筋。普通地下室顶板厚度不宜小于 160 mm,作为上部结构嵌固部位的地下室楼层的顶楼盖应采用梁板结构,楼板厚度不宜小于 180 mm,且应采用双层双向配筋,且每层每个方向的配筋率不宜小于 0.25%。

④现浇预应力混凝土楼板厚度可按跨度的 1/45 ~ 1/50 采用,且不宜小于 150 mm。

总的来说,在高度较大的高层建筑中应选择结构高度小、整体性好、刚度好、质量较小、满足使用要求并便于施工的楼盖结构。当前国内外总的趋势是采用现浇楼盖或预制与现浇结合的叠合板,应用预应力或部分预应力技术,并应用工业化的施工方法。

在现浇肋梁楼盖中,为了适应上述要求,常采用宽梁或密肋梁以降低结构高度,其布置和设计与一般梁板体系并无不同。

叠合楼板有两种形式:一种是用预制的预应力薄板为模板,上部现浇普通混凝土,硬化后,与预应力薄板共同受力,形成叠合楼板;另一种是以压型钢板为模板,上面浇普通混凝土,硬化后共同受力。叠合板可加大跨度,减小板厚,并可节约模板,整体性好,在我国应用十分广泛。

无黏结后张预应力混凝土平板是适应高层公共建筑中大跨度要求的一种楼盖形式。可做成单向板,也可做成双向板,可用于筒中筒结构,也可用于无梁楼盖中。它比一般梁板结构约减少高度 300 mm,设备管道及电气管线可在楼板下通行无阻,模板简单,施工方便,在实际工程中得到了大量应用。

2.2.5 基础形式及埋深

高层建筑的基础是整个结构的重要组成部分。高层建筑高度大,质量大,在水平力作用下有较大的倾覆力矩及剪力,对基础及地基的要求较高。高层建筑的地基应比较稳定,具有较大的承载力、较小的沉降;基础应刚度较大、变形较小,且较为稳定;应防止倾覆和滑移,以及不均匀沉降。

2.2.5.1　基础形式

高层建筑常用的基础形式如下：

（1）箱形基础

箱形基础［图 2.17（a）］是由数量较多的纵向与横向墙体和有足够厚度的底板、顶板组成的刚度很大的箱形空间结构。箱形基础整体刚度好，能将上部结构的荷载较均匀地传递给地基或桩基，能利用自身刚度调整沉降差异，同时，又使部分土体质量得到置换，降低了土压力。箱形基础对上部结构的嵌固更接近于固定端条件，使计算结果与实际受力情况较一致。箱形基础有利于抗震，在地震区采用箱形基础的高层建筑震害较轻。

由于箱形基础必须有间距较密的纵横墙，且墙上开洞面积受到限制，因此当地下室需要较大空间和建筑功能要求较灵活地布置时（如地下室作地下商场、地下停车场、地铁车站等），就难以采用箱形基础。

一般来说，当高层建筑的基础有可能采用箱形基础时，尽可能选用箱形基础，它的刚度及稳定性都较好。

（2）筏形基础

筏形基础［图 2.17（b）］具有良好的整体刚度，适用于地基承载力较低、上部结构竖向荷载较大的工程。它既能抵抗和协调地基的不均匀变形，又能扩大基底面积，将上部荷载均匀地传递到地基土上。

筏形基础本身是地下室的底板，其厚度较大，有良好的抗渗性能。它不必设置很多内部墙体，可以形成较大的自由空间，便于地下室的多种用途，能较好地满足建筑功能上的要求。

筏形基础如倒置的楼盖，可采用平板式和梁板式两种方式。梁板式筏形基础的梁可设在板上或板下（土体中）。当采用板上梁时，梁应留出排水孔，并设置架空底板。

（3）桩基础

桩基础［图 2.17（c）］是高层建筑广泛采用的一种基础类型。它具有承载力可靠、沉降小，并能减少土方开挖量的优点。当地基浅层土质软弱，或存在可液化地基时，可选择桩基础。若采用端承桩，桩身穿过软弱土层或可液化土层支承在坚实可靠的土层上；若采用摩擦桩，桩身可穿过可液化土层，深入非液化土层内。

| （a）箱形基础 | （b）筏形基础 | （c）桩基础 |

图 2.17　高层建筑结构基础

2.2.5.2 **基础埋置深度**

高层建筑的基础埋置深度一般比低层和多层建筑的要大一些,一般情况下,较深的土壤承载力大且压缩性小,较为稳定。同时,高层建筑的水平剪力较大,要求基础周围的土壤有一定的嵌固作用,能提供部分水平反力。此外,在地震作用下,地震波通过地基传到建筑物上,通常在较深处的地震波幅值较小,接近地面幅值增大,高层建筑埋深大一些,可减小地震反应。

但基础埋深加大,工程造价和施工难度会相应增加,加长工期。《高层规程》中规定:

①一般天然地基或复合地基,可取建筑物高度(室外地面至主体结构檐口或屋顶板面的高度)的1/15,且不小于3 m。

②桩基础,不计桩长,可取建筑高度的1/18。

③岩石地基,埋深不受上条规定的限制,但应验算倾覆,必要时还应验算滑移。但验算结果不满足要求时,应采取有效措施以确保建筑物的稳固。例如,采用地锚等措施,地锚的作用是把基础与岩石连接起来,防止基础滑移,在需要时地锚应能承受拉力。

高层建筑宜设地下室,对有抗震设防要求的高层建筑,基础埋深宜一致,不宜采用局部地下室。在进行地下室设计时,应综合考虑上部荷载、岩土侧压力及地下水的不利作用影响。地下室应满足整体抗浮要求,可采取排水、加配重或设置抗拔锚桩(杆)等措施。高层建筑地下室不宜设置变形缝,当地下室长度超过伸缩缝最大间距时,可考虑利用混凝土后期强度,降低水泥用量,也可每隔30~40 m设置贯通顶板、底部及墙板的施工后浇带。

2.3 结构布置实例

目前,国内外的高层建筑多用于住宅、旅馆和公共建筑(办公、商业、科研和教学等),以下分别介绍不同用途的高层建筑常用的结构布置形式和特点。

2.3.1 **住宅建筑**

住宅建筑一般分隔墙体较多,采用剪力墙或框架-剪力墙(筒体)结构能将建筑功能和结构体系很好地结合起来,减少非承重墙的数量,用钢量更经济,且室外无外露梁柱,有利于建筑表现。

剪力墙结构布置成适宜的间距时,一般可满足住宅建筑使用功能的要求,但有些住宅建筑底部需要布置商场、餐厅等公共大空间,此时可将剪力墙结构的底部一层或几层用框架结构代替,形成带转换层的框支剪力墙结构。

获得全国第五届优秀建筑结构设计二等奖的福州闽江花园高层住宅采用的是框架-剪力墙结构(图2.18)。该建筑地下1层,地上28层,1层、2层为大底盘商场及会所,夹层为非机动车停车库,2层以上为高层住宅。转换层位于上部结构第2层,建筑功能为会所,采用轻型桁架转换结构体系(图2.19)。

图 2.18　标准层结构平面

图 2.19　转换桁架

2.3.2　旅馆建筑

旅馆建筑的建筑功能一般包括公共使用部分和客房部分。其中,客房部分与住宅功能类似,有较多的小空间,需布置较多的墙体且希望房间内没有突出的梁柱;公共使用部分包括门厅、餐厅、会议室等设施,需要较大使用空间。

在高层旅馆建筑中,高度低于 50 m 的建筑常采用框架结构、剪力墙结构或框架-剪力墙结构等;高度在 50 m 以上的建筑常采用框架-筒体、筒体或巨型结构等。

1976 年建成的广州白云宾馆(图 2.20)共 33 层,高 114.05 m。它采用钢筋混凝土剪力墙结构,从建成到以后 9 年一直是我国最高的建筑。

(a)立面照片

（a）标准层平面

图 2.20 广州白云宾馆

2.3.3 办公建筑

办公建筑通常通过结构体系形成较大空间,再采用隔墙对建筑平面进行灵活划分,达到满足不同建筑功能需要的目的。常用结构体系有框架、框架-剪力墙、框架-筒体、筒体结构,甚至巨型结构等。

上海世茂国际广场主楼(获全国第五届优秀建筑结构设计一等奖)(图 2.21)为高级办公楼,地上 52 层,地下 3 层,总高 246 m。它采用带钢斜撑的外桁架式巨型混凝土框架-核心内筒结构。裙房主要为商场,共 10 层,总高 48 m,为钢筋混凝土框架-剪力墙体系。

（a）标准层平面　　　　　（b）结构立面

图 2.21 上海世茂国际广场主楼

2.3.4　医疗、文教类公共建筑

这类建筑由于使用功能要求,需要大小不等的房间,因此大多采用可以进行灵活建筑布置的结构体系。一般常用框架、框架-剪力墙、框架-筒体、筒体结构等。在布置时,通常可以将楼梯间、电梯间布置在内部筒体部分,将服务性房间、办公用房等布置在周边,这样既能合理使用空间,又能很好地满足建筑功能要求。

武汉协和医院外科病房大楼(图 2.22),主楼地上 32 层,高 139.7 m,采用现浇钢筋(钢骨)混凝土框架-剪力墙(框架-多筒)结构;裙楼地上部分 8 层,高 31.2 m,采用现浇钢筋混凝土框架-筒体结构。

(a)大楼实景

(b)标准层结构平面

图 2.22　武汉协和医院外科病房大楼

东北大学综合科技大楼(图2.23),地上15层,地下1层,总建筑高度65.5 m。它采用钢筋混凝土框架-剪力墙结构,并采用了一种新型结构体系——钢管混凝土叠合柱结构。

(a)大楼实景　　　　　　　　　　　　　(b)叠合柱断面

(b)标准层平面

图2.23　东北大学综合框架大楼

2.4 高层建筑结构荷载

高层建筑与一般建筑结构一样,都受到竖向荷载和水平荷载作用,竖向荷载(包括结构自重及竖向使用活荷载等)的计算与一般结构相同,本节主要介绍水平荷载——风荷载和水平地震作用的计算方法。

2.4.1 风荷载

当空气流动形成的风遇到建筑物时,就在建筑物表面产生压力和吸力,称为建筑物的风荷载。风荷载的大小主要受到近地风的性质、风速、风向的影响,同时还与建筑物所处的地形地貌有关,此外,还受建筑物本身高度、形状以及表面状况影响。

我国《建筑结构荷载规范》(GB 50009—2012)(以下简称《荷载规范》)给出了计算主要受力结构时,垂直于建筑物表面上的风荷载标准值的计算方法如下:

$$w_k = \beta_z \mu_s \mu_z \omega_0 \tag{2.1}$$

式中 w_k——风荷载标准值,kN/m^2;

β_z——高度 z 处的风振系数;

μ_s——风荷载体型系数;

μ_z——风压高度变化系数;

ω_0——基本风压,kN/m^2。

1)基本风压 ω_0

《荷载规范》中给出的基本风压 ω_0 是用各地区空旷地面上离地 10 m 高、统计 50 年重现期的 10 min 平均最大风速 $v_0(m/s)$ 计算得到的,但不得小于 0.3 kN/m^2。全国各城市的基本风压值应按《荷载规范》附录 E 中表 E.5 重现期 R 为 50 年的值采用。按照《高层规程》的规定,对风荷载比较敏感的高层建筑,承载力设计时应按基本风压的 1.1 倍采用。

2)风压高度变化系数 μ_z

风速大小与高度有关,一般近地面处风速较小,随高度增加风速逐渐加大。对平坦或稍有起伏的地形,风压高度变化系数应根据地面粗糙度类别按表2.9确定。地面粗糙度可分为 A,B,C,D 四类:A 类是指近海海面和海岛、海岸、湖岸及沙漠地区;B 类是指田野、乡村、丛林、丘陵以及房屋比较稀疏的乡镇;C 类是指有密集建筑群的城市市区;D 类是指有密集建筑群且房屋较高的城市市区。

表2.9 风压高度变化系数 μ_z

高地面或海平面高度 /m	地面粗糙度类别			
	A	B	C	D
5	1.09	1.00	0.65	0.51
10	1.28	1.00	0.65	0.51
15	1.42	1.13	0.65	0.51

续表

高地面或海平面高度/m	地面粗糙度类别			
	A	B	C	D
20	1.52	1.23	0.74	0.51
30	1.67	1.39	0.88	0.51
40	1.79	1.52	1.00	0.60
50	1.89	1.62	1.10	0.69
60	1.97	1.71	1.20	0.77
70	2.05	1.79	1.28	0.84
80	2.12	1.87	1.36	0.91
90	2.18	1.93	1.43	0.98
100	2.23	2.00	1.50	1.04
150	2.46	2.25	1.79	1.33
200	2.64	2.46	2.03	1.58
250	2.78	2.63	2.24	1.81
300	2.91	2.77	2.43	2.02
350	2.91	2.91	2.60	2.22
400	2.91	2.91	2.76	2.40
450	2.91	2.91	2.91	2.58
500	2.91	2.91	2.91	2.74
≥500	2.91	2.91	2.91	2.91

3)风荷载体型系数 μ_s

当风流动经过建筑物时,对建筑物不同部位会产生不同的效果,有压力,也有吸力。风对建筑物表面的作用力并不等于基本风压值,风的作用力随建筑物的体型、尺度、表面位置、表面状况而改变。如图2.24所示为一个矩形建筑物实测出的风作用力的大小和方向,图中风压分布系数是指表面风压与基本风压的比值,正值为压力,负值为吸力。在设计时,采用各个表面风作用力的平均值,风荷载体型系数就是指平均实际风压与基本风压的比值。注意,由风载体型系数计算的各个表面的风荷载都垂直于该表面。

风荷载体型系数可按照下列规定采用:

①圆形平面建筑取0.8。

②正多边形及截角三角形平面建筑,由下式计算:

$$\mu_s = 0.8 + 1.2/\sqrt{n} \qquad (2.2)$$

式中 n——多边形的边数。

③高宽比 H/B 不大于4的矩形、方形、十字形平面建筑取1.3。

(a)空气流经建筑物时风压对建筑物的作用(平面)

(b)迎风面风压分布系数　　(c)背风面风压分布系数

图 2.24　风压分布系数

④下列建筑取 1.4：

a. V 形、Y 形、弧形、双十字形、井字形平面建筑。

b. L 形、槽形和高宽比 H/B 大于 4 的十字形平面建筑。

c. 高宽比 H/B 大于 4，长宽比 L/B 不大于 1.5 的矩形、鼓形平面建筑。

⑤在需要更细致进行风荷载计算的场合，风荷载体型系数可按本书附录采用，或由风洞试验确定。

当多栋或群集的高层建筑相互间距较近时，宜考虑风力相互干扰的群体效应。一般可将单栋建筑的体型系数 μ_s 乘以相互干扰增大系数，该系数可参考类似条件的试验资料确定，必要时宜通过风洞试验确定。

4)**风振系数 β_z**

风作用是不规则的，风压随着风速、风向的紊乱变化而不停地改变。通常把风作用的平均值看成稳定风压，即平均风压。实际风压是在平均风压上下波动的，如图 2.25 所示。平均风压使建筑物产生一定的侧移，而波动风压使建筑物在该侧移附近左右摇晃，如果周围高层建筑物密集，还会产生涡流现象。

这种波动风压会在建筑物上产生一定的动力效应。尤其是风荷载波动中的短周期成分对高度较高或刚度较小的高层建筑可能产生一些不可忽视的动力效应，在设计中必须考虑。目前考虑的方法是采用风振系数 β_z。风振系数分为顺风向风振系数、横风向风振系数和扭转风振系数。

图 2.25　风速随时间、高度的变化

(1)顺风向风振系数

《荷载规范》规定,对高度大于 30 m 且高宽比大于 1.5 的房屋,以及基本自振周期 T_1 大于 0.25 s 的各种高耸结构,应考虑风压脉动对结构产生顺风向风振的影响。顺风向风振响应计算应按结构随机振动理论进行,对一般竖向悬臂型结构,如高层建筑和构架、塔架、烟囱等高耸结构,均可仅考虑结构第一振型的影响,结构顺风向 z 高度处的风振系数 β_z 可按下式计算:

$$\beta_z = 1 + 2gI_{10}B_z \sqrt{1 + R^2} \tag{2.3}$$

式中　g——峰值因子,可取 2.5;

　　　I_{10}——10 m 高度名义湍流强度,对应 A,B,C,D 类地面粗糙度,可分别取 0.12,0.14, 0.23 和 0.39;

　　　R——脉动风荷载的共振分量因子;

　　　B_z——脉动风荷载的背景分量因子。

脉动风荷载的共振分量因子可按下式计算:

$$R = \sqrt{\frac{\pi}{6\zeta_1} \frac{x_1^2}{(1 + x_1^2)^{4/3}}} \tag{2.4}$$

$$x_1 = \frac{30f_1}{\sqrt{k_w\omega_0}}, x_1 > 5 \tag{2.5}$$

式中　f_1——结构第 1 阶自振频率,Hz;

　　　k_w——地面粗糙度修正系数,对 A,B,C,D 类地面粗糙度,可分别取 1.28,1.0,0.54 和 0.26;

　　　ζ_1——结构阻尼比,对钢结构可取 0.01,对有填充墙的钢结构房屋可取 0.02,对钢筋混凝土及砌体结构可取 0.05,对其他结构可根据工程经验确定。

脉动风荷载的背景分量因子可按下列规定确定:

①对体型和质量沿高度均匀分布的高层建筑和高耸结构,可按下式计算:

$$B_z = kH^{a_1}\rho_x\rho_z \frac{\phi_1(z)}{\mu_z} \tag{2.6}$$

式中　$\phi_1(z)$——结构第 1 阶振型系数;

　　　H——结构总高度,m,对 A,B,C,D 类地面粗糙度,H 的取值分别不应大于 300,350,450

和 550 m;

ρ_x——脉动风荷载水平方向相关系数;

ρ_z——脉动风荷载垂直方向相关系数;

k,a_1——系数,按表 2.10 取值。

表 2.10　系数 k 和 a_1

粗糙度类别		A	B	C	D
高层建筑	k	0.944	0.670	0.295	0.112
	a_1	0.155	0.187	0.261	0.346
高耸结构	k	1.276	0.910	0.404	0.155
	a_1	0.186	0.218	0.292	0.376

②对迎风面和侧风面的宽度沿高度按直线或接近直线变化,而质量沿高度按连续规律变化的高耸结构,式(2.6)计算的背景分量因子 B_z 应乘以修正系数 θ_B 和 θ_V。θ_B 为构筑物在 z 高度处的迎风面宽度 $B(z)$ 与底部宽度 $B(0)$ 的比值;θ_V 可按表 2.11 确定。

表 2.11　修正系数 θ_V

$B(H)/B(0)$	1	0.9	0.8	0.7	0.6	0.5	0.4	0.3	0.2	≤0.1
θ_V	1.00	1.10	1.20	1.32	1.50	1.75	2.08	2.53	3.30	5.60

脉动风荷载水平方向相关系数可按下式计算:

$$\rho_x = \frac{10\sqrt{B + 50e^{-B/50} - 50}}{B} \tag{2.7}$$

式中　B——结构迎风面宽度,m,对 A,B,C,D 类地面粗糙度,H 的取值分别不应大于 300, 350,450 和 550 m。

对迎风面宽度较小的高耸结构,水平方向相关系数可取 $\rho_x = 1$。

脉动风荷载垂直方向相关系数可按下式计算:

$$\rho_z = \frac{10\sqrt{H + 60e^{-H/60} - 60}}{H}$$

式中　H——结构总高度,m,$B \leqslant 2H$。

结构的振型系数应根据动力计算确定。对外形、质量、刚度沿高度按连续规律变化的竖向悬臂型高耸结构及沿高度比较均匀的高层建筑,振型系数 $\varphi_1(z)$ 也可根据相对高度 z/H 按以下方法确定:

a.一般情况下,对顺风向响应可仅考虑第 1 振型的影响。

b.迎风面宽度远小于其高度的高耸结构,其振型系数可按表 2.12 采用。

c.迎风面宽度较大的高层建筑,当剪力墙和框架均起主要作用时,其振型系数可按表2.13采用。

d.对截面沿高度规律变化的高耸结构,其第 1 振型系数可按表 2.14 采用。

表 2.12　高耸结构的振型系数

相对高度	振型序号			
z/H	1	2	3	4
0.1	0.02	−0.09	0.23	−0.39
0.2	0.06	−0.30	0.61	−0.75
0.3	0.14	−0.53	0.76	−0.43
0.4	0.23	−0.68	0.53	0.32
0.5	0.34	−0.71	0.02	0.71
0.6	0.46	−0.59	−0.48	0.33
0.7	0.59	−0.32	−0.66	−0.40
0.8	0.79	0.07	−0.40	−0.64
0.9	0.86	0.52	0.23	−0.05
1.0	1.00	1.00	1.00	1.00

表 2.13　高层建筑的振型系数

相对高度	振型序号			
z/H	1	2	3	4
0.1	0.02	−0.09	0.22	−0.38
0.2	0.08	−0.30	0.58	−0.73
0.3	0.17	−0.50	0.70	−0.40
0.4	0.27	−0.68	0.46	0.33
0.5	0.38	−0.63	−0.03	0.68
0.6	0.45	−0.48	−0.49	0.29
0.7	0.67	−0.18	−0.63	−0.47
0.8	0.74	0.17	−0.34	−0.62
0.9	0.86	0.58	0.27	−0.02
1.0	1.00	1.00	1.00	1.00

表 2.14　高耸结构的第 1 振型系数

相对高度	高耸结构				
z/H	$B_H/B_0 = 1.0$	0.8	0.6	0.4	0.2
0.1	0.02	0.02	0.01	0.01	0.01
0.2	0.06	0.06	0.05	0.04	0.03

续表

相对高度	高耸结构				
z/H	$B_H/B_0 = 1.0$	0.8	0.6	0.4	0.2
0.3	0.14	0.12	0.11	0.09	0.07
0.4	0.23	0.21	0.19	0.16	0.13
0.5	0.34	0.32	0.29	0.26	0.21
0.6	0.46	0.44	0.41	0.37	0.31
0.7	0.59	0.57	0.55	0.51	0.45
0.8	0.79	0.71	0.69	0.66	0.61
0.9	0.86	0.86	0.85	0.83	0.80
1.0	1.00	1.00	1.00	1.00	1.00

注:表中 B_H，B_0 分别为结构顶部和底部的宽度。

（2）横风向风振系数和扭转风振系数

一般来说，建筑高度超过150 m 或高宽比大于5 的高层建筑可出现较为明显的横风向风振效应，并且效应随着建筑高度或建筑高宽比增加而增加。此外，细长圆形截面构筑物（指高度超过30 m 且高宽比大于4 的构筑物）一般也需要考虑横风向风振效应。

扭转风荷载是由建筑各个立面风压的非对称作用产生的，受截面形状和湍流度等因素的影响较大。一般来说，当建筑高度超过150 m，同时满足 $H/\sqrt{BD} \geq 3$，$D/B \geq 1.5$，$\dfrac{T_{T1} v_H}{\sqrt{BD}} \geq 0.4$ 的高层建筑 [T_{T1} 为第1阶扭转周期(s)]，扭转风振效应明显，宜考虑扭转风振的影响。

对上述结构的横风向风振系数和扭转风振系数的计算，可参考《荷载规范》的相关规定。

（3）顺风向风荷载、横风向风振等效风荷载及扭转风振等效风荷载的组合

高层建筑结构在脉动风荷载作用下，其顺风向风荷载、横风向风振等效风荷载及扭转风振等效风荷载宜按表2.15 考虑风荷载组合工况。

表2.15 风荷载组合工况

工况	顺风向风荷载	横风向风振等效风荷载	扭转风振等效风荷载
1	F_{Dk}	—	—
2	$0.6F_{Dk}$	F_{Lk}	—
3	—	—	T_{Tk}

表2.15 中的单位高度风力 F_{Dk}，F_{Lk} 及扭矩 T_{Tk} 标准值应按下列公式计算：

$$F_{Dk} = (\omega_{k1} - \omega_{k2})B \qquad (2.8)$$

$$F_{Lk} = \omega_{Lk}B \qquad (2.9)$$

$$T_{Tk} = \omega_{Tk}B^2 \qquad (2.10)$$

式中 F_{Dk}——顺风向单位高度风力标准值，kN/m；

F_{Lk}——横风向单位高度风力标准值,kN/m;

T_{Tk}——单位高度风致扭矩标准值,kN·m/m;

ω_{k1},ω_{k2}——迎风面、背风面风荷载标准值,kN/m²;

ω_{Lk},ω_{Tk}——横风向风振和扭转风振等效风荷载标准值,kN/m²;

B——迎风面宽度,m。

2.4.2 总风荷载和局部风荷载

在进行结构设计时,应使用总风荷载计算风荷载作用下结构的内力及位移,当需要对结构某部位构件进行单独设计或验算时,还应计算风荷载对该构件的局部效应。

1)总风荷载

总风荷载为建筑物各个表面承受风力的合力,是沿建筑物高度变化的线荷载,通常按 x,y 两个相互垂直的方向分别计算总风荷载。

z 高度处的总风荷载标准值(kN/m)可按下式计算:

$$W_z = \beta_z \mu_z \omega_0 (\mu_{s1} B_1 \cos \alpha_1 + \mu_{s2} B_2 \cos \alpha_2 + \cdots + \mu_{sn} B_n \cos \alpha_n) \qquad (2.11)$$

式中 n——建筑物外围表面积数(每一个平面作为一个表面积);

B_1,B_2,B_n——n 个表面的宽度;

μ_{s1},μ_{s2},μ_{sn}——n 个表面的平均风载体型系数,按附录中的表1取用;

α_1,α_2,α_n——n 个表面法线与风作用方向的夹角。

当建筑物某表面与风力作用方向垂直时,$\alpha_i = 0°$,这个表面的风压全部计入总风荷载;当某个表面与风力作用方向平行时,$\alpha_i = 90°$,这个表面的风压不计入总风荷载;其他与风作用方向呈某一夹角的表面,都应计入该表面上压力在风作用方向的分力。根据体型系数正确区分是风压力还是风吸力,以便作矢量相加。

各表面风荷载的合力作用点,即总风荷载的作用点。其作用点位置按静力矩平衡条件确定。

【例2.6】计算如图2.26所示平面的框架-剪力墙结构的总风荷载及其合力作用点位置。房屋共9层,总高27 m,$H/B = 1.72$,C类地区,地区标准风压 $\omega_0 = 0.5$ kN/m²。

解 每个表面沿建筑物高度每米的风荷载为

$$w_{iz} = \beta_z \mu_z \omega_0 B_i \mu_{si} \cos \alpha_i$$

首先计算 $\omega_0 B_i \mu_{si} \cos \alpha_i$,按8块表面积分别计算风力(压力或吸力)在 y 方向的投影值,投影后与 y 坐标正向相同者取正号,反之取负号。表面序号在图2.26中○内注明,计算见表2.16,x_i 为 w_i 到原点 O 的距离。

表2.16 每个表面风荷载计算过程

序号	$\omega_0 B_i \mu_{si}$	$\cos \alpha_i$	$w_i/(\text{kN} \cdot \text{m}^{-1})$	x_i/m	$w_i x_i$
1	$28.38 \times 0.8 \times 0.7 = 15.89$	1	15.89	14.19	225.52
2	$6 \times 1.0 \times 0.7 = 4.20$	0.5	2.10	29.88	62.75
3	$-6 \times 0.45 \times 0.7 = -1.89$	$\sqrt{3}/2$	-1.64	33.98	-55.62
4	$28.38 \times 0.5 \times 0.7 = 9.93$	0.5	4.96	29.48	146.43

序号	$\omega_0 B_i \mu_{si}$	$\cos \alpha_i$	$w_i/(\text{kN} \cdot \text{m}^{-1})$	x_i/m	$w_i x_i$
5	$-6 \times 0.5 \times 0.7 = -2.1$	0.5	-1.05	23.89	-25.08
6	$6 \times 0.5 \times 0.7 = 2.10$	$\sqrt{3}/2$	1.82	22.79	41.46
7	$28.38 \times 0.5 \times 0.7 = 9.93$	0.5	4.96	13.10	65.04
8	$6 \times 0.5 \times 0.7 = 2.10$	1	2.10	3.0	6.3
		$\sum$	29.16	$\sum$	466.80

图 2.26　例 2.6 图

风合力作用点距离原点

$$x_0 = \frac{466.80}{29.16} \text{ m} \approx 16 \text{ m}$$

因房屋高度小于 30 m,不用考虑风振影响,风振系数 $\beta_z = 1.0$,故 $w_{iz} = \mu_z w_i = 29.16 \mu_z$。计算结果见表 2.17。从表中计算结果可知,风荷载值越向上越大。

表 2.17　结构总风荷载计算

层数	H_i/m	μ_z	$w_z/(kN \cdot m^{-1})$	分布图形
9	27	0.838	24.44	
8	24	0.796	23.21	
7	21	0.754	21.99	
6	18	0.704	20.53	
5	15	0.65	18.95	
4	12	0.65	18.95	
3	9	0.65	18.95	
2	6	0.65	18.95	
1	3	0.65	18.95	

2）局部风荷载

实际上风压在建筑物表面上是不均匀的,在某些风压较大的部位,要考虑局部风荷载对某些构件的不利作用。此时,采用局部增大体型系数。

2.4.3　地震作用

1）一般计算原则

处于抗震设防区的高层建筑一般应进行抗震设计。根据《抗震规范》的要求,6 度设防时一般不必计算地震作用[在软弱(Ⅳ类)场地上的高层建筑除外],只需采取必要的抗震措施,7 ~ 9 度设防时,则还应计算地震作用,10 度及以上地区要进行专门研究。

根据《建筑工程抗震设防分类标准》(GB 50233—2017),高层建筑的抗震设防一般分为以下 3 类:

①特殊设防类,指使用上有特殊设施,涉及国家公共安全的重大建筑工程和地震时可能发生严重次生灾害等特别重大灾害后果,需要进行特殊设防的建筑,简称甲类。

②重点设防类,指地震时使用功能不能中断或需尽快恢复的生命线相关建筑,以及地震时可能导致大量人员伤亡等重大灾害后果,需要提高设防标准的建筑,简称乙类。

③标准设防类,指大量的除上述建筑以外按标准要求进行设防的建筑,简称丙类。

各类建筑的抗震设防标准应满足以下要求:

①特殊设防类,应按高于本地区抗震设防烈度提高 1 度的要求加强其抗震措施;抗震设防烈度为 9 度时应比 9 度更高的要求采取抗震措施。同时,应按批准的地震安全性评价的结果且高于本地区抗震设防烈度的要求确定其地震作用。

②重点设防类,应按高于本地区抗震设防烈度 1 度的要求加强其抗震措施;抗震设防烈度为 9 度时应按比 9 度更高的要求采取抗震措施;地基基础的抗震措施,应符合有关规定。同时,应按本地区抗震设防烈度确定其地震作用。

③标准设防类,应按本地区抗震设防烈度确定其抗震措施和地震作用,达到在遭遇高于当地抗震设防烈度的预估罕遇地震影响时不致倒塌或发生危及生命安全的严重破坏的抗震设防目标。

高层建筑应按以下原则来考虑地震作用:

①一般情况下,应至少在结构两个主轴方向分别计算水平地震作用;有斜交抗侧力构件的结构,当相交角度大于15°时,应分别计算各抗侧力构件方向的水平地震作用。

②质量与刚度分布明显不对称的结构,应计算双向水平地震作用下的扭转影响;其他情况,应计算单向水平地震作用下的扭转影响。

③高层建筑中的大跨度、长悬臂结构,7度(0.15g)、8度抗震设计时应计入竖向地震作用。

④9度抗震设计时应计算竖向地震作用。

注意,计算单向地震作用时应考虑偶然偏心的影响。每层质心沿垂直于地震作用方向的偏移值可按下式采用:

$$e_i = \pm 0.05 L_i \tag{2.12}$$

式中　e_i——第i层质心偏移值,m,各楼层质心偏移方向相同;

L_i——第i层垂直于地震作用方向的建筑物总长度,m。

高层建筑结构应按不同情况分别采用相应的地震作用计算方法:

①高层建筑结构宜采用振型分解反应谱法;对质量和刚度不对称、不均匀的结构以及高度超过100 m的高层建筑结构应采用考虑扭转耦联振动影响的振型分解反应谱法。

②高度不超过40 m、以剪切变形为主且质量和刚度沿高度分布比较均匀的高层建筑结构,可采用底部剪力法。

③7~9度抗震设防的高层建筑,下列情况应采用弹性时程分析法进行多遇地震下的补充计算:

a. 甲类高层建筑结构。

b. 表2.18所列的乙、丙类高层建筑结构。

c. 竖向不规则的高层建筑结构(包括侧向刚度不规则、层受剪承载力不足、竖向构件不连续、上部结构收进不规则、楼层质量分布不规则等)。

d. 复杂高层建筑结构,如带转换层的结构、带加强层的结构、错层结构、连体结构、竖向收进及悬挑结构(主要是竖向收进及悬挑程度超过《高层规程》限值的竖向不规则结构)。

表2.18　采用时程分析法的规程建筑结构

设防烈度、场地类别	建筑高度范围
8度Ⅰ,Ⅱ类场地和7度	>100 m
8度Ⅲ,Ⅳ类场地	>80 m
9度	>60 m

在进行结构时程分析时,应符合下列要求:

①应按建筑场地类别和设计地震分组选取实际地震记录和人工模拟的加速度时程曲线,其中实际地震记录的数量不应少于总数量的2/3,多组时程曲线的平均地震影响系数曲线应与振型分解反应谱法所采用的地震影响系数曲线在统计意义上相符;弹性时程分析时,每条时程曲线计算所得结构底部剪力不应小于振型分解反应谱法计算结果的65%,多条时程曲线计算所得结构底部剪力的平均值不应小于振型分解反应谱法计算结果的80%。

②地震波的持续时间不宜小于建筑结构基本自振周期的5倍和15 s,地震波的时间间距

可取 0.01 s 或 0.02 s。

③输入地震加速度的最大值可按表 2.19 采用。

④当取三组时程曲线进行计算时,结构地震作用效应宜取时程法计算结果的包络值与振型分解反应谱法计算结果的较大值;当取七组及七组以上时程曲线进行计算时,结构地震作用效应可取时程法计算结果的平均值与振型分解反应谱法计算结果的较大值。

表 2.19　时程分析时输入地震加速度的最大值　　　单位:cm/s^2

设防烈度	6 度	7 度	8 度	9 度
多遇地震	18	35(55)	70(110)	140
设防地震	50	100(150)	200(300)	400
罕遇地震	125	220(310)	400(510)	620

注:7 度、8 度时括号内数值分别用于设计基本地震加速度为 0.15g 和 0.30g 的地区,此处 g 为重力加速度。

计算地震作用时,建筑结构的重力荷载代表值应取永久荷载标准值和可变荷载组合值之和。可变荷载的组合值系数应按下列规定采用:

①雪荷载取 0.5。

②楼面活荷载按实际情况计算时取 1.0;按等效均布活荷载计算时,藏书库、档案库、库房取 0.8,一般民用建筑取 0.5。

建筑结构的地震影响系数应根据烈度、场地类别、设计地震分组和结构自振周期及阻尼比确定。其水平地震影响系数最大值 α_{max} 应按表 2.20 采用;特征周期应根据场地类别和设计地震分组按表 2.21 采用,计算罕遇地震作用时,特征周期应增加 0.05 s。

表 2.20　水平地震影响系数最大值 α_{max}

地震影响	6 度	7 度	8 度	9 度
多遇地震	0.04	0.08(0.12)	0.16(0.24)	0.32
设防地震	0.12	0.23(0.34)	0.45(0.68)	0.90
罕遇地震	0.28	0.50(0.72)	0.90(1.20)	1.40

注:7 度、8 度时括号内数值分别用于设计基本地震加速度为 0.15g 和 0.30g 的地区;周期大于 6.0 s 的高层建筑结构所采用的地震影响系数应做专门研究。

表 2.21　特征周期值 T_g　　　单位:s

设计地震分组＼场地类别	I$_0$	I$_1$	II	III	IV
第一组	0.20	0.25	0.35	0.45	0.65
第二组	0.25	0.30	0.40	0.55	0.75
第三组	0.30	0.35	0.45	0.65	0.90

高层建筑结构地震影响系数曲线(图 2.27)的形状参数和阻尼调整应符合下列规定:

图 2.27 地震影响系数曲线

α—地震影响系数;α_{max}—地震影响系数最大值;T—结构自振周期;T_g—结构自振周期;

γ—衰减指数;η_1—直线下降段下降斜率调整系数;η_2—阻尼调整系数

①除有专门规定外,钢筋混凝土高层建筑结构的阻尼比应取 0.05,此时阻尼调整系数 η_2 应取 1.0,形状参数应符合下列规定:

a. 直线上升段,周期小于 0.1 s 的区段。

b. 水平段,自 0.1 s 至特征周期 T_g 的区段,地震影响系数应取最大值 α_{max}。

c. 曲线下降段,自特征周期至 5 倍特征周期的区段,衰减指数 γ 应取 0.9。

d. 直线下降段,自 5 倍特征周期至 6.0s 的区段,下降段斜率调整系数 η_1 应取 0.02。

②当建筑结构的阻尼比不等于 0.05 时,地震影响系数曲线的分段情况与上述相同,但其形状参数和阻尼调整系数 η_2 应符合下列规定:

a. 曲线下降段的衰减指数 γ 应按下式确定:

$$\gamma = 0.9 + \frac{0.05 - \zeta}{0.3 + 6\zeta} \tag{2.13}$$

式中　γ——曲线下降段的衰减指数;

　　　ζ——阻尼比。

b. 直线下降段的斜率调整系数 η_1 应按下式确定:

$$\eta_1 = 0.02 + \frac{0.05 - \zeta}{4 + 32\zeta} \tag{2.14}$$

式中　η_1——直线下降段的斜率调整系数,小于 0 时应取 0。

c. 阻尼调整系数 η_2 应按下式确定:

$$\eta_2 = 1 + \frac{0.05 - \zeta}{0.08 + 1.6\zeta} \tag{2.15}$$

式中　η_2——阻尼调整系数,小于 0.55 时应取 0.55。

2)水平地震作用计算

(1)底部剪力法

当采用底部剪力法时,计算简图如图 2.28 所示。

结构底部总剪力标准值可按下式计算:

$$F_{Ek} = \alpha_1 G_{eq} \tag{2.16}$$

式中　α_1——相应于结构基本自振周期 T_1 的 α 值;

　　　G_{eq}——结构等效总重力荷载代表值,$G_{eq} = 0.85 G_E$;

　　　G_E—— 计算地震作用时,结构总重力荷载代表值,$G_E = \sum\limits_{j=1}^{n} G_j$;

G_j——第 j 层重力荷载代表值。

图 2.28　底部剪力法等效地震力分布

当结构有高阶振型影响时,顶部位移及惯性力加大,在底部剪力法中,应顶部附加作用 ΔF_n 近似考虑高阶振型的影响。顶层等效地震力为 $F_n + \Delta F_n$,剩下部分再分配到各楼层:

$$F_i = \frac{G_i H_i}{\sum\limits_{j=1}^{n} G_j H_j} F_{Ek}(1 - \delta_n) \tag{2.17}$$

式中　δ_n——顶部附加地震作用系数,对多层钢筋混凝土和钢结构房屋,δ_n 可按表 2.22 确定,其他房屋可采用 0。

H_i, H_j——第 i、j 楼层的计算高度。

顶部附加水平地震作用标准值为

$$\Delta F_n = \delta_n F_{Ek} \tag{2.18}$$

表 2.22　顶部附加地震作用系数

T_g/s	$T_1 > 1.4T_g$	$T_1 \leqslant 1.4T_g$
$T_g \leqslant 0.35$	$0.08T_1 + 0.07$	
$0.35 < T_g \leqslant 0.55$	$0.08T_1 + 0.01$	不考虑
$T_g > 0.55$	$0.08T_1 - 0.02$	

(2)振型分解反应谱法

当采用振型分解反应谱法按两个主轴方向分别验算,只考虑平移方向的振型时,一般考虑 3 个振型,较不规则的结构则考虑 6 个振型。这时,第 j 个振型在第 i 个质点上产生的水平地震作用为

$$F_{ji} = \alpha_j \gamma_j X_{ji} G_i \quad (i = 1, 2, \cdots, m; j = 1, 2, \cdots, n) \tag{2.19}$$

式中　α_j——相应于第 j 振型自振周期 T_j 的地震影响系数,按图 2.27 确定;

γ_j——第 j 振型的振型参与系数,可按下式计算:

$$\gamma_j = \frac{\sum\limits_{i=1}^{n} X_{ji} G_i}{\sum\limits_{i=1}^{n} X_{ji}^2 G_i} \tag{2.20}$$

X_{ji}——j 振型第 i 质点的水平相对位移;

G_i——集中于 i 质点的重力荷载代表值。

各平动振型产生的地震作用效应(内力、位移)可近似地按下式确定:

$$S_{Ek} = \sqrt{\sum S_j^2} \tag{2.21}$$

式中　S——水平地震作用标准值的效应(内力或变形);

S_j——j 振型水平地震作用标准值产生的作用效应。

考虑扭转影响的结构,按扭转耦联振型分解法计算时,各楼层可取两个正交的水平位移和一个转角位移共 3 个自由度,并按下列规定计算地震作用和作用效应:

①j 振型 i 层的水平地震作用标准值按下列公式确定:

$$
\begin{aligned}
F_{xji} &= \alpha_j \gamma_{tj} X_{ij} G_i \\
F_{yji} &= \alpha_j \gamma_{tj} Y_{ij} G_i \qquad (i = 1, 2, \cdots, n; j = 1, 2, \cdots, m) \\
F_{tji} &= \alpha_j \gamma_{tj} r_i^2 \varphi_{ji} G_i
\end{aligned}
\tag{2.22}
$$

式中　$F_{xij}, F_{yij}, F_{tij}$——$j$ 振型 i 层的 x, y 方向和转角方向的地震作用标准值;

X_{ij}, Y_{ij}——j 振型 i 层质心在 x, y 方向的水平相对位移;

φ_{ij}——j 振型 i 层的相对扭转角;

r_i——i 层转动半径,$r_i = \sqrt{\dfrac{J_i}{M_i}}$,其中,$J_i$ 为第 i 层绕质心的转动惯量;M_i 为第 i 层的质量;

γ_{tj}——考虑扭转的 j 振型参与系数,当仅考虑 x 方向地震时,按式(2.23)计算;当仅考虑 y 方向地震时,按式(2.24)计算;当考虑与 x 方向斜交 θ 角的地震时,按式(2.25)计算;

$$\gamma_{tj} = \sum_{i=1}^{n} X_{ji} G_i \Big/ \sum_{i=1}^{n} (X_{ji}^2 + Y_{ji}^2 + \varphi_{ji}^2 r_i^2) G_i \tag{2.23}$$

$$\gamma_{tj} = \sum_{i=1}^{n} Y_{ji} G_i \Big/ \sum_{i=1}^{n} (X_{ji}^2 + Y_{ji}^2 + \varphi_{ji}^2 r_i^2) G_i \tag{2.24}$$

$$\gamma_{tj} = \gamma_{xj} \cos\theta + \gamma_{yj} \sin\theta \tag{2.25}$$

式中　γ_{xj}, γ_{yj}——由式(2.23)、式(2.24)求得的参与系数。

②考虑单向水平地震作用下的扭转地震作用效应时,由于振型效应彼此耦联,因此采用以下完全二次型组合:

$$S_{Ek} = \sqrt{\sum_{j=1}^{m} \sum_{k=1}^{m} \rho_{jk} S_j S_k} \tag{2.26}$$

$$\rho_{jk} = \frac{8\sqrt{\zeta_j \zeta_k} (\zeta_j + \lambda_T \zeta_k) \lambda_T^{1.5}}{(1 - \lambda_T^2)^2 + 4\zeta_j \zeta_k (1 + \lambda_T^2) \lambda_T + 4(\zeta_j^2 + \zeta_k^2) \lambda_T^2} \tag{2.27}$$

式中　S_{Ek}——地震作用标准值的扭转效应;

S_j, S_k——j, k 振型地震作用标准值的效应,可取前 9 ~ 15 个振型;

ζ_j, ζ_k——j, k 振型的阻尼比;

ρ_{jk}——j 振型与 k 振型的耦联系数;

λ_T——k 振型与 j 振型的自振周期比。

③考虑双向水平地震作用下的扭转耦联效应时,可按以下公式中较大值确定:

$$S_{Ek} = \sqrt{S_x^2 + (0.85S_y)^2} \quad (2.28)$$

$$S_{Ek} = \sqrt{S_y^2 + (0.85S_x)^2} \quad (2.29)$$

式中　S_x, S_y——x 向、y 向单向水平地震作用时按式(2.26)计算的扭转效应。

(3)最小楼层地震剪力

水平地震作用计算时,结构各楼层对应于地震作用标准值的剪力应符合下式要求:

$$V_{Eki} \geqslant \lambda \sum_{j=i}^{n} G_j \quad (2.30)$$

式中　V_{Eki}——第 i 层对应于水平地震作用标准值的剪力;

　　λ——水平地震剪力系数,不应小于表 2.23 的规定,对竖向不规则结构的薄弱层,尚应乘以 1.15 的增大系数;

　　G_j——第 j 层的重力荷载代表值;

　　n——结构计算总层数。

表 2.23　楼层最小地震剪力系数值

类别	6 度	7 度	8 度	9 度
扭转效应明显或基本周期小于 3.5 s 的结构	0.008	0.016(0.024)	0.032(0.048)	0.064
基本周期大于 5.0 s 的结构	0.006	0.012(0.018)	0.024(0.036)	0.048

注:①基本周期介于 3.5 s 和 5 s 之间的结构,按插入法取值。

　　②括号内数值分别用于设计基本地震加速度为 0.15g 和 0.30g 的地区。

(4)周期近似计算及周期折减

在应用底部剪力法时,需要结构基本自振周期计算等效地震作用,可采用适合手算的近似计算方法。常用的手算计算方法有顶点位移法、能量法等,可参考相关的抗震设计教材,本书不再赘述,这里仅介绍《荷载规范》附录 F 中给出的近似计算方法。

①根据建筑总层数 n 确定高层建筑基本自振周期的近似计算方法:

钢结构　　　　　　　　　　　$T_1 = (0.10 \sim 0.15)n$

钢筋混凝土结构　　　　　　　$T_1 = (0.05 \sim 0.10)n$

②根据房屋总高度 H 和宽度 B 确定基本自振周期的近似计算方法:

钢筋混凝土框架和框剪结构　$T_1 = 0.25 + 0.53 \times 10^{-3} \dfrac{H^2}{\sqrt[3]{B}}$

钢筋混凝土剪力墙结构　　　$T_1 = 0.03 + 0.03 \dfrac{H}{\sqrt[3]{B}}$

另外,结构的自振周期 T 在施工图设计时一般通过计算程序确定,由于在结构计算时只考虑了主要承重结构的刚度,而刚度很大的填充墙在计算模型中没有反映,因此计算所得的周期较实际周期偏长,如果按计算周期直接计算地震作用将偏于不安全,计算周期必须乘以周期折减系数 ψ_T 后,再用于计算地震作用。

周期折减系数 ψ_T 取决于结构形式和砌体填充墙的多少,可近似按下列规定采用:

框架结构　　　　　　　　　$\psi_T = 0.6 \sim 0.7$

框架-剪力墙结构　　　　　$\psi_T = 0.7 \sim 0.8$

框架-核心筒结构　　　　　$\psi_T = 0.8 \sim 0.9$

剪力墙结构　　　　　　　　$\psi_T = 0.8 \sim 1.0$

对其他结构体系或采用其他非承重墙体时,可根据工程情况确定周期折减系数。

（5）时程分析法

对刚度与质量沿竖向分布特别不均匀的高层建筑;7 度和 8 度Ⅰ,Ⅱ类场地且高度超过 100 m;8 度Ⅲ,Ⅳ类场地且高度超过 80 m;9 度时高度超过 60 m 的高层建筑,应采用时程分析法进行多遇地震下的补充计算。

弹性时程分析的计算并不困难,在各种商用计算程序中都可以实现,困难在于选用合适的地面运动,这是因为地震是随机的,很难预估结构未来可能遭受到什么样的地面运动。《抗震规范》要求,当取 3 组加速度时程曲线输入时,计算结果宜取时程法的包络值和振型分解反应谱法的较大值;当取 7 组及 7 组以上的时程曲线时,计算结果可取时程法的平均值和振型分解反应谱法的较大值。采用时程分析法时,应按建筑场地类别和设计地震分组选用实际强震记录和人工模拟的加速度时程曲线,其中实际强震记录的数量不应少于总数的 2/3,多组时程曲线的平均地震影响系数曲线应与振型分解反应谱法所采用的地震影响系数曲线在统计意义上相符,其加速度时程的最大值可按表 2.24 采用。弹性时程分析时,每条时程曲线计算所得结构底部剪力不应小于振型分解反应谱法计算结果的 65%,多条时程曲线计算所得结构底部剪力的平均值不应小于振型分解反应谱法计算结果的 80%。

表 2.24　时程分析所用地震加速度时程的最大值　　　　　　单位:cm/s^2

地震影响	6 度	7 度	8 度	9 度
多遇地震	18	35(55)	70(110)	140
罕遇地震	125	220(310)	400(510)	620

注:括号内数值分别用于设计基本地震加速度为 0.15g 和 0.30g 的地区。

另外,对不规则且具有明显薄弱部位可能导致重大地震破坏的建筑结构,《抗震规范》还规定,应进行罕遇地震作用下的弹塑性变形分析。此时,可根据结构特点采用静力弹塑性分析或弹塑性时程分析方法。

3）突出屋面塔楼的地震力

突出屋面的小塔楼一般是指突出屋面的楼电梯间、水箱间等,通常为 1 ~ 2 层,高度小,体积也不大。塔楼的底部放在屋面上,受到的是经过主体建筑放大后的地震加速度,会受到强化的激励。突出屋面的塔楼,其刚度和质量都比主体结构小得多,会产生非常显著的鞭梢效应。

当采用时程分析方法时,塔楼与主体建筑一起分析,反应结果可直接采用,不必修正。

当采用底部剪力法时,假定以第一振型的振型曲线为标准,求得的地震力可能偏小,必须修正。《抗震规范》规定,采用底部剪力法时,突出屋面的屋顶间、女儿墙、烟囱等的地震作用效应,宜乘以增大系数 3,此增大部分不应往下传递,但与该突出部分相连的构件应予计入。

此时应注意,顶部附加水平地震作用 ΔF_n 加在主体结构的顶层,不加在小塔楼上。

用振型分解反应谱法计算地震作用时,也可将小塔楼作为一个质点,当采用 6 个以上振型时,已充分考虑了高阶振型的影响,可以不再修正。如果只采用 3 个振型,则所得的地震力可能偏小,塔楼的水平地震作用宜适当放大,放大系数可取 1.5,放大后的水平地震作用只用来设计小塔楼本身及与小塔楼直接相连的主体结构构件,不传递到下部楼层。

4)竖向地震作用

震害表明,竖向地震作用对高层建筑及大跨度结构有很大影响,尤其在高烈度地区。《抗震规范》和《高层规程》规定,9 度时的高层建筑,其竖向地震作用标准值应按下列公式确定:

$$F_{Evk} = \alpha_{vmax} G_{eq} \tag{2.31}$$

$$G_{eq} = 0.75 G_E \tag{2.32}$$

$$\alpha_{vmax} = 0.65 \alpha_{max} \tag{2.33}$$

式中　F_{Evk}——结构总竖向地震作用标准值;

　　　α_{vmax}——结构竖向地震影响系数最大值;

　　　G_{eq}——结构等效总重力荷载代表值;

　　　G_E——计算竖向地震作用时,结构总重力荷载代表值,应取各质点重力荷载代表值之和。

结构质点 i 的竖向地震作用标准值可按下式计算:

$$F_{vi} = \frac{G_i H_i}{\sum_{j=1}^{n} G_j H_j} F_{Evk} \tag{2.34}$$

式中　F_{vi}——质点 i 的竖向地震作用标准值;

　　　G_i, G_j——集中于质点 i, j 的重力荷载代表值;

　　　H_i, H_j——质点 i, j 的计算高度。

楼层各构件的竖向地震作用效应可按各构件承受的重力荷载代表值比例分配,并宜乘以增大系数 1.5。

此外,对跨度大于 24 m 的楼盖结构、跨度大于 12 m 的转换结构和连体结构、悬挑长度大于 5 m 的悬挑结构,结构竖向地震作用效应标准值宜采用时程分析法或振型分解反应谱法进行计算。

高层建筑中,大跨度结构、悬挑结构、转换结构、连体结构的连接体的竖向地震作用标准值,不宜小于结构或构件承受的重力荷载代表值与表 2.25 规定的竖向地震作用系数的乘积。

表 2.25　竖向地震作用系数

设防烈度	7 度	8 度		9 度
设计基本地震加速度	0.15g	0.20g	0.30g	0.40g
竖向地震作用系数	0.08	0.10	0.15	0.20

注:g 为重力加速度。

思 考 题

2.1　如图 2.29 所示,正方形截面结构的高度分别为 25,50 和 100 m。按悬臂杆结构计算其基底剪力、基底弯矩和顶点侧移,并比较结构高度不同时,对以上 3 个量的影响。从以上的比较能否对低层、多层和高层结构对承载力和刚度的要求有些启示?

图 2.29 思考题 2.1 图   图 2.30 思考题 2.2 图

2.2 对图 2.30 所示平面形状的结构风荷载进行分析。在图示风作用下,各建筑立面的风是吸力还是压力? 是什么方向? 结构的总风荷载是哪个方向? 如果要计算与其成 90°方向的总风荷载,其大小与前者相同吗? 为什么?

2.3 在如图 2.31 所示的框架结构中,图 2.31(a)为平面布置,图 2.31(b)为其剖面。结构质量集中于每层的楼层处,其代表值如图 2.31(b)所示。梁截面尺寸 $b \times h = 250 \text{ mm} \times 600$ mm,混凝土为 C20;柱截面尺寸 $b \times h = 450 \text{ mm} \times 450 \text{ mm}$,混凝土 C30。位于 8 度(0.20 g)设防地震区,Ⅱ类场地,用底部剪力法求水平地震作用。

图 2.31 思考题 2.3 图

第 **3** 章
高层建筑结构设计要求

3.1 荷载效应和地震作用效应组合

作用效应是指由各种作用引起的结构或结构构件的反应,如内力、变形和裂缝等,作用效应组合是指按极限状态设计时,为保证结构的可靠性而对同时出现的各种作用效应值的规定。对所考虑的极限状态,在确定其作用效应时,应对所有可能同时出现的各种作用效应值加以组合,求得组合后在结构中的总效应。由于各种荷载作用的性质不同,它们出现的频率不同,对结构的作用方向不同,这样需要考虑的组合多种多样,因此必须在所有可能的组合中,取其中最不利的一组作为该极限状态的设计依据。本节给出了高层建筑结构承载能力极限状态设计时的作用效应组合的基本要求。

3.1.1 荷载效应组合

在持久设计状况和短暂设计状况下,当荷载与荷载效应按线性关系考虑时,荷载基本组合的效应设计值应按下式确定:

$$S_d = \gamma_G S_{GK} + \gamma_L \psi_Q \gamma_Q S_{QK} + \psi_w \gamma_w S_{WK} \qquad (3.1)$$

式中 S_d——荷载组合的效应设计值;

γ_G——永久荷载分项系数;

γ_Q——楼面活荷载分项系数;

γ_w——风荷载的分项系数;

γ_L——考虑结构设计使用年限的荷载调整系数,设计使用年限为 50 年时取 1.0,设计使用年限为 100 年时取 1.1;

S_{GK}——永久荷载效应标准值;

S_{QK}——楼面活荷载效应标准值;

S_{WK}——风荷载效应标准值;

ψ_Q,ψ_w——楼面活荷载组合值系数和风荷载组合值系数,应分别取 1.0 和 0.6 或 0.7 和 1.0。

对书库、档案库、储藏室、通风机房和电梯机房,楼面活荷载组合值系数取 0.7 的组合应取 0.9。

在持久设计状况和短暂设计状况下,荷载效应基本组合的分项系数应按下列规定采用:

①永久荷载的分项系数 γ_G:当其效应对结构承载力不利时,应取 1.3;当其效应对结构承载力有利时,应取 1.0。

②楼面活荷载的分项系数 γ_Q:一般情况下应取 1.5。

③风荷载的分项系数 γ_W 应取 1.5。

目前,国内钢筋混凝土结构高层建筑由恒载和活荷载引起的单位面积重力,框架与框架-剪力墙结构为 $12 \sim 14$ kN/m^2,剪力墙和筒体结构为 $13 \sim 16$ kN/m^2,而其中活荷载部分为 $2 \sim 3$ kN/m^2,只占全部重力的 $15\% \sim 20\%$,活荷载不利分布的影响较小。另外,高层建筑结构层数很多,每层的房间也很多,活荷载在各层间的分布情况极其繁多,难以一一计算。一般不考虑活荷载的不利分布,按满载计算。

如果楼面活荷载大于 4 kN/m^2 时,其不利分布对梁弯矩的影响会比较明显,计算时应考虑。除进行活荷载不利分布的详细计算分析外,也可将未考虑活荷载不利分布计算的框架梁弯矩乘以放大系数予以近似考虑,该放大系数通常可取 $1.1 \sim 1.3$,活荷载大时可选用较大数值。近似考虑活荷载不利分布影响时,梁正、负弯矩应同时予以放大。

依照组合的规定,当不考虑楼面活荷载的不利布置时,由式(3.1)可以有很多组合,最主要的组合有:

$$S_d = 1.3S_{GK} + 1.5\gamma_L S_{QK} \tag{3.2}$$

$$S_d = 1.25((S_{GK} + \gamma_L S_{QK})) \quad (恒、活荷载不分开考虑) \tag{3.3}$$

$$S_d = 1.3S_{GK} + 1.0 \times 1.5\gamma_L S_{QK} + 0.6 \times 1.5S_{WK} \tag{3.4}$$

$$S_d = 1.3S_{GK} + 0.7 \times 1.5\gamma_L S_{QK} + 1.0 \times 1.5S_{WK} \tag{3.5}$$

3.1.2　地震作用效应组合

在地震设计状况下,当作用与作用效应按线性关系考虑时,荷载和地震作用基本组合的效应设计值应按下式确定:

$$S_d = \gamma_G S_{GE} + \gamma_{Eh} S_{EhK} + \gamma_{Ev} S_{EvK} + \psi_W \gamma_W S_{WK} \tag{3.6}$$

式中　S_d——荷载和地震作用组合的效应设计值;

S_{GE}——重力荷载代表值的效应;

S_{EhK}——水平地震作用标准值的效应,尚应乘以相应的增大系数、调整系数;

S_{EvK}——竖向地震作用标准值的效应,尚应乘以相应的增大系数、调整系数;

S_{WK}——风荷载标准值效应;

γ_G——重力荷载分项系数;

γ_W——风荷载分项系数;

γ_{Eh}——水平地震作用分项系数;

γ_{Ev}——竖向地震作用分项系数;

ψ_W——风荷载的组合值系数,一般结构取为 0.0,风荷载起控制作用的建筑应取 0.2。

在地震设计状况下,荷载和地震作用基本组合的分项系数应按表 3.1 采用。当重力荷载效应对结构的承载力有利时,表 3.1 中 γ_G 不应大于 1.0。

表 3.1　地震设计状况时荷载和作用的分项系数

参与组合的荷载和作用	γ_G	γ_{Eh}	γ_{Ev}	γ_W	说　明
重力荷载及水平地震作用	1.3	1.3	—	—	抗震设计的高层建筑结构均应考虑
重力荷载及竖向地震作用	1.3	—	1.3	—	9 度抗震设计时考虑;水平长悬臂和大跨度结构 7 度(0.15 g)、8 度、9 度抗震设计时考虑
重力荷载、水平地震及竖向地震作用	1.3	1.3	0.5	—	9 度抗震设计时考虑;水平长悬臂和大跨度结构 7 度(0.15 g)、8 度、9 度抗震设计时考虑
重力荷载、水平地震作用及风荷载	1.3	1.3	—	1.5	60 m 以上的高层建筑考虑
重力荷载、水平地震作用、竖向地震作用及风荷载	1.3	1.3	0.5	1.5	60 m 以上的高层建筑,9 度抗震设计时考虑;水平长悬臂和大跨度结构 7 度(0.15 g)、8 度、9 度抗震设计时考虑
	1.3	0.5	1.3	1.5	水平长悬臂和大跨度结构 7 度(0.15 g)、8 度、9 度抗震设计时考虑

注:①g 为重力荷载加速度。

②"—"表示组合中不考虑该项荷载或作用效应。

　　对非抗震设计的高层建筑结构,应按式(3.1)计算荷载效应的组合;对抗震设计的高层建筑结构,应同时按式(3.1)和式(3.6)计算荷载效应和地震作用效应组合,并按《高层规程》的有关规定(如强柱弱梁、强剪弱弯等),对组合内力进行必要的调整。同一构件的不同截面或不同设计要求,可能对应不同的组合工况,应分别进行验算。

3.2　结构设计要求

3.2.1　承载能力验算

高层建筑结构构件的承载力应按下列公式验算:

持久设计状况、短暂设计状况

$$\gamma_0 S_d \leqslant R_d \tag{3.7}$$

地震设计状况

$$S_d \leqslant R_d / \gamma_{RE} \tag{3.8}$$

式中　γ_0——结构重要性系数,对安全等级为一级的结构构件不应小于 1.1,对安全等级为二级的结构构件不应小于 1.0;

　　　　S_d——作用组合的效应设计值,按式(3.1)或式(3.6)计算得到的设计值;

R_d——构件承载力设计值；

γ_{RE}——构件承载力抗震调整系数。

抗震设计时，钢筋混凝土构件的承载力抗震调整系数应按表 3.2 采用；型钢（钢管）混凝土构件和钢构件的承载力抗震调整系数应按表 3.3、表 3.4 的规定采用。当仅考虑竖向地震作用组合时，各类结构构件的承载力抗震调整系数均应取 1.0。

表 3.2　钢筋混凝土构件的承载力抗震调整系数

构件类别	梁	轴压比小于 0.15 的柱	轴压比不小于 0.15 的柱	剪力墙		各类构件	节点
受力状态	受弯	偏压	偏压	偏压	局部承压	受剪、偏拉	受剪
γ_{RE}	0.75	0.75	0.8	0.85	1.0	0.85	0.85

表 3.3　型钢（钢管）混凝土构件的承载力抗震调整系数

正截面承载力计算				斜截面承载力计算
型钢混凝土梁	型钢混凝土柱及钢管混凝土柱	剪力墙	支撑	各类构件及节点
0.75	0.80	0.85	0.80	0.85

表 3.4　钢构件的承载力抗震调整系数

强度破坏（梁、柱、支撑、节点板件、螺栓、焊缝）	屈曲稳定（柱、支撑）
0.75	0.80

3.2.2　侧移验算

1）弹性位移

在正常使用条件下，高层建筑结构应具有足够的刚度，避免产生过大的位移而影响结构的承载力、稳定性和使用要求。

高层建筑层数多、高度大，为保证高层建筑结构具有必要的刚度，应对其楼层位移加以控制。侧向位移控制实际上是对构件截面大小、刚度大小的一个宏观指标。

在正常使用条件下，限制高层建筑结构层间位移的主要目的有以下两个点：

①保证主结构基本处于弹性受力状态，对钢筋混凝土结构来讲，要避免混凝土墙或柱出现裂缝，同时，将混凝土梁等楼面构件的裂缝数量、宽度和高度限制在规范允许范围之内。

②保证填充墙、隔墙和幕墙等非结构构件的完好，避免产生明显损伤。

迄今，控制层间变形的参数有 3 种，即层间位移与层高之比（层间位移角）、有害层间位移角和区格的广义剪切变形。其中层间位移角是应用最广泛，最为工程技术人员所熟知的指标。

（1）层间位移与层高之比（层间位移角）

$$\theta_i = \frac{\Delta u_i}{h_i} = \frac{u_i - u_{i-1}}{h_i} \tag{3.9}$$

式中　θ_i——i 层的层间位移角；

Δu_i——i 层的层间位移；

h_i——i 层的层高；

u_i——i 层的层位移；

u_{i-1}——$i-1$ 层的层位移。

（2）有害层间位移角

$$\theta_{id} = \frac{\Delta u_{id}}{h_i} = \theta_i - \theta_{i-1} = \frac{u_i - u_{i-1}}{h_i} - \frac{u_{i-1} - u_{i-2}}{h_{i-1}} \tag{3.10}$$

式中　θ_{id}——i 层的有害层间位移角；

Δu_{id}——i 层的有害层间位移；

θ_i, θ_{i-1}——i 层上、下楼盖的转角，即 i 层、$i-1$ 层的层间位移角。

（3）区格的广义剪切变形（简称剪切变形）

$$\gamma_{ij} = \theta_i - \theta_{i-1,j} = \frac{u_i - u_{i-1}}{h_i} + \frac{v_{i-1,j} - v_{i-1,j-1}}{l_j} \tag{3.11}$$

式中　γ_{ij}——区格 ij 的剪切变形，其中，脚标 i 表示区格所在层次，j 表示区格序号；

$\theta_{i-1,j}$——区格 ij 下楼盖的转角，以顺时针方向为正；

l_j——区格 ij 的宽度；

$v_{i-1,j-1}, v_{i-1,j}$——相应节点的竖向位移。

如上所述，从结构受力与变形的相关性来看，参数 γ_{ij} 即剪切变形较符合实际情况，但就结构的宏观控制而言，参数 θ_i 即层间位移角又较简便。

考虑层间位移控制是一个宏观的侧向刚度指标，为便于设计人员在工程设计中应用，高规采用了层间最大位移与层高之比 $\Delta u/h$ 即层间位移角作为控制指标。

目前，高层建筑结构是按弹性阶段进行设计的。地震按小震考虑；结构构件的刚度采用弹性阶段的刚度；内力与位移分析不考虑弹塑性变形。所得出的位移相应也是弹性阶段的位移，比在大震作用下弹塑性阶段的位移小得多，位移的控制指标也比较严。

按弹性设计方法计算的风荷载或多遇地震标准值作用下的楼层层间最大水平位移与层高之比 $\Delta u/h$ 宜符合下列规定：

①高度不大于 150 m 的常规高度高层建筑，其整体弯曲变形相对影响较小，层间位移角 $\Delta u/h$ 的限值按不同的结构体系在 1/550～1/1 000 分别取值。其楼层层间最大位移与层高之比 $\Delta u/h$ 不宜大于表 3.5 的限值。

表 3.5　楼层层间最大位移与层高之比的限值

结构体系	$\Delta u/h$ 限值
框架	1/550
框架-剪力墙、框架-核心筒、板柱-剪力墙	1/800
筒中筒、剪力墙	1/1 000
除框架结构外的转换层	1/1 000

②高度不小于 250 m 的高层建筑，其楼层层间最大位移与层高之比 $\Delta u/h$ 不宜大于 1/500。这是由于超过 150 m 高度的高层建筑，弯曲变形产生的侧移有较快增长，所以超过

250 m 高度的建筑,层间位移角限值按 1/500 为限值。

③高度为 150～250 m 的高层建筑,其楼层层间最大位移与层高之比 $\Delta u/h$ 的限值按以上第①和第②条的限值线性插入取值。

楼层层间最大位移 Δu 是以楼层竖向构件最大水平位移差计算,不扣除整体弯曲变形。进行抗震设计时,楼层位移计算可不考虑偶然偏心的影响。层间位移角 $\Delta u/h$ 的限值是指最大层间位移与层高之比,第 i 层的 $\Delta u/h$ 是指第 i 层和第 $i-1$ 层在楼层平面各处位移差 $\Delta u_i = u_i - u_{i-1}$ 中的最大值。由于高层建筑结构在水平荷载作用下几乎都会产生扭转,因此 Δu 的最大值一般在结构单元的尽端处。

2)弹塑性位移

通过震害分析可知,高层建筑结构如果存在薄弱层,在强烈的地震作用下,结构薄弱部位将产生较大的弹塑性变形,会引起结构严重破坏甚至倒塌。对不同高层建筑结构的薄弱层的弹塑性变形验算提出了不同的要求。

高层建筑结构在罕遇地震作用下的薄弱层的弹塑性变形验算,应符合下列规定:

(1)下列结构应进行弹塑性变形验算

①7～9 度抗震设计时楼层屈服强度系数小于 0.5 的框架结构。

②甲类建筑和 9 度抗震设防的乙类建筑结构。

③采用隔震和消能减震设计的建筑结构。

④房屋高度大于 150 m 的结构。

(2)下列结构宜进行弹塑性变形验算

①表 3.6 所列高度范围且竖向不规则的高层建筑结构。

②7 度Ⅲ,Ⅳ类场地和 8 度抗震设防的乙类建筑结构。

③板柱-剪力墙结构。

注:楼层屈服强度系数为按构件实际配筋和材料强度标准值计算的楼层受剪承载力与按罕遇地震作用计算的楼层弹性地震剪力的比值。

表 3.6 采用时程分析法的高层建筑结构

设防烈度、场地类别	建筑高度范围/m
8 度Ⅰ、Ⅱ类场地和 7 度	>100
8 度Ⅲ、Ⅳ类场地	>80
9 度	>60

结构薄弱层(部位)层间弹塑性位移应符合下式规定:

$$\Delta u_p \leqslant [\theta_p]h \tag{3.12}$$

式中 Δu_p——层间弹塑性位移;

　　　$[\theta_p]$——层间弹塑性位移角限值,可按表 3.7 采用;对框架结构,当轴压比小于 0.40 时,可提高 10%;当柱子全高的箍筋构造采用比框架柱箍筋最小配箍特征值大 30% 时,可提高 20%,但累计提高不宜超过 25%;

　　　h——层高。

表 3.7　层间弹塑性位移角限值

结构体系	$[\theta_p]$
框架结构	1/50
框架-剪力墙结构、框架-核心筒结构、板柱-剪力墙结构	1/100
剪力墙结构和筒中筒结构	1/120
除框架结构外的转换层	1/120

3.2.3　舒适度要求

（1）风振舒适度

高层建筑在风荷载作用下将产生振动,过大的振动加速度会使在高楼内居住的人们感到不舒适,甚至不能忍受。要求高层建筑应具有良好的使用条件,满足舒适度的要求。

房屋高度不小于 150 m 的高层混凝土建筑结构应满足风振舒适度要求。在现行国家标准《建筑结构荷载规范》GB 50009 规定的 10 年一遇的风荷载标准值作用下,结构顶点的顺风向和横风向振动最大加速度计算值不应超过表 3.8 的限值。结构顶点的顺风向和横风向振动最大加速度可按现行行业标准《高层民用建筑钢结构技术规程》JGJ 99 的有关规定计算,也可通过风洞试验结果判断确定,计算时结构阻尼比宜取 0.01 ~ 0.02。一般情况下,对混凝土结构取 0.02,对混合结构可根据房屋高度和结构类型取 0.01 ~ 0.02。

表 3.8　结构顶点风振加速度限值 $a_{\lim}$

使用功能	$a_{\lim}/(\mathrm{m \cdot s^{-2}})$
住宅、公寓	0.15
办公、旅馆	0.25

（2）楼盖结构的舒适度

随着我国大跨楼盖结构的大量兴起,楼盖结构舒适度控制成为我国建筑结构设计中的一项重要工作内容。

对钢筋混凝土楼盖结构、钢-混凝土组合楼盖结构（不包括轻钢楼盖结构）,一般情况下,楼盖结构竖向频率不宜小于 3 Hz,以保证结构具有适宜的舒适度,避免跳跃时周围人群的不舒适感。一般住宅、办公、商业建筑楼盖结构的竖向频率小于 3 Hz 时,需验算竖向振动加速度。楼盖结构竖向振动加速度不仅与楼盖结构的竖向频率有关,还与建筑使用功能及人员起立、行走、跳跃的振动激励有关。

楼盖结构的竖向振动加速度宜采用时程分析方法计算,也可采用简化近似计算方法。

人行走引起的楼盖振动峰值加速度可按下列公式近似计算:

$$a_p = \frac{F_p}{\beta\omega}g \tag{3.13}$$

$$F_p = p_0 \mathrm{e}^{-0.35f_n} \tag{3.14}$$

式中　a_p——楼盖振动峰值加速度,m/s²;

F_p——接近楼盖结构自振频率时人行走产生的作用力,kN;

p_0——人们行走产生的作用力,kN,按表 3.9 采用;

f_n——楼盖结构竖向自振频率,Hz;

$β$——楼盖结构阻尼比,按表 3.9 采用;

$ω$——楼盖结构阻抗有效质量,kN,可按式(3.15)计算;

g——重力加速度,取 9.8 m/s²。

表 3.9　人行走作用力及楼盖结构阻尼比

人员活动环境	人员行走作用力 p_0/kN	结构阻尼比 $β$
住宅、办公、教堂	0.3	0.02 ~ 0.05
商场	0.3	0.02
室内人行天桥	0.42	0.01 ~ 0.02
室外人行天桥	0.42	0.01

注:①表中阻尼比用于钢筋混凝土楼盖结构和钢-混凝土组合楼盖结构。

②对住宅、办公、教堂建筑,阻尼比 0.02 可用于无家具和非结构构件情况,如无纸化电子办公区、开敞办公区和教堂;阻尼比 0.03 可用于有家具、非结构构件,带少量可拆卸隔断的情况;阻尼比 0.05 可用于含全高填充墙的情况。

③对室内人行天桥,阻尼比 0.02 可用于天桥带干挂吊顶的情况。

楼盖结构的阻抗有效质量 $ω$ 可按下列公式计算:

$$ω = \bar{ω} BL \tag{3.15}$$
$$B = CL \tag{3.16}$$

式中　$\bar{ω}$——楼盖单位面积有效质量,kN/m²,取恒荷载和有效分布活荷载之和。楼层有效分布活荷载:对办公建筑可取 0.55 kN/m²,对住宅可取 0.3 kN/m²;

L——梁跨度,m;

B——楼盖阻抗有效质量的分布宽度,m;

C——垂直于梁跨度方向的楼盖受弯连续性影响系数,对边梁取 1,对中间梁取 2。

楼盖结构应具有适宜的舒适度。楼盖结构的竖向振动频率不宜小于 3 Hz,竖向振动加速度峰值不应超过表 3.10 的限值。

表 3.10　楼盖竖向振动加速度限值

人员活动环境	峰值加速度限值/(m·s⁻²)	
	竖向自振频率不大于 2 Hz	竖向自振频率不小于 4 Hz
住宅、办公	0.07	0.05
商场及室内连廊	0.22	0.15

注:楼盖结构竖向自振频率为 2 ~ 4 Hz 时,峰值加速度限值可按线性插值选取。

3.2.4　稳定性与抗倾覆验算

(1)重力二阶效应与结构稳定

结构中的二阶效应是指作用在结构上的重力或构件中的轴压力在变形后的结构或构件中

引起的附加内力和附加变形。建筑结构的二阶效应包括重力二阶效应(P-Δ 效应)和受压构件的挠曲效应(P-δ 效应)两部分。严格地讲,对 P-Δ 效应和 P-δ 效应进行结构分析,应考虑材料的非线性和裂缝、构件的曲率和层间侧移、荷载的持续作用、混凝土的收缩和徐变等因素。但要实现这样的分析,在目前条件下还有困难,工程分析中一般都采用简化的分析方法。

重力二阶效应计算属于结构整体层面的问题,一般在结构整体分析中考虑,常用的计算方法有有限元法和增大系数法。受压构件的挠曲效应计算属于构件层面的问题,一般在构件设计时考虑。

在水平力作用下,带有剪力墙或筒体的高层建筑结构的变形形态为弯剪型,框架结构的变形形态为剪切型。计算分析表明,重力荷载在水平作用位移效应上引起的二阶效应(重力 P-Δ 效应)有时比较严重。对混凝土结构,随着结构刚度的降低,重力二阶效应的不利影响呈非线性增长。对结构的弹性刚度和重力荷载作用的关系应加以限制。

通过试验计算分析发现,当结构的抗侧刚度达到一定数值时,按弹性分析的二阶效应对结构内力、位移的增量可控制在5%左右;考虑实际刚度折减50%时,结构内力增量控制在10%以内。如果结构满足这一要求,重力二阶效应的影响相对较小,可忽略不计。当高层建筑结构满足下列规定时,弹性计算分析时可不考虑重力二阶效应的不利影响。

剪力墙结构、框架-剪力墙结构、板柱剪力墙结构、筒体结构

$$EJ_d \geqslant 2.7H^2 \sum_{i=1}^{n} G_i \tag{3.17}$$

框架结构

$$D_i \geqslant 20 \sum_{j=i}^{n} G_j/h_i \qquad (i = 1, 2, \cdots, n) \tag{3.18}$$

式中　　EJ_d——结构一个主轴方向的弹性等效侧向刚度,可按倒三角形分布荷载作用下结构顶点位移相等的原则,将结构的侧向刚度折算为竖向悬臂受弯构件的等效侧向刚度;

　　　　H——房屋高度;

　　　　G_i,G_j——第 i,j 楼层重力荷载设计值,取 1.3 倍的永久荷载标准值与 1.5 倍的楼面可变荷载标准值的组合值;

　　　　h_i——第 i 楼层层高;

　　　　D_i——第 i 楼层的弹性等效侧向刚度,可取该层剪力与层间位移的比值;

　　　　n——结构计算总层数。

当高层建筑结构不满足上述规定时,进行结构弹性计算时应考虑重力二阶效应对水平力作用下结构内力和位移的不利影响。

通过分析可知,高层建筑在竖向重力荷载作用下产生整体失稳的可能性很小。高层建筑结构稳定验算主要是控制在风荷载或水平地震作用下,重力荷载产生的二阶效应不致过大,以免引起结构的失稳倒塌。由于二阶效应分析的复杂性,可只考虑结构的刚度与重力荷载之比(刚重比)对二阶效应的影响。如果结构的刚重比满足一定要求,则在考虑结构弹性刚度折减50%的情况下,重力 P-Δ 效应仍可控制在20%之内,结构的稳定具有适宜的安全储备。若结构的刚重比进一步减小,则重力 P-Δ 效应会呈非线性关系急剧增长,直至引起结构的整体失稳。在水平力作用下,高层建筑结构的稳定应满足下列规定:

剪力墙结构、框架-剪力墙结构、筒体结构

$$EJ_d \geq 1.4H^2 \sum_{i=1}^{n} G_i \tag{3.19}$$

框架结构

$$D_i \geq 10 \sum_{j=i}^{n} G_j / h_i \qquad (i = 1, 2, \cdots, n) \tag{3.20}$$

如不满足上述不等式的规定时,应调整并增大结构的侧向刚度,从而使刚重比满足要求。

当结构的设计水平力较小,如计算的楼层剪重比(楼层剪力与其上各层重力荷载代表值之和的比值)小于0.02时,结构刚度虽能满足水平位移限值要求,但有可能不满足本条规定的稳定要求。

(2)抗倾覆验算

当高层建筑的高宽比较大,水平风荷载或地震作用较大时,结构整体倾覆验算十分重要,直接关系整体结构安全度的控制。

为了避免高层建筑发生倾覆破坏,高层建筑必须满足下式的要求:

$$M_{OV} \leq M_R \tag{3.21}$$

式中　M_{OV}——倾覆力矩标准值;

　　　M_R——抗倾覆力矩标准值。

当抗倾覆验算不满足要求时,可采用加大基础埋置深度、扩大基础底面面积或底板上加设锚杆等措施。

在高层建筑结构设计中一般都要控制高宽比。《高层规程》规定,在重力荷载与水平荷载标准值或重力荷载代表值与多遇水平地震标准值共同作用下,高宽比大于4的高层建筑,基础底面不宜出现零应力区;高宽比不大于4的高层建筑,基础底面与地基之间零应力区面积不应超过基础底面面积的15%。若满足上述条件,则高层建筑结构的抗倾覆能力具有足够的安全储备,不需要再验算结构的整体倾覆。

3.2.5　抗震等级与结构延性设计

(1)抗震等级

①各抗震设防类别的高层建筑结构,其抗震措施应符合下列要求:

a.甲、乙类建筑:应按本地区抗震设防烈度提高1度的要求加强其抗震措施,但抗震设防烈度为9度时应按比9度更高的要求采取抗震措施;当建筑场地为Ⅰ类时,应允许仍按本地区抗震设防烈度的要求采取抗震构造措施。

b.丙类建筑:应按本地区抗震设防烈度确定其抗震措施;当建筑场地为Ⅰ类时,除6度外,应允许按本地区抗震设防烈度降低1度的要求采取抗震构造措施。

②当建筑场地为Ⅲ,Ⅳ类时,对设计基本地震加速度为0.15g和0.30g的地区,宜分别按抗震设防烈度8度(0.20g)和9度(0.40g)时各类建筑的要求采取抗震构造措施。

③进行抗震设计时,高层建筑钢筋混凝土结构构件应根据抗震设防分类、烈度、结构类型和房屋高度采用不同的抗震等级,并应符合相应的计算和构造措施要求。A级高度丙类建筑钢筋混凝土结构的抗震等级应按表3.11确定。当本地区的设防烈度为9度时,A级高度乙类建筑的抗震等级应按特一级采用,甲类建筑应采取更有效的抗震措施。

注:"特一级和一、二、三、四级"即"抗震等级为特一级和一、二、三、四级"的简称。

表 3.11   A 级高度的高层建筑结构抗震等级

结构类型		烈度						
		6 度		7 度		8 度		9 度
框架结构		三		二		一		一
框架-剪力墙结构	高度/m	≤60	>60	≤60	>60	≤60	>60	≤50
	框架	四	三	三	二	二	一	一
	剪力墙	三		二		一		一
剪力墙结构	高度/m	≤80	>80	≤80	>80	≤80	>80	≤60
	剪力墙	四	三	三	二	二	一	一
部分框支剪力墙结构	非底部加强部位的剪力墙	四	三	三	二	二	/	/
	底部加强部位的剪力墙	三	二	二	一	一		
	框支框架	二		二		一		
筒体结构	框架-核心筒 框架	三		二		一		一
	框架-核心筒 核心筒	二		二		一		一
	筒中筒 内筒	三		二		一		一
	筒中筒 外筒							
板柱-剪力墙结构	高度/m	≤35	>35	≤35	>35	≤35	>35	/
	框架、板柱及柱上板带	三	二	二	二	一	一	
	剪力墙	二	二	二	二	二	二	

注:①接近或等于高度分界时,应结合房屋不规则程度及场地、地基条件适当确定抗震等级。
②底部带转换层的筒体结构,其转换框架的抗震等级应按表中部分框支剪力墙结构的规定采用。
③当框架-核心筒结构的高度不超过 60 m 时,其抗震等级应允许按框架-剪力墙结构采用。

④抗震设计时,B 级高度丙类建筑钢筋混凝土结构的抗震等级应按表 3.12 确定。

表 3.12   B 级高度的高层建筑结构抗震等级

结构类型		烈度		
		6 度	7 度	8 度
框架-剪力墙结构	框架	二	一	一
	剪力墙	二	一	特一
剪力墙结构	剪力墙	二	一	一
部分框支剪力墙结构	非底部加强部位剪力墙	二	一	一
	底部加强部位剪力墙	一	一	特一
	框支框架	一	特一	特一

续表

结构类型		烈度		
		6度	7度	8度
框架-核心筒	框架	二	一	一
	筒体	二	一	特一
筒中筒	外筒	二	一	特一
	内筒	二	一	特一

注：底部带转换层的筒体结构,其转换框架和底部加强部位筒体的抗震等级应按表中部分框支剪力墙结构的规定采用。

⑤抗震设计的高层建筑,当地下室顶层作为上部结构的嵌固端时,地下一层相关范围的抗震等级应按上部结构采用,地下一层以下抗震构造措施的抗震等级可逐层降低一级,但不应低于四级;地下室中超出上部主楼相关范围且无上部结构的部分,其抗震等级可根据具体情况采用三级或四级。这里的相关范围一般是指主楼周边外延1~2跨的地下室范围。

⑥抗震设计时,与主楼连为整体的裙房的抗震等级,除应按裙房本身确定外,相关范围不应低于主楼的抗震等级;主楼结构在裙房顶板的上、下各一层应适当加强抗震构造措施。裙房与主楼分离时,应按裙房本身确定抗震等级。这里的相关范围一般是指主楼周边外延不少于3跨的裙房结构,相关范围以外的裙房可按裙房自身的结构类型确定抗震等级。裙房偏置时,其端部有较大扭转效应,也需要适当加强。

⑦甲、乙类建筑提高1度确定抗震措施时,或Ⅲ,Ⅳ类场地且设计基本地震加速度为0.15 g和0.30 g的丙类建筑提高1度确定抗震构造措施时,如果房屋高度超过提高1度后对应的房屋最大适用高度,则应采取比对应抗震等级更有效的抗震构造措施。

（2）结构延性设计

延性是结构屈服后变形能力大小的一种性质,是结构吸收能量能力的一种体现,常用延性系数来表示。所谓延性系数,是指结构最大变形与屈服变形的比值,即

$$\mu = \frac{\Delta_u}{\Delta_y} \tag{3.22}$$

式中 μ——延性系数,表示结构延性的大小;

Δ_u——结构最大变形;

Δ_y——结构屈服变形。

达到3个设防水准的最后一个设防目标大震不倒,是通过验算薄弱层弹塑性变形,并采取相应的构造措施使结构有足够的变形能力来实现。很明显,要使结构在此阶段仍处于弹性状态是不明智的,也是不经济的。合理的做法是允许结构在基本烈度下进入非弹性工作阶段,某些杆件屈服,形成塑性铰,降低结构刚度,加大非弹性变形,但非弹性变形仍控制在结构可修复范围内,使房屋在强震作用下不至于倒塌。

值得提出的是,必须区分承载力与延性这两个不同的概念:承载力是强度的体现,延性则是变形能力的体现。一个结构,如果承载力较低,延性较好,虽然破坏较早,但变形能力较好,可能不至于倒塌;如果承载力较高,延性差,尽管破坏较晚,但因变形能力差,可能导致倒塌。增大延性能增大结构变形能力,消耗震动的能量,从而提高结构的抗震能力。合理的抗震设计

应使结构成为延性结构。延性结构是指随着塑性铰数量的增多,结构将出现屈服现象,在承受的地震作用不大的情况下,结构变形性能增加较快。

结构的延性不仅和组成结构构件的延性有关,还与节点区设计和各构件连接及锚固有关。结构构件的延性与纵筋配筋率、钢筋种类、混凝土的极限压应变及轴压比等因素有关,要使结构具有较好的延性,归纳起来有以下4个要点值得注意:

①强柱弱梁。所谓强柱弱梁,是指节点处柱端实际受弯承载力大于梁端实际受弯承载力。目的是控制塑性铰出现的位置在梁端,尽可能避免塑性铰在柱中出现。试验及理论分析可知,梁先屈服,可使整个框架有较大的内力重分布和能量的耗散能力,极限层间位移增大,抗震性能较好。强柱弱梁实际上是一种概念设计,因为地震的复杂性、楼板的影响和钢筋屈服强度的超强,很难通过精确的计算真正实现。国内外多以设计承载力来衡量,将钢筋抗拉强度乘以超强系数或采用增大柱端弯矩设计值的方法,将承载力不等式转为内力设计值的关系式,并使不同抗震等级的柱端弯矩设计值有不同程度的差异。

②强剪弱弯。所谓强剪弱弯,就是防止梁端部、柱和剪力墙底部在弯曲破坏前出现剪切破坏,这意味着构件的受剪承载力要大于构件弯曲破坏时实际达到的剪力,目的是保证构件发生弯曲延性破坏,不发生剪切脆性破坏。在设计上采用将承载力不等式转化为内力设计表达式,对不同抗震等级采用不同的剪力增大系数,从而使强剪弱弯的程度有所差别。

③强节点弱杆件。所谓强节点弱杆件,就是防止杆件破坏之前发生节点的破坏。节点核心区是保证框架承载力和延性的关键部位,它包括节点核心受剪承载力以及杆件端部钢筋的锚固。节点一旦发生剪切破坏或锚固钢筋失效,结构的赘余约束大大减少,抗震性能明显降低,可能导致结构成为可变机构或倒塌。

④强压弱拉。所谓强压弱拉,是指构件破坏特征受拉区钢筋先屈服,压区混凝土后压坏,构件破坏前,其裂缝和挠度有明显的发展过程,具有良好的延性,属于延性破坏。这个原则要求构件发生类似梁的适筋破坏或柱的大偏心受压破坏。

以上4个要点是保证结构延性在设计中应采用的方法,只有严格执行,才可能提高结构的抗震性能,达到结构抗震设防3个水准的目标。

思考题

3.1 高层建筑结构荷载效应和地震作用效应如何组合?

3.2 如何控制高层建筑结构的侧移?

3.3 如何控制楼盖结构的竖向振动舒适度?

3.4 重力二阶效应的概念是什么?

3.5 为什么要进行整体倾覆验算?

3.6 什么是结构的延性?结构应具有哪些特点才能具有较好的延性?

3.7 什么是延性系数?进行延性结构设计时应采用什么方法才能达到抗震设防3个水准的目标?

3.8 如何确定结构的抗震等级?

3.9　为什么要考虑重力二阶效应？如何考虑高层建筑结构的重力二阶效应？

3.10　如何保证高层框架结构的稳定性？

3.11　如何保证高层剪力墙结构、高层框架-剪力墙结构和高层筒体结构的稳定性？

第 **4** 章
框架结构设计

框架结构是指由梁柱杆系构件构成,能够承受竖向和水平荷载作用的承重结构体系。它可以形成框架结构体系,其框架是框架-剪力墙结构体系及框架-筒体结构中的基本抗侧力单元。

4.1 框架结构内力的近似计算方法

4.1.1 框架结构的计算简图

框架结构一般有按空间结构分析和简化成平面结构分析两种方法。借助计算机编制程序进行分析时,常常采用空间结构分析模型,但在初步设计阶段,为确定结构布置方案或估算构件截面尺寸,需要一些简单的近似计算方法,这时常采用简化的平面结构分析模型,以便快速地解决问题。

(1)计算单元

一般情况下,框架结构是一个空间受力体系,但在简化成平面结构模型分析时,为方便起见,常常忽略结构纵向和横向之间的空间联系,忽略各构件的抗扭作用,将框架简化为纵向平面框架和横向平面框架分别进行分析计算(图4.1)。由于通常横向空间的间距相同,作用于各横向框架上的荷载相同,框架的抗侧刚度相同,因此,除端部框架外,各榀横向框架产生的内力和变形近似,结构设计时可选取其中一榀有代表性的横向框架进行分析,而作用于纵向框架上的荷载则各不相同,必要时应分别进行计算。

(2)节点的简化

框架节点一般总是三向受力,但当按平面框架进行分析时,节点也相应地简化。框架节点可简化为刚接节点、铰接节点和半铰接节点,这要根据施工方案和构造措施确定。在现浇钢筋混凝土结构中,梁柱内的纵向受力钢筋将穿过节点或锚入节点区,一般应简化为刚接节点(图4.2)。

装配式框架结构是在梁和柱子的某些部位预埋钢板,安装就位再焊接起来。由于钢板在其自身平面外的刚度很小,同时,焊接质量随机性很大,难以保证结构受力后梁柱间没有相对转动,因此常把这类节点简化为铰接节点或半铰接节点(图4.3)。

(a)计算单元   (b)框架结构的空间组成

图4.1 框架结构的简化平面分析模型

图4.2 现浇钢筋混凝土框架刚接节点

(a)顶层梁柱节点   (b)柱牛腿与梁连接节点

图4.3 装配式框架节点

　　装配整体式框架结构梁柱节点中,一般梁底的钢筋可为焊接、搭接或预埋钢板焊接,梁顶钢筋则必须为焊接或通长布置,并现浇部分混凝土(图4.4)。节点左右梁端均可有效地传递弯矩,可认为是刚接节点。这种节点的刚性不如现浇框架好,节点处梁端的实际负弯矩要小于计算值。

　　(3)跨度与计算高度的确定

　　在结构计算简图中,杆件用其轴线表示。框架梁的跨度即取柱子轴线间的距离,当上下层柱截面尺寸变化时,一般以最小截面的形心线来确定。柱子的计算高度,除底层外取各层层高,底层柱则从基础顶面算起,如图4.5所示。

（a）中柱节点　　　　　　　　　　　　　（b）边柱节点

图 4.4　装配整体式框架节点

对倾斜的或折线形横梁,当其坡度小于 1/8 时,可简化为水平直杆。对不等跨框架,当各跨跨度相差不大于 10% 时,在手算时可简化为等跨框架,跨度取原框架各跨跨度的平均值,以减少计算工作量。

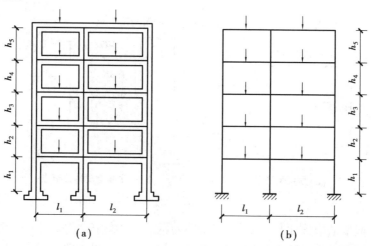

（a）　　　　　　　　　　　　　　　　　（b）

图 4.5　框架结构计算简图

（4）计算假定

框架结构采用简化平面计算模型进行分析时,采用了以下计算假定:

①高层建筑结构的内力和位移按弹性方法进行。在非抗震设计时,在竖向荷载和风荷载作用下,结构应保持正常的使用状态,结构处于弹性工作阶段;在抗震设计时,结构计算是针对多遇的小震进行的,此时结构处于不裂、不坏的弹性阶段。计算时可利用叠加原理,不同荷载

作用时,可以进行内力组合。

②一片框架在其自身平面内刚度很大,可以抵抗在自身平面内的侧向力,而在平面外的刚度很小,可以忽略,即垂直于该平面的方向不能抵抗侧向力。整个结构可以划分为不同方向的平面抗侧力结构,通过水平放置的楼板(楼板在其自身平面内刚度很大,可视为刚度无限大的平板),将各平面抗侧力结构连接在一起共同抵抗结构承受的侧向水平荷载。

③高层建筑结构的水平荷载主要是风力和等效地震荷载,它们都是作用于楼层的总水平力。水平荷载在各片抗侧力结构之间按各片抗侧力结构的抗侧刚度进行分配,刚度越大,分配到的荷载也越多,不能像低层建筑结构那样按照受荷面积计算各片抗侧力结构的水平荷载。

④分别计算每片抗侧力结构在所分到的水平荷载作用下的内力和位移。

4.1.2　竖向荷载作用下内力的近似计算方法——弯矩二次分配法

框架在结构力学中称为刚架,其内力和位移计算方法有很多,常用的手算方法有力矩分配法、无剪力分配法、迭代法等,均为精确算法;计算机程序分析方法常采用矩阵位移法。而常用的手算近似计算方法主要有分层法、弯矩二次分配法,它们计算简单、易于掌握,能反映刚架受力和变形的基本特点。本节主要介绍竖向荷载下手算近似计算方法——弯矩二次分配法。

多层多跨框架在竖向荷载作用下,侧向位移较小,计算时可忽略侧移影响,用力矩分配法计算。由精确分析可知,每层梁的竖向荷载对其他各层杆件内力的影响不大,多层框架某节点的不平衡弯矩仅对其相邻节点影响较大,对其他节点的影响较小,可将弯矩分配法简化为各节点的弯矩二次分配和对与其相交杆件远端的弯矩一次传递,此即为弯矩二次分配法。

弯矩二次分配法计算采用的以下两个假定:

①在竖向荷载作用下,可忽略框架的侧移。

②本层横梁上的竖向荷载对其他各层横梁内力的影响可忽略不计。即荷载在本层结点产生不平衡力矩,经过分配和传递,才影响到本层的远端;在杆件远端再经过分配,才影响到相邻的楼层。

结合结构力学力矩分配法的计算原则和上述假定,弯矩二次分配法的计算步骤可概括如下:

①计算框架各杆件的线刚度、转动刚度和弯矩分配系数。

②计算框架各层梁端在竖向荷载作用下的固端弯矩。

③对由固端弯矩在各结点产生的不平衡弯矩,按照弯矩分配系数进行第一次分配。

④按照各杆件远端的约束情况取不同的传递系数(当远端刚接时,传递系数均取1/2;当远端为定向支座时,传递系数取为 −1),将第一次分配到杆端的弯矩向远端传递。

⑤将各结点由弯矩传递产生的新的不平衡弯矩,按照弯矩分配系数进行第二次分配,使各结点弯矩平衡。至此,整个弯矩分配和传递过程即告结束。

⑥将各杆端的固端弯矩、分配弯矩和传递弯矩叠加,即得各杆端弯矩。

这里经历了"分配—传递—分配"三道运算,余下的影响已经很小,可以忽略。

竖向荷载作用下可以考虑梁端塑性内力重分布而对梁端负弯矩进行调幅,现浇框架调幅系数可取 0.80 ~ 0.90。一般在计算中可以采用 0.85。将梁端负弯矩值乘以 0.85 的调幅系数,跨中弯矩相应增大。但是一定要注意,弯矩调幅只影响梁自身的弯矩,柱端弯矩仍然要按照调幅前的梁端弯矩求算。

【**例**4.1】如图4.6(a)所示为一个四层三跨框架结构,各跨梁上作用的竖向荷载如图所示。已知:边跨及中跨梁线刚度分别为 $i_{b边} = 24.16 \times 10^3 kN \cdot m$, $i_{b中} = 45.9 \times 10^3 kN \cdot m$,首层及以上各层柱的线刚度分别为 $i_{c底} = 22.53 \times 10^3 kN \cdot m$, $i_{c其他} = 28.48 \times 10^3 kN \cdot m$。用弯矩二次分配法计算该框架结构各杆件弯矩,并绘制弯矩图。

图4.6　例4.1四层三跨框架

解　(1)计算各梁、柱转动刚度

因框架结构对称、荷载对称,又属奇数跨,故在对称轴上梁的截面只有竖向位移(沿对称轴方向),没有转角。可取图4.6(b)所示半边结构计算。对称截面处可取为定向支座。

梁、柱转动刚度及相对转动刚度见表4.1。

表4.1　梁、柱转动刚度及相对转动刚度

构件名称		转动刚度 $S/(kN \cdot m)$	相对转动刚度 S'
框架梁	边框	$4i_{b边} = 4 \times 24.16 \times 10^3 = 96.64 \times 10^3$	1.072
	中跨	$2i_{b中} = 2 \times 45.9 \times 10^3 = 91.80 \times 10^3$	1.019
框架柱	首层	$4i_{c底} = 4 \times 22.53 \times 10^3 = 90.12 \times 10^3$	1.000
	其他层	$4i_{c其他} = 4 \times 28.48 \times 10^3 = 113.92 \times 10^3$	1.264

(2)计算分配系数

分配系数按下式计算:

$$\mu_i = \frac{S_{AB}}{\sum_{i=1}^{n} S}$$

其中各结点杆件分配系数见表4.2。

表 4.2　各结点的杆件分配系数

结点	$\sum S'_{ik}$	$\mu_{左梁}$	$\mu_{右梁}$	$\mu_{上柱}$	$\mu_{下柱}$
2	$1.072 + 1.264 + 1.00 = 3.336$	—	0.321	0.379	0.300
3	$1.072 + 1.264 \times 2 = 3.600$	—	0.298	0.351	0.351
4	$1.072 + 1.264 \times 2 = 3.600$	—	0.298	0.351	0.351
5	$1.072 + 1.264 = 2.336$		0.459	—	0.541
7	$1.072 + 1.019 + 1.264 + 1.000 = 4.355$	0.246	0.234	0.290	0.230
8	$1.072 + 1.019 + 1.264 \times 2 = 4.619$	0.232	0.220	0.274	0.274
9	$1.072 + 1.019 + 1.264 \times 2 = 4.619$	0.232	0.220	0.274	0.274
10	$1.072 + 1.019 + 1.264 = 3.355$	0.320	0.303	—	0.377

(3) 梁端固端弯矩

顶层：

边跨梁　$M_{F左} = -\dfrac{1}{12}q_1 l_1^2 = -\dfrac{1}{12} \times 45.08 \times 5.7^2 \ \text{kN} \cdot \text{m} \approx -122.05 \ \text{kN} \cdot \text{m}$

$M_{F右} = \dfrac{1}{12}q_1 l_1^2 = \dfrac{1}{12} \times 45.08 \times 5.7^2 \ \text{kN} \cdot \text{m} \approx 122.05 \ \text{kN} \cdot \text{m}$

中跨梁　$M_{F左} = -\dfrac{1}{3}q_1 l_2^2 = -\dfrac{1}{3} \times 45.08 \times 1.5^2 \ \text{kN} \cdot \text{m} \approx -33.81 \ \text{kN} \cdot \text{m}$

$M_{F右} = -\dfrac{1}{6}q_1 l_2^2 = -\dfrac{1}{6} \times 45.08 \times 1.5^2 \ \text{kN} \cdot \text{m} \approx -16.91 \ \text{kN} \cdot \text{m}$

其他层：

边跨梁　$M_{F左} = -\dfrac{1}{12}q_2 l_1^2 = -\dfrac{1}{12} \times 42.12 \times 5.7^2 \ \text{kN} \cdot \text{m} \approx -114.04 \ \text{kN} \cdot \text{m}$

$M_{F右} = \dfrac{1}{12}q_2 l_1^2 = \dfrac{1}{12} \times 42.12 \times 5.7^2 \ \text{kN} \cdot \text{m} \approx 114.04 \ \text{kN} \cdot \text{m}$

中跨梁　$M_{F左} = -\dfrac{1}{3}q_3 l_2^2 = -\dfrac{1}{3} \times 44.96 \times 1.5^2 \ \text{kN} \cdot \text{m} \approx -33.72 \ \text{kN} \cdot \text{m}$

$M_{F右} = -\dfrac{1}{6}q_3 l_2^2 = -\dfrac{1}{6} \times 44.96 \times 1.5^2 \ \text{kN} \cdot \text{m} \approx -16.86 \ \text{kN} \cdot \text{m}$

(4) 弯矩的分配与传递

首先将各结点的分配系数填在相应方框内,将梁的固端弯矩填写在框架横梁相应位置。然后将结点放松,把各结点不平衡弯矩同时进行分配。假定向远端固定端进行传递(不向滑动端传递):右(左)梁分配弯矩向左(右)梁传递;上(下)柱分配弯矩向下(上)柱传递(传递系数均为1/2)。第一次分配弯矩传递后,再进行第二次弯矩分配,然后不再传递。计算过程如图 4.7 所示。

(5) 作弯矩图

将杆端弯矩按比例画在杆件受拉一侧。对无荷载直接作用的杆件(如柱),将杆端弯矩直接连直线;对有荷载直接作用的杆件(如梁),以杆端弯矩的连线为基线,叠加相应简支梁的弯

图 4.7 的弯矩二次分配法计算过程（图表）

	上柱	下柱	右梁		左梁	上柱	下柱	右梁
分配系数		0.541	0.459		0.320		0.377	0.303
			−122.05		122.05			−33.81
		66.03	56.22		−28.24		−33.27	−26.74
		20.02	−14.12		28.01		−11.01	
		−3.19	−2.71		−5.44		−6.41	−5.15
		82.86	−82.86		116.38		−50.69	−65.70

	上柱	下柱	右梁		左梁	上柱	下柱	右梁
分配系数	0.351	0.351	0.298		0.232	0.274	0.274	0.220
			−114.04		114.04			−33.72
	40.03	40.03	33.98		−18.63	−22.01	−22.01	−17.67
	33.02	20.02	−9.32		16.99	−16.64	−11.01	
	−15.35	−15.35	−13.01		2.47	2.92	2.92	2.34
	57.70	44.70	−102.41		114.87	35.73	−30.10	−49.05

	上柱	下柱	右梁		左梁	上柱	下柱	右梁
分配系数	0.351	0.351	0.298		0.232	0.274	0.274	0.220
			−114.04		114.04			−33.72
	40.03	40.03	−33.96		−18.63	−22.01	−22.01	−17.67
	20.02	21.61	−9.32		16.99	−11.01	−11.70	
	−11.34	−11.34	−9.53		1.33	1.57	1.57	1.26
	48.71	50.30	−99.01		113.73	−31.45	−32.14	−50.13

	上柱	下柱	右梁		左梁	上柱	下柱	右梁
分配系数	0.379	0.300	0.321		0.246	0.290	0.230	0.234
			−114.04		114.04			−33.72
	43.22	34.21	36.61		−19.76	−23.39	−18.47	−18.80
	20.02		−9.88		18.31	−11.01		
	−3.84	−3.04	−3.26		−1.80	−2.12	−1.68	−1.71
	59.40	31.17	−90.57		110.79	−36.52	−20.15	−54.23

| | 15.59 | | | | | | −10.08 | |

Ⓐ　　　　　　　　　　Ⓑ

图 4.7　弯矩二次分配法计算过程

矩图，即为该杆件的弯矩图。例如，顶层边跨横梁的跨中弯矩为

$$M_{中} = \frac{1}{8}q_1 l_1^2 - \frac{1}{2} \times (82.86 + 116.38) = \left(\frac{1}{8} \times 45.08 \times 5.7^2 - 99.62 \right) \text{ kN} \cdot \text{m} \approx 83.46 \text{ kN} \cdot \text{m}$$

框架的弯矩图如图 4.8 所示。

图 4.8　框架弯矩图(括号内的数字为弯矩调幅后的值)

4.1.3　水平荷载作用下内力的近似计算方法——反弯点法与 D 值法

1)反弯点法

框架所受水平荷载主要是风荷载和水平地震作用,它们一般都可简化为作用于框架节点上的水平集中力。由精确分析方法可知,框架结构在节点水平力作用下定性的弯矩图如图4.9(b)所示。各杆的弯矩图都呈直线形,且一般都有一个零弯矩点,称为反弯点。反弯点所在截面上的内力为剪力和轴力(弯矩为零),如果能求出各杆件反弯点处的剪力,并确定反弯点高度,则可求出各柱端弯矩,进而求出各梁端弯矩。为此假定如下:

图 4.9　框架在水平荷载作用下的变形和弯矩图

①在求各柱子剪力时,假定各柱子上下端都不发生角位移,即认为梁、柱线刚度之比为无

限大。

②在确定柱子反弯点位置时,假定除底层以外的各个柱子的上下端节点转角均相同,即假定除底层外,各柱反弯点位于 1/2 柱高处,底层柱子的反弯点位于距柱底 2/3 高度处。

一般认为,当梁的线刚度与柱的线刚度之比超过 3 时,上述假定基本能满足,计算引起的误差能满足工程设计的精度要求。反弯点法的计算过程如下:

设有一 n 层框架结构,每层共 m 根柱子[图 4.10(a)],将框架沿第 j 层各柱的反弯点处切开,取上部结构为研究对象[图 4.10(b)],由 $\sum F_x = 0$,得

$$V_{j1} + V_{j2} + \cdots + V_{jm} = F_j + \cdots + F_n \tag{4.1}$$

写成一般形式为

$$\sum_{k=1}^{m} V_{jk} = \sum_{t=j}^{n} F_t \tag{4.2}$$

式中　V_{jk}——第 j 层第 k 根柱子在反弯点处的剪力;

　　　F_j, F_n——框架在第 j 层、第 n 层所受到的水平集中力;

　　　$\sum_{t=j}^{n} F_t$——外荷载 F 在第 j 层所产生的层总剪力。

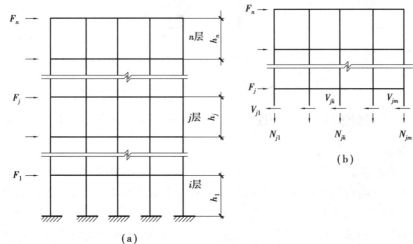

图 4.10　反弯点法推导

由结构力学可知,当柱两端无转角但有水平位移时,柱的剪力与水平位移的关系为(图 4.11)

$$V_{jk} = \frac{12i_c}{h_j^2}\delta_j \tag{4.3}$$

式中　V_{jk}——第 j 层第 k 根柱子剪力;

　　　δ_j——第 j 层柱的层间位移;

　　　h_j——第 j 层柱子高度;

　　　$i_c = \dfrac{EI}{h}$——柱线刚度;EI 为柱抗弯刚度。

其中,$\dfrac{12i_c}{h^2}$ 称为柱的抗侧移刚度,它表示使柱上、下端产生单位相对位移($\delta = 1$)时,需要在

柱顶施加的水平力。

将式(4.3)代入式(4.1),同时假定梁的轴向刚度无限大,即忽略梁的轴向变形,则第 j 层各柱具有相同的层间侧移 δ_j,有

$$\frac{12i_{j1}}{h^2}\delta_j + \frac{12i_{j2}}{h^2}\delta_j + \cdots + \frac{12i_{jm}}{h^2}\delta_j = F_j + \cdots + F_n \tag{4.4}$$

令

$$D'_{jk} = \frac{12i_{jk}}{h^2} \tag{4.5}$$

则有

$$\delta_j = \frac{\displaystyle\sum_{t=j}^{n} F_t}{\displaystyle\sum_{k=1}^{m} D'_{jk}} \tag{4.6}$$

将式(4.6)代入式(4.3),即可求出第 j 层每根柱子的剪力为

$$V_{jk} = \frac{D'_{jk}}{\displaystyle\sum_{k=1}^{m} D'_{jk}} \sum_{t=j}^{n} F_t \tag{4.7}$$

式(4.7)表明,外荷载产生的层总剪力是按柱的抗侧刚度分配给该层的各个柱子的。

图 4.11　柱剪力与水平位移的关系

求出各柱所承受的剪力 V_{jk} 后,即可按假定②求出各柱端弯矩。

上层柱:上下端弯矩相等

$$M^t_{cjk} = M^b_{cjk} = V_{jk} \cdot \frac{h_j}{2} \tag{4.8}$$

首层柱:

柱上端弯矩

$$M^t_{c1k} = V_{1k} \cdot \frac{h_1}{3} \tag{4.9a}$$

柱下端弯矩

$$M^b_{c1k} = V_{1k} \cdot \frac{2h_1}{3} \tag{4.9b}$$

求出柱端弯矩后,由梁柱节点弯矩平衡条件,即可求出梁端弯矩(图 4.12)

$$\left.\begin{aligned}
M^l_b &= \frac{i^l_b}{i^l_b + i^r_b}(M^u_c + M^d_c) \\
M^r_b &= \frac{i^r_b}{i^l_b + i^r_b}(M^u_c + M^d_c)
\end{aligned}\right\} \tag{4.10}$$

式中 M_b^l,M_b^r——节点左右的梁端弯矩;

  M_c^u,M_c^d——节点上下的柱端弯矩;

  i_b^l,i_b^r——节点左右的梁的线刚度。

以各个梁为脱离体,将梁的左右端弯矩之和除以该梁的跨长,便得梁端剪力;再以柱子为脱离体,自上而下逐层叠加节点左右的梁端剪力,即可得到柱的轴向力。

【**例**4.2】用反弯点法作图 4.13 所示框架的弯矩图。图中括号内数字为每杆的相对线刚度。

图 4.12 框架节点的平衡   图 4.13 例 4.2 框架图

解 以第三层柱为例,说明反弯点法的计算过程。

(1)求第三层各柱的抗侧移刚度

$$D'_{31} = \frac{12i_{31}}{h_{31}^2} = \frac{12 \times 1.5}{4^2} = 1.125$$

$$D'_{32} = \frac{12i_{32}}{h_{32}^2} = \frac{12 \times 2}{4.5^2} = 1.185$$

$$D'_{33} = \frac{12i_{33}}{h_{33}^2} = \frac{12 \times 1}{4^2} = 0.75$$

(2)求第三层各柱分配到的剪力

$$V_{31} = \frac{D'_{31}}{\sum\limits_{k=1}^{3} D'_{3k}} F_3 = \frac{1.125}{1.125 + 1.185 + 0.75} \times 0.8 \text{ kN} = \frac{1.125}{3.06} \times 0.8 \text{ kN} \approx 0.29 \text{ kN}$$

$$V_{32} = \frac{D'_{32}}{\sum\limits_{k=1}^{3} D'_{3k}} F_3 = \frac{1.185}{3.06} \times 0.8 \text{ kN} \approx 0.31 \text{ kN}$$

$$V_{33} = \frac{D'_{33}}{\sum\limits_{k=1}^{3} D'_{3k}} F_3 = \frac{0.75}{3.06} \times 0.8 \text{ kN} \cdot \text{m} \approx 0.2 \text{ kN}$$

(3)求第三层各柱端弯矩

$$M_{c31}^t = M_{c31}^b = 0.29 \times \frac{4}{2} \text{ kN} \cdot \text{m} = 0.58 \text{ kN} \cdot \text{m}$$

$$M_{c32}^t = M_{c32}^b = 0.31 \times \frac{4.5}{2} \text{ kN} \cdot \text{m} \approx 0.70 \text{ kN} \cdot \text{m}$$

$$M_{c33}^t = M_{c33}^b = 0.2 \times \frac{4}{2} \text{ kN} \cdot \text{m} = 0.40 \text{ kN} \cdot \text{m}$$

其余各柱端弯矩计算过程与第三层柱的计算过程类似,再根据节点弯矩平衡条件,可求出各梁端弯矩,计算过程此处略,如图 4.14 所示。

最后作出弯矩图,如图 4.15 所示,括号内数字为精确解。本例表明当梁柱线刚度之比大于 3 时,用反弯点法计算出的结果与精确解大致相近。在用侧移刚度确定剪力分配系数时,$D'_{jk} = \frac{12i_{jk}}{h^2}$,当同层各柱 h 相等时,抗侧移刚度 D' 可直接用柱线刚度 i_c 表示。

图 4.14 反弯点法计算过程

图 4.15   例 4.2 弯矩图

2)D 值法

反弯点法在考虑柱侧移刚度时,假设节点转角为零,即横梁的线刚度假设为无穷大。对层数较多的框架,柱轴力大,柱截面也随着增大,梁柱相对线刚度比较接近,甚至有时柱的线刚度反而比梁大,这样,上述假定将得不到满足,若仍按该方法计算,将产生较大的误差。此外,反弯点法计算反弯点高度时,假设柱上下节点转角相等,而实际上这与梁柱线刚度之比、上下层横梁的线刚度之比、上下层层高的变化等因素有关。日本武藤清教授在分析了上述影响因素的基础上,对反弯点法中柱的抗侧刚度和反弯点高度进行了修正。修正后的柱抗侧刚度以 D 表示,称为"D 值法"。D 值法的计算步骤与反弯点法相同,D 值法计算简单、实用、精度比反弯点法高,在高层建筑结构设计中得到了广泛应用。

D 值法要解决两个主要问题:确定抗侧移刚度和反弯点高度。

(1)修正后的柱抗侧刚度 D

当梁柱线刚度比为有限值时,在水平荷载作用下,框架不仅有侧移,而且各节点还有转角,如图 4.9(a)所示。

在有侧移和转角的标准框架(即各层等高、各跨相等、各层梁和柱线刚度都不改变的多层框架)中取出一部分(图 4.16)。柱 1,2 有杆端相对线位移 δ_2,且两端有转角 θ_1 和 θ_2,由转角位移方程,杆端弯矩为

$$M_{12} = 4i_c\theta_1 + 2i_c\theta_2 - \frac{6i_c}{h}\delta_2$$

$$M_{21} = 2i_c\theta_1 + 4i_c\theta_2 - \frac{6i_c}{h}\delta_2$$

可求得杆的剪力为

$$V = \frac{12i_c}{h^2}\delta - \frac{6i_c}{h}(\theta_1 + \theta_2) \qquad\qquad (a)$$

令 $$D = \frac{V}{\delta} \qquad\qquad (b)$$

D 值也称为柱的抗侧移刚度,定义与 D' 相同,但 D 值与位移 δ 和转角 θ 均有关。

假定标准框架各层梁柱节点转角相等,即 $\theta_1 = \theta_2 = \theta_3 = \theta$,各层层间位移相等,即 $\delta_1 = \delta_2 =$

$\delta_3 = \delta$。取中间节点 2 为隔离体,利用转角位移方程,由平衡条件 $\sum M = 0$,可得

$$(4+4+2+2)i_c\theta + (4+2)i_1\theta + (4+2)i_2\theta - (6+6)i_c\frac{\delta}{h} = 0$$

经整理可得

$$\theta = \frac{2}{2+(i_1+i_2)/i_c}\cdot\frac{\delta}{h} = \frac{2}{2+K}\cdot\frac{\delta}{h}$$

上式反映了转角 θ 与层间位移 δ 的关系,将此关系代入式(a)和式(b),得

$$D = \frac{V}{\delta} = \frac{12i_c}{h^2} - \frac{6i_c}{h^2}\cdot 2\cdot\frac{2}{2+K} = \frac{12i_c}{h^2}\cdot\frac{K}{2+K}$$

令 $$\alpha = \frac{K}{2+K} \tag{4.11}$$

则 $$D = \alpha\frac{12i_c}{h^2} \tag{4.12}$$

在上面的推导中,$K = \dfrac{i_1+i_2}{i_c}$,为标准框架梁柱的线刚度比,α 值表示梁柱刚度比对柱抗侧移刚度的影响。当 K 值无限大时,$\alpha = 1$,所得 D 值与 D' 值相等;当 K 值较小时,$\alpha < 1$,D 值小于 D' 值。α 称为柱抗侧移刚度修正系数。

图 4.16　框架侧移与节点转角

在普通框架(即非标准框架)中,中间柱上下左右四根梁的线刚度都不相等,这时取线刚度平均值 K,即

$$K = \frac{i_1+i_2+i_3+i_4}{2i_c} \tag{4.13}$$

对边柱,令 $i_1 = i_3 = 0$(或 $i_2 = i_4 = 0$),可得

$$K = \frac{i_2 + i_4}{2i_c}$$

对框架的底层柱,底端为固结支座,无转角,可采取类似方法推导底层柱的 K 值及 α 值,过程略。

框架结构中常用各情况的 K 及 α 的计算公式见表4.3,以便应用。

表4.3　柱侧移刚度修正系数 α 表

楼层	简图		K	α
一般层柱	① i_2 i_c h i_4	② i_1 i_2 i_c i_3 i_4	$K = \dfrac{i_1 + i_2 + i_3 + i_4}{2i_c}$	$\alpha = \dfrac{K}{2 + K}$
低层柱	① i_2 i_c h	② i_1 i_2 i_c	$K = \dfrac{i_1 + i_2}{i_c}$	$\alpha = \dfrac{0.5 + K}{2 + K}$

注:边柱情况下,式中 i_1,i_3 取0值。

求出柱抗侧移刚度 D 值后,与反弯点法类似,假定同一楼层各柱的侧移相等,可得各柱的剪力

$$V_{jk} = \frac{D_{jk}}{\sum\limits_{k=1}^{m} D_{jk}} V_{Fj} \tag{4.14}$$

式中　V_{jk}——第 j 层第 k 柱的剪力;

　　　D_{jk}——第 j 层第 k 柱的抗侧移刚度 D 值;

　　　$\sum\limits_{k=1}^{m} D_{jk}$——第 j 层所有柱抗侧移刚度 D 值总和;

　　　V_{Fj}——外荷载在框架第 j 层所产生的总剪力。

（2）修正柱反弯点高度比

影响柱反弯点高度的主要因素是柱上下端的约束条件。如图4.17所示,当两端固定或两端转角完全相等时,$\theta_{j-1} = \theta_j$,$M_{j-1} = M_j$,反弯点在中点[图4.17（b）]。两端约束刚度不相同时,两端转角也不相等,$\theta_{j-1} \neq \theta_j$,反弯点移向转角较大的一端,也就是移向约束刚度较小的一端[图4.17（a）]。当一端为铰接时（支承转动刚度为零）,弯矩为零,即反弯点与该端铰重合[图4.17（c）]。

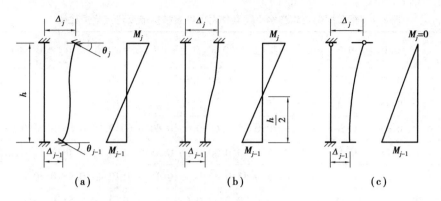

图 4.17　反弯点位置

综上可知,影响柱两端约束刚度的主要因素如下:

①结构总层数及该层所在位置。

②梁柱线刚度比。

③荷载形式。

④上层与下层梁刚度比。

⑤上下层层高变化。

为分析上述因素对反弯点高度的影响,可假定框架在节点水平力作用下,同层各节点的转角相等,即假定同层各横梁的反弯点均在各横梁跨度的中央而该点又无竖向位移。这样,一个多层多跨的框架可简化为图 4.18(a)所示的计算简图,当上述影响因素逐一发生变化时,可分别求出柱端至柱反弯点的距离(反弯点高度),并制成相应的表格,以供查用。

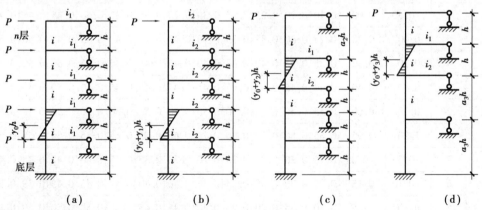

图 4.18　框架柱的反弯点高度

①柱标准反弯点高度比。

标准反弯点高度比是在各层等高、各跨相等、各层梁和柱线刚度都不改变的多层框架在水平荷载作用下求得的反弯点高度比。为方便使用,已把标准反弯点高度比的值制成表格。在均布水平荷载下的 y_0 列于表 4.4;在倒三角形分布荷载下的 y_0 列于表 4.5。根据该框架总层数 n 及该层所在楼层 j 以及梁柱线刚度比 K 值,可从表中查得标准反弯点高度比 y_0。

表4.4　标准框架在均布水平荷载作用下各层柱标准反弯点高度比 y_0

n	j＼K	0.1	0.2	0.3	0.4	0.5	0.6	0.7	0.8	0.9	1.0	2.0	3.0	4.0	5.0
1	1	0.80	0.75	0.70	0.65	0.65	0.60	0.60	0.60	0.60	0.55	0.55	0.55	0.55	0.55
2	2	0.45	0.40	0.35	0.35	0.35	0.35	0.40	0.40	0.40	0.40	0.45	0.45	0.45	0.45
	1	0.95	0.80	0.75	0.70	0.65	0.65	0.65	0.60	0.60	0.60	0.55	0.55	0.55	0.50
3	3	0.15	0.20	0.20	0.25	0.30	0.30	0.30	0.35	0.35	0.35	0.40	0.45	0.45	0.45
	2	0.55	0.50	0.45	0.45	0.45	0.45	0.45	0.45	0.45	0.45	0.45	0.50	0.50	0.50
	1	1.00	0.85	0.80	0.75	0.70	0.70	0.65	0.65	0.65	0.60	0.55	0.55	0.55	0.55
4	4	−0.05	0.05	0.15	0.20	0.25	0.30	0.30	0.35	0.35	0.35	0.40	0.45	0.45	0.45
	3	0.25	0.30	0.30	0.35	0.35	0.40	0.40	0.40	0.40	0.45	0.45	0.50	0.50	0.50
	2	0.65	0.55	0.50	0.50	0.45	0.45	0.45	0.45	0.45	0.45	0.50	0.50	0.50	0.50
	1	1.10	0.90	0.80	0.75	0.70	0.70	0.65	0.65	0.65	0.60	0.55	0.55	0.55	0.55
5	5	−0.20	0.00	0.15	0.20	0.25	0.30	0.30	0.30	0.35	0.35	0.40	0.45	0.45	0.45
	4	0.10	0.20	0.25	0.30	0.35	0.35	0.40	0.40	0.40	0.40	0.45	0.45	0.50	0.50
	3	0.40	0.40	0.40	0.40	0.40	0.45	0.45	0.45	0.45	0.45	0.50	0.50	0.50	0.50
	2	0.65	0.55	0.50	0.50	0.50	0.50	0.50	0.50	0.50	0.50	0.50	0.50	0.50	0.50
	1	1.20	0.95	0.80	0.75	0.75	0.70	0.70	0.65	0.65	0.65	0.55	0.55	0.55	0.55
6	6	−0.30	0.00	0.10	0.20	0.25	0.25	0.30	0.30	0.35	0.35	0.40	0.45	0.45	0.45
	5	0.00	0.20	0.25	0.30	0.35	0.35	0.40	0.40	0.40	0.40	0.45	0.45	0.50	0.50
	4	0.20	0.30	0.35	0.35	0.40	0.40	0.40	0.45	0.45	0.45	0.45	0.50	0.50	0.50
	3	0.40	0.40	0.40	0.45	0.45	0.45	0.45	0.45	0.45	0.45	0.50	0.50	0.50	0.50
	2	0.70	0.60	0.55	0.50	0.50	0.50	0.50	0.50	0.50	0.50	0.50	0.50	0.50	0.50
	1	1.20	0.95	0.85	0.80	0.75	0.70	0.70	0.65	0.65	0.65	0.55	0.55	0.55	0.55
7	7	−0.35	−0.05	0.10	0.20	0.20	0.25	0.30	0.30	0.35	0.35	0.40	0.45	0.45	0.45
	6	−0.10	0.15	0.25	0.30	0.35	0.35	0.35	0.40	0.40	0.40	0.45	0.45	0.50	0.50
	5	0.10	0.25	0.30	0.35	0.40	0.40	0.40	0.45	0.45	0.45	0.50	0.50	0.50	0.50
	4	0.30	0.35	0.40	0.40	0.40	0.45	0.45	0.45	0.45	0.45	0.50	0.50	0.50	0.50
	3	0.50	0.45	0.45	0.45	0.45	0.45	0.45	0.45	0.45	0.45	0.50	0.50	0.50	0.50
	2	0.75	0.60	0.55	0.50	0.50	0.50	0.50	0.50	0.50	0.50	0.50	0.50	0.50	0.50
	1	1.20	0.95	0.85	0.80	0.75	0.70	0.70	0.65	0.65	0.65	0.55	0.55	0.55	0.55
8	8	−0.35	−0.15	0.10	0.10	0.25	0.25	0.30	0.30	0.35	0.35	0.40	0.45	0.45	0.45
	7	−0.10	0.15	0.25	0.30	0.35	0.35	0.40	0.40	0.40	0.40	0.45	0.50	0.50	0.50
	6	0.05	0.25	0.30	0.35	0.40	0.40	0.40	0.45	0.45	0.45	0.45	0.50	0.50	0.50

n	K / j	0.1	0.2	0.3	0.4	0.5	0.6	0.7	0.8	0.9	1.0	2.0	3.0	4.0	5.0
8	5	0.20	0.30	0.35	0.40	0.40	0.45	0.45	0.45	0.45	0.45	0.50	0.50	0.50	0.50
	4	0.35	0.40	0.40	0.45	0.45	0.45	0.45	0.45	0.45	0.45	0.50	0.50	0.50	0.50
	3	0.50	0.45	0.45	0.45	0.45	0.45	0.45	0.45	0.50	0.50	0.50	0.50	0.50	0.50
	2	0.75	0.60	0.55	0.55	0.50	0.50	0.50	0.50	0.50	0.50	0.50	0.50	0.50	0.50
	1	1.20	1.00	0.85	0.80	0.75	0.70	0.70	0.65	0.65	0.65	0.55	0.55	0.55	0.55
9	9	-0.40	-0.05	0.10	0.20	0.25	0.25	0.30	0.30	0.35	0.35	0.45	0.45	0.45	0.45
	8	-0.15	0.15	0.25	0.30	0.35	0.35	0.35	0.40	0.40	0.40	0.45	0.45	0.50	0.50
	7	0.05	0.25	0.30	0.35	0.40	0.40	0.40	0.45	0.45	0.45	0.45	0.50	0.50	0.50
	6	0.15	0.30	0.35	0.40	0.40	0.45	0.45	0.45	0.45	0.45	0.50	0.50	0.50	0.50
	5	0.25	0.35	0.40	0.40	0.45	0.45	0.45	0.45	0.45	0.45	0.50	0.50	0.50	0.50
	4	0.40	0.40	0.40	0.45	0.45	0.45	0.45	0.45	0.45	0.45	0.50	0.50	0.50	0.50
	3	0.55	0.45	0.45	0.45	0.45	0.45	0.45	0.45	0.50	0.50	0.50	0.50	0.50	0.05
	2	0.80	0.65	0.55	0.55	0.50	0.50	0.50	0.50	0.50	0.50	0.50	0.50	0.50	0.50
	1	1.20	1.00	0.85	0.80	0.75	0.70	0.70	0.65	0.65	0.65	0.55	0.55	0.55	0.55
10	10	-0.40	-0.05	0.10	0.20	0.25	0.30	0.30	0.30	0.30	0.35	0.40	0.45	0.45	0.45
	9	-0.15	0.15	0.25	0.30	0.35	0.35	0.40	0.40	0.40	0.40	0.45	0.45	0.50	0.50
	8	0.00	0.25	0.30	0.35	0.40	0.40	0.40	0.45	0.45	0.45	0.45	0.50	0.50	0.50
	7	0.10	0.30	0.35	0.40	0.40	0.40	0.45	0.45	0.40	0.45	0.45	0.50	0.50	0.50
	6	0.20	0.35	0.40	0.40	0.45	0.45	0.45	0.45	0.45	0.45	0.50	0.50	0.50	0.50
	5	0.30	0.40	0.40	0.45	0.45	0.45	0.45	0.45	0.45	0.50	0.50	0.50	0.50	0.50
	4	0.40	0.40	0.45	0.45	0.45	0.45	0.45	0.45	0.45	0.50	0.50	0.50	0.50	0.50
	3	0.55	0.50	0.45	0.45	0.45	0.50	0.50	0.50	0.50	0.50	0.50	0.50	0.50	0.50
	2	0.80	0.65	0.55	0.55	0.55	0.50	0.50	0.50	0.50	0.50	0.50	0.50	0.50	0.50
	1	1.30	1.00	0.85	0.80	0.75	0.70	0.70	0.65	0.65	0.65	0.60	0.55	0.55	0.55
11	11	-0.40	0.05	0.10	0.20	0.25	0.30	0.30	0.30	0.35	0.35	0.40	0.45	0.45	0.45
	10	-0.15	0.15	0.25	0.30	0.35	0.35	0.40	0.40	0.40	0.40	0.45	0.45	0.50	0.50
	9	0.00	0.25	0.30	0.35	0.40	0.40	0.40	0.45	0.45	0.45	0.45	0.50	0.50	0.50
	8	0.10	0.30	0.35	0.40	0.40	0.45	0.45	0.45	0.45	0.45	0.50	0.50	0.50	0.50
	7	0.20	0.35	0.40	0.45	0.45	0.45	0.45	0.45	0.45	0.45	0.50	0.50	0.50	0.50
	6	0.25	0.35	0.40	0.45	0.45	0.45	0.45	0.45	0.45	0.45	0.50	0.50	0.50	0.50
	5	0.35	0.40	0.40	0.45	0.45	0.45	0.45	0.45	0.45	0.50	0.50	0.50	0.50	0.50

续表

n	K / j	0.1	0.2	0.3	0.4	0.5	0.6	0.7	0.8	0.9	1.0	2.0	3.0	4.0	5.0
11	4	0.40	0.45	0.45	0.45	0.45	0.45	0.45	0.50	0.50	0.50	0.50	0.50	0.50	0.50
	3	0.55	0.50	0.50	0.50	0.50	0.50	0.50	0.50	0.50	0.50	0.50	0.50	0.50	0.50
	2	0.80	0.65	0.60	0.55	0.55	0.50	0.50	0.50	0.50	0.50	0.50	0.50	0.50	0.50
	1	1.30	1.00	0.85	0.80	0.75	0.70	0.70	0.65	0.65	0.65	0.60	0.55	0.55	0.55
12 以上	自上 1	−0.40	−0.05	0.10	0.20	0.25	0.30	0.30	0.30	0.35	0.35	0.40	0.45	0.45	0.45
	2	−0.15	0.15	0.25	0.30	0.35	0.35	0.40	0.40	0.40	0.40	0.45	0.45	0.50	0.50
	3	0.00	0.25	0.30	0.35	0.40	0.40	0.40	0.45	0.45	0.45	0.50	0.50	0.50	0.50
	4	0.10	0.30	0.35	0.40	0.40	0.45	0.45	0.45	0.45	0.45	0.50	0.50	0.50	0.50
	5	0.20	0.35	0.40	0.40	0.45	0.45	0.45	0.45	0.45	0.45	0.50	0.50	0.50	0.50
	6	0.25	0.35	0.40	0.45	0.45	0.45	0.45	0.45	0.45	0.45	0.50	0.50	0.50	0.50
	7	0.30	0.40	0.40	0.45	0.45	0.45	0.45	0.45	0.50	0.50	0.50	0.50	0.50	0.50
	8	0.35	0.40	0.45	0.45	0.45	0.45	0.45	0.50	0.50	0.50	0.50	0.50	0.50	0.50
	中间	0.40	0.40	0.45	0.45	0.45	0.45	0.50	0.50	0.50	0.50	0.50	0.50	0.50	0.50
	4	0.45	0.45	0.45	0.45	0.50	0.50	0.50	0.50	0.50	0.50	0.50	0.50	0.50	0.50
	3	0.60	0.50	0.50	0.50	0.50	0.50	0.50	0.50	0.50	0.50	0.50	0.50	0.50	0.50
	2	0.80	0.65	0.60	0.55	0.55	0.50	0.50	0.50	0.50	0.50	0.50	0.50	0.50	0.50
	自下 1	1.30	1.00	0.85	0.80	0.75	0.70	0.70	0.65	0.65	0.55	0.55	0.55	0.55	0.55

表 4.5 标准框架在倒三角荷载下各层柱标准反弯点高度比 y_0

n	K / j	0.1	0.2	0.3	0.4	0.5	0.6	0.7	0.8	0.9	1.0	2.0	3.0	4.0	5.0
1	1	0.80	0.75	0.70	0.65	0.65	0.60	0.60	0.60	0.60	0.55	0.55	0.55	0.55	0.55
2	2	0.50	0.45	0.40	0.40	0.40	0.40	0.40	0.40	0.40	0.45	0.45	0.45	0.45	0.50
	1	1.00	0.85	0.75	0.70	0.70	0.65	0.65	0.65	0.60	0.60	0.55	0.55	0.55	0.55
3	3	0.25	0.25	0.25	0.30	0.30	0.35	0.35	0.35	0.40	0.40	0.45	0.45	0.45	0.50
	2	0.60	0.50	0.50	0.50	0.50	0.45	0.45	0.45	0.45	0.45	0.50	0.50	0.55	0.50
	1	1.15	0.90	0.80	0.75	0.75	0.70	0.70	0.65	0.65	0.65	0.60	0.55	0.55	0.55
4	4	0.10	0.15	0.20	0.25	0.30	0.30	0.35	0.35	0.35	0.40	0.45	0.45	0.45	0.45
	3	0.35	0.35	0.35	0.40	0.40	0.40	0.40	0.45	0.45	0.45	0.45	0.50	0.50	0.50
	2	0.70	0.60	0.55	0.50	0.50	0.50	0.50	0.50	0.50	0.50	0.50	0.50	0.50	0.50
	1	1.20	0.95	0.85	0.80	0.75	0.70	0.70	0.70	0.65	0.65	0.55	0.55	0.55	0.50

续表

n	j \ K	0.1	0.2	0.3	0.4	0.5	0.6	0.7	0.8	0.9	1.0	2.0	3.0	4.0	5.0
5	5	-0.05	0.10	0.20	0.25	0.30	0.30	0.35	0.35	0.35	0.35	0.40	0.45	0.45	0.45
	4	0.20	0.25	0.35	0.35	0.40	0.40	0.40	0.40	0.40	0.45	0.45	0.50	0.50	0.50
	3	0.45	0.40	0.45	0.45	0.45	0.45	0.45	0.45	0.45	0.45	0.50	0.50	0.50	0.50
	2	0.75	0.60	0.55	0.55	0.50	0.50	0.50	0.50	0.50	0.50	0.50	0.50	0.50	0.50
	1	1.30	1.00	0.85	0.80	0.75	0.70	0.70	0.65	0.65	0.65	0.65	0.55	0.55	0.55
6	6	-0.15	0.05	0.15	0.20	0.25	0.30	0.30	0.35	0.35	0.35	0.40	0.45	0.45	0.45
	5	0.10	0.25	0.30	0.35	0.35	0.40	0.40	0.40	0.45	0.45	0.45	0.50	0.50	0.50
	4	0.30	0.35	0.40	0.40	0.45	0.45	0.45	0.45	0.45	0.45	0.50	0.50	0.50	0.50
	3	0.50	0.45	0.45	0.45	0.45	0.45	0.45	0.45	0.45	0.50	0.50	0.50	0.50	0.50
	2	0.80	0.65	0.55	0.55	0.55	0.55	0.50	0.50	0.50	0.50	0.50	0.50	0.50	0.50
	1	1.30	1.00	0.85	0.80	0.75	0.70	0.70	0.65	0.65	0.65	0.60	0.55	0.55	0.55
7	7	-0.20	0.05	0.15	0.20	0.25	0.30	0.30	0.35	0.35	0.35	0.45	0.45	0.45	0.45
	6	0.05	0.20	0.30	0.35	0.35	0.40	0.40	0.40	0.40	0.45	0.45	0.50	0.50	0.50
	5	0.20	0.30	0.35	0.40	0.40	0.45	0.45	0.45	0.45	0.45	0.50	0.50	0.50	0.50
	4	0.35	0.40	0.40	0.45	0.45	0.45	0.45	0.45	0.45	0.45	0.50	0.50	0.50	0.50
	3	0.55	0.50	0.50	0.50	0.50	0.50	0.50	0.50	0.50	0.50	0.50	0.50	0.50	0.50
	2	0.80	0.65	0.60	0.55	0.55	0.55	0.50	0.50	0.50	0.50	0.50	0.50	0.50	0.50
	1	1.30	1.00	0.90	0.80	0.75	0.70	0.70	0.70	0.65	0.65	0.60	0.55	0.55	0.55
8	8	-0.20	0.05	0.15	0.20	0.25	0.30	0.30	0.35	0.35	0.35	0.45	0.45	0.45	0.45
	7	0.00	0.20	0.30	0.35	0.35	0.40	0.40	0.40	0.40	0.45	0.45	0.50	0.50	0.50
	6	0.15	0.30	0.35	0.40	0.40	0.45	0.45	0.45	0.45	0.45	0.50	0.50	0.50	0.50
	5	0.30	0.45	0.40	0.45	0.45	0.45	0.45	0.45	0.45	0.45	0.50	0.50	0.50	0.50
	4	0.40	0.45	0.45	0.45	0.45	0.45	0.45	0.50	0.50	0.50	0.50	0.50	0.50	0.50
	3	0.60	0.50	0.50	0.50	0.50	0.50	0.50	0.50	0.50	0.50	0.50	0.50	0.50	0.50
	2	0.85	0.65	0.60	0.55	0.55	0.55	0.50	0.50	0.50	0.50	0.50	0.50	0.50	0.50
	1	1.30	1.00	0.90	0.80	0.75	0.70	0.70	0.70	0.65	0.65	0.60	0.55	0.55	0.55
9	9	-0.25	0.00	0.15	0.20	0.25	0.30	0.30	0.35	0.35	0.40	0.45	0.45	0.45	0.45
	8	-0.00	0.20	0.30	0.35	0.35	0.40	0.40	0.40	0.40	0.45	0.45	0.50	0.50	0.50
	7	0.15	0.30	0.35	0.40	0.40	0.45	0.45	0.45	0.45	0.45	0.50	0.50	0.50	0.50
	6	0.25	0.35	0.40	0.40	0.45	0.45	0.45	0.45	0.45	0.45	0.50	0.50	0.50	0.50
	5	0.35	0.40	0.45	0.45	0.45	0.45	0.45	0.45	0.50	0.50	0.50	0.50	0.50	0.50

续表

n	j \ K	0.1	0.2	0.3	0.4	0.5	0.6	0.7	0.8	0.9	1.0	2.0	3.0	4.0	5.0
9	4	0.45	0.45	0.45	0.45	0.45	0.50	0.50	0.50	0.50	0.50	0.50	0.50	0.50	0.50
	3	0.65	0.50	0.50	0.50	0.50	0.50	0.50	0.50	0.50	0.50	0.50	0.50	0.50	0.50
	2	0.80	0.65	0.65	0.55	0.55	0.55	0.55	0.50	0.50	0.50	0.50	0.50	0.50	0.50
	1	1.35	1.00	1.00	0.80	0.75	0.75	0.70	0.70	0.65	0.65	0.60	0.55	0.55	0.55
10	10	-0.25	0.00	0.15	0.20	0.25	0.30	0.30	0.35	0.35	0.40	0.45	0.45	0.45	0.45
	9	-0.05	0.20	0.30	0.35	0.35	0.40	0.40	0.40	0.40	0.45	0.45	0.50	0.50	0.50
	8	0.10	0.30	0.35	0.40	0.40	0.40	0.45	0.45	0.45	0.45	0.50	0.50	0.50	0.50
	7	0.20	0.35	0.40	0.40	0.45	0.45	0.45	0.45	0.45	0.50	0.50	0.50	0.50	0.50
	6	0.30	0.40	0.40	0.45	0.45	0.45	0.45	0.45	0.45	0.50	0.50	0.50	0.50	0.50
	5	0.40	0.45	0.45	0.45	0.45	0.45	0.50	0.50	0.50	0.50	0.50	0.50	0.50	0.50
	4	0.50	0.45	0.45	0.45	0.50	0.50	0.50	0.50	0.50	0.50	0.50	0.50	0.50	0.50
	3	0.60	0.55	0.50	0.50	0.50	0.50	0.50	0.50	0.50	0.50	0.50	0.50	0.50	0.50
	2	0.85	0.65	0.60	0.55	0.55	0.55	0.55	0.50	0.50	0.50	0.50	0.50	0.50	0.50
	1	1.35	1.00	0.90	0.80	0.75	0.75	0.70	0.70	0.65	0.65	0.60	0.55	0.55	0.55
11	11	-0.25	0.00	0.15	0.20	0.25	0.30	0.30	0.30	0.35	0.35	0.45	0.45	0.45	0.45
	10	-0.05	0.20	0.25	0.30	0.35	0.40	0.40	0.40	0.40	0.45	0.45	0.50	0.50	0.50
	9	0.10	0.30	0.35	0.40	0.40	0.40	0.45	0.45	0.45	0.45	0.50	0.50	0.50	0.50
	8	0.20	0.35	0.40	0.40	0.45	0.45	0.45	0.45	0.45	0.45	0.50	0.50	0.50	0.50
	7	0.25	0.40	0.40	0.45	0.45	0.45	0.45	0.45	0.45	0.50	0.50	0.50	0.50	0.50
	6	0.35	0.40	0.45	0.45	0.45	0.45	0.45	0.50	0.50	0.50	0.50	0.50	0.50	0.50
	5	0.40	0.45	0.45	0.45	0.45	0.50	0.50	0.50	0.50	0.50	0.50	0.50	0.50	0.50
	4	0.50	0.50	0.50	0.50	0.50	0.50	0.50	0.50	0.50	0.50	0.50	0.50	0.50	0.50
	3	0.65	0.55	0.50	0.50	0.50	0.50	0.50	0.50	0.50	0.50	0.50	0.50	0.50	0.50
	2	0.85	0.65	0.60	0.55	0.55	0.55	0.55	0.50	0.50	0.50	0.50	0.50	0.50	0.50
	1	1.35	1.50	0.90	0.80	0.75	0.75	0.70	0.70	0.65	0.65	0.60	0.55	0.55	0.55
12 以上	自上1	-0.30	0.00	0.15	0.20	0.25	0.30	0.30	0.30	0.35	0.35	0.40	0.45	0.45	0.45
	2	-0.10	0.20	0.25	0.30	0.35	0.40	0.40	0.40	0.40	0.40	0.45	0.45	0.45	0.50
	3	0.05	0.25	0.35	0.40	0.40	0.40	0.45	0.45	0.45	0.45	0.45	0.50	0.50	0.50
	4	0.15	0.30	0.40	0.40	0.45	0.45	0.45	0.45	0.45	0.45	0.45	0.50	0.50	0.50
	5	0.25	0.30	0.40	0.45	0.45	0.45	0.45	0.45	0.45	0.45	0.50	0.50	0.50	0.50
	6	0.30	0.40	0.40	0.45	0.45	0.45	0.45	0.50	0.50	0.50	0.50	0.50	0.50	0.50

续表

n	j \ K	0.1	0.2	0.3	0.4	0.5	0.6	0.7	0.8	0.9	1.0	2.0	3.0	4.0	5.0
	7	0.35	0.40	0.40	0.45	0.45	0.45	0.50	0.50	0.50	0.50	0.50	0.50	0.50	0.50
	8	0.35	0.45	0.45	0.45	0.50	0.50	0.50	0.50	0.50	0.50	0.50	0.50	0.50	0.50
12 以上	中间	0.45	0.45	0.45	0.45	0.45	0.50	0.50	0.50	0.50	0.50	0.50	0.50	0.50	0.50
	4	0.55	0.50	0.50	0.50	0.50	0.50	0.50	0.50	0.50	0.50	0.50	0.50	0.50	0.50
	3	0.65	0.55	0.50	0.50	0.50	0.50	0.50	0.50	0.50	0.50	0.50	0.50	0.50	0.50
	2	0.70	0.70	0.60	0.55	0.55	0.55	0.55	0.50	0.50	0.50	0.50	0.50	0.50	0.50
	自下 1	1.35	1.05	0.70	0.80	0.75	0.70	0.70	0.70	0.65	0.65	0.60	0.55	0.55	0.55

②上下梁刚度变化时的反弯点高度比修正值 y_1。

当某柱的上梁与下梁的刚度不等,柱上下节点转角不同时,反弯点位置将向横梁刚度较小的一侧偏移,必须对标准反弯点高度进行修正,修正值为 y_1,如图 4.19 所示。

当 $i_1 + i_2 < i_3 + i_4$ 时,令 $\alpha_1 = (i_1 + i_2)/(i_3 + i_4)$,根据 α_1 和 K 值从表 4.6 中查出 y_1,这时反弯点应向上移,y_1 取正值。

当 $i_3 + i_4 < i_1 + i_2$ 时,令 $\alpha_1 = (i_3 + i_4)/(i_1 + i_2)$,根据 α_1 和 K 值从表 4.6 中查出 y_1,这时反弯点应向下移,y_1 取负值。

图 4.19 上下梁刚度变化时的反弯点高度比修正

表 4.6 上下梁相对刚度变化时反弯点高度比修正值 y_1

α_1 \ K	0.1	0.2	0.3	0.4	0.5	0.6	0.7	0.8	0.9	1.0	2.0	3.0	4.0	5.0
0.4	0.55	0.40	0.30	0.25	0.20	0.20	0.20	0.15	0.15	0.15	0.05	0.05	0.05	0.05
0.5	0.45	0.30	0.20	0.20	0.15	0.15	0.15	0.10	0.10	0.10	0.05	0.05	0.05	0.05
0.6	0.30	0.20	0.15	0.15	0.10	0.10	0.10	0.05	0.05	0.05	0.05	0.05	0.00	0.00
0.7	0.20	0.15	0.10	0.10	0.10	0.05	0.05	0.05	0.05	0.05	0.00	0.00	0.00	0.00
0.8	0.15	0.10	0.05	0.05	0.05	0.05	0.05	0.05	0.05	0.00	0.00	0.00	0.00	0.00
0.9	0.05	0.05	0.05	0.05	0.00	0.00	0.00	0.00	0.00	0.00	0.00	0.00	0.00	0.00

注:对底层柱不考虑 α_1 值,不作此项修正。

③上下层高度变化时反弯点高度比修正值 y_2 和 y_3。

层高有变化时，反弯点位置变化如图 4.20 所示。

令上层层高和本层层高之比 $h_{上}/h = \alpha_2$，由表 4.7 可查得修正值 y_2。当 $\alpha_2 > 1$ 时，y_2 为正值，反弯点向上移；当 $\alpha_2 < 1$ 时，y_2 为负值，反弯点向下移。

同理，令下层层高和本层层高之比 $h_{下}/h = \alpha_3$，由表 4.7 可查得修正值 y_3。

(a)   (b)

图 4.20   上下层高度变化时的反弯点高度比修正

表 4.7   上下层柱高度变化时反弯点高度比修正值 y_2 和 y_3

α_2	α_3	0.1	0.2	0.3	0.4	0.5	0.6	0.7	0.8	0.9	1.0	2.0	3.0	4.0	5.0
2.0		0.25	0.15	0.15	0.10	0.10	0.10	0.10	0.10	0.05	0.05	0.05	0.05	0.0	0.0
1.8		0.20	0.15	0.10	0.10	0.10	0.05	0.05	0.05	0.05	0.05	0.05	0.0	0.0	0.0
1.6	0.4	0.15	0.10	0.10	0.05	0.05	0.05	0.05	0.05	0.05	0.05	0.0	0.0	0.0	0.0
1.4	0.6	0.10	0.05	0.05	0.05	0.05	0.05	0.0	0.0	0.0	0.0	0.0	0.0	0.0	0.0
1.2	0.8	0.05	0.05	0.05	0.0	0.0	0.0	0.0	0.0	0.0	0.0	0.0	0.0	0.0	0.0
1.0	1.0	0.0	0.0	0.0	0.0	0.0	0.0	0.0	0.0	0.0	0.0	0.0	0.0	0.0	0.0
0.8	1.2	-0.05	-0.05	-0.05	0.0	0.0	0.0	0.0	0.0	0.0	0.0	0.0	0.0	0.0	0.0
0.6	1.4	-0.10	-0.05	-0.05	-0.05	-0.05	-0.05	-0.05	-0.05	-0.05	-0.05	0.0	0.0	0.0	0.0
0.4	1.6	-0.15	-0.10	-0.10	-0.05	-0.05	-0.05	-0.05	-0.05	-0.05	-0.05	0.0	0.0	0.0	0.0
	1.8	-0.20	-0.15	-0.10	-0.10	-0.10	-0.05	-0.05	-0.05	-0.05	-0.05	-0.05	0.0	0.0	0.0
	2.0	-0.25	-0.15	-0.15	-0.10	-0.10	-0.10	-0.10	-0.05	-0.05	-0.05	-0.05	-0.05	0.0	0.0

注：y_2 按 α_2 查表求得，上层较高时为正值。但最上层不考虑 y_2 修正值。

y_3 按 α_3 查表求得，最下层不考虑 y_3 修正值。

【例 4.3】某 3 层框架结构平面及剖面示意图如图 4.21 所示。全部 5 榀框架（其梁柱截面尺寸及柱高、梁跨等均相同）共同受到横向水平力作用，图 4.21(b)给出了楼层标高处的总水平力及各杆相对线刚度值。用 D 值法画出该结构中任一榀框架的弯矩图。

　　解　该结构由 5 榀横向框架组成，每榀框架梁柱截面尺寸及柱高、梁跨等均相同，每榀框架的抗侧移刚度相等，总横向力按每榀框架抗侧刚度在框架间分配，即每榀框架各分到总横向力的 1/5，任一榀框架的受力计算简图如图 4.22 所示。

（a） （b）

图 4.21 例 4.3 平、剖面图

该榀横向框架各层柱抗侧移刚度 D 值的计算过程见表 4.8。

图 4.22 一榀框架的受力计算简图

表 4.8 各层框架柱 D 值的计算

柱位置	构件名称	$\bar{i} = \dfrac{\sum i_b}{2i_c}(\bar{i} = \dfrac{\sum i_b}{i_c})$	$\alpha_c = \dfrac{\bar{i}}{2+\bar{i}}(\alpha_c = \dfrac{0.5+\bar{i}}{2+\bar{i}})$	$D = \alpha_c i_c \dfrac{12}{h^2}$
三层柱	A，C 轴柱	$\dfrac{0.8+1.2}{2\times0.9}=1.11$	$\dfrac{1.11}{2+1.11}=0.36$	0.315
	B 轴柱	$\dfrac{2\times(0.8+1.2)}{2\times0.9}=2.22$	$\dfrac{2.22}{2+2.22}=0.53$	0.464
二层柱	A，C 轴柱	$\dfrac{1.2+1.2}{2\times1.0}=1.2$	$\dfrac{1.2}{2+1.2}=0.375$	0.367
	B 轴柱	$\dfrac{4\times1.2}{2\times1.0}=2.4$	$\dfrac{2.4}{2+2.4}=0.545$	0.534
底层柱	A，C 轴柱	$\dfrac{1.2}{0.8}=1.5$	$\dfrac{0.5+1.5}{2+1.5}=0.571$	0.271
	B 轴柱	$\dfrac{1.2+1.2}{0.8}=3$	$\dfrac{0.5+3}{2+3}=0.7$	0.332

注：括号内为底层柱计算公式。

各层柱反弯点位置计算见表4.9、表4.10。

表4.9　A,C轴柱反弯点位置计算表

层号	h/m	$\bar{i}$	γ_0	γ_1	γ_2	γ_3	γ	γh/m
3	3.5	1.11	0.405 5	0.05	0	0	0.455	1.59
2	3.5	1.2	0.46	0	0	−0.02	0.44	1.54
1	4.5	1.5	0.625	0	0	0	0.625	2.81

表4.10　B轴柱反弯点位置计算表

层号	h/m	$\bar{i}$	γ_0	γ_1	γ_2	γ_3	γ	γh/m
3	3.5	2.22	0.45	0.05	0	0	0.50	1.75
2	3.5	2.4	0.50	0	0	0	0.50	1.75
1	4.5	3	0.55	0	0	0	0.55	2.475

各柱剪力及柱端弯矩计算过程见表4.11。

表4.11　A,C轴柱剪力及柱端弯矩计算表

层号	$\sum D_{ij}$	$\dfrac{D_{ij}}{\sum D_{ij}}$	V_i/kN	V_{ij}/kN	$M_c^{\perp}$/(kN·m)	$M_c^{\top}$/(kN·m)
3	1.094	$\dfrac{0.315}{1.094}=0.29$	115	33.11	63.24	52.7
2	1.268	$\dfrac{0.367}{1.268}=0.29$	115 + 80 = 195	56.44	110.62	86.92
1	0.874	$\dfrac{0.271}{0.874}=0.31$	115 + 80 + 45 = 240	74.4	125.75	209.1

表4.12　B轴柱剪力及柱端弯矩计算表

层号	$\sum D_{ij}$	$\dfrac{D_{ij}}{\sum D_{ij}}$	V_i/kN	V_{ij}/kN	$M_c^{\perp}$/(kN·m)	$M_c^{\top}$/(kN·m)
3	1.094	$\dfrac{0.464}{1.094}=0.42$	115	48.78	85.36	85.36
2	1.268	$\dfrac{0.513}{1.268}=0.43$	115 + 80 = 195	83.51	146.14	146.14
1	0.874	$\dfrac{0.332}{0.874}=0.38$	115 + 80 + 45 = 240	91.17	184.62	225.64

作出该结构任一榀框架的弯矩图,如图4.23所示。

图 4.23　例 4.3 的弯矩图

4.2　框架结构在水平荷载作用下侧移的近似计算

　　框架侧移主要是由水平荷载引起的。由于过大的侧移将对结构带来诸多不利影响(见第 1 章绪论),因此设计时需要分别对层间位移及顶点侧移加以限制,本节介绍框架侧移的近似计算方法。

　　如图 4.24 所示为单跨 9 层框架,承受楼层处集中水平荷载。如果只考虑梁柱杆件弯曲产生的侧移,则侧移曲线如图 4.24(b)虚线所示,它与悬臂柱剪切变形的曲线形状相似,称为剪切型变形曲线。如果只考虑柱轴向变形形成的侧移,则侧移曲线如图 4.24(c)虚线所示,它与悬臂柱弯曲变形的曲线形状相似,称为弯曲型变形曲线。为便于理解,可以把图 4.24 的框架看成一根空腹的悬臂柱,它的截面高度为框架跨度。如果通过反弯点将某层切开,空腹悬臂柱的弯矩 M 和剪力 V 如图 4.24(d)所示。M 是由柱轴向力 N_A, N_B 这一力偶组成,V 是由柱截面剪力 V_A, V_B 组成。梁柱弯曲变形是由剪力 V_A, V_B 引起,相当于悬臂柱的剪切变形,变形曲线呈剪切型。柱轴向变形由轴力产生,相当于弯矩 M 产生的变形,变形曲线呈弯曲型。

　　框架的总变形由上述两部分组成。从图 4.24 可知,在多层框架结构中,柱轴向变形引起的侧移很小,通常可以忽略。在近似计算中,只需计算由杆件弯曲引起的剪切型变形;在高层框架结构中,柱轴向力较大,柱轴向变形引起的侧移则不能忽略。一般来说,两者叠加以后的侧移曲线仍以剪切型为主。

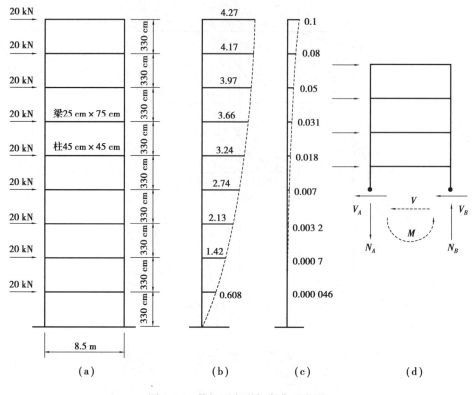

图 4.24　剪切型变形与弯曲型变形

4.2.1　梁柱弯曲变形产生的侧移

根据 D 值法中侧移刚度的定义,侧移刚度 D 是柱产生单位层间侧移所需的层剪力,此处的层间侧移是由梁柱弯曲变形引起的。当已知框架结构第 j 层所有柱的 D 值及第 j 层总剪力 V_{pj} 后,可得近似计算层间侧移的公式

$$\delta_j^M = \frac{V_{pj}}{\sum D_{ij}} \tag{4.15}$$

各层楼板标高处侧移绝对值是该层以下各层层间侧移之和。顶点侧移即为所有层层间侧移之总和。

j 层侧移 $\qquad\qquad\qquad \Delta_j^M = \sum_{j=1}^{j} \delta_j^M \tag{4.16}$

顶点总侧移 $\qquad\qquad\qquad \Delta_n^M = \sum_{j=1}^{n} \delta_j^M \tag{4.17}$

4.2.2　柱轴向变形产生的侧移

高层框架结构的水平荷载产生的柱轴力较大,由柱轴向变形产生的侧移也较大,不容忽视。

假定在水平荷载作用下仅在边柱中有轴力及轴向变形,并假定柱截面由底到顶线性变化,则各楼层处由柱轴向变形产生的侧移 Δ_i^N(上标 N 表示由柱轴向变形产生),由下式近似计算:

$$\Delta_i^N = \frac{V_0 H^3}{EA_1 B^2} F_n \qquad (4.18)$$

第 i 层层间变形为

$$\delta_i^N = \Delta_i^N - \Delta_{i-1}^N \qquad (4.19)$$

式中　V_0——底层总剪力；

　　　H,B——建筑物总高度及结构宽度（即框架边柱之间的距离）；

　　　E,A_1——混凝土弹性模量及框架底层柱截面面积；

　　　F_n——系数，根据不同荷载形式计算的侧移系数。可由图4.25 所示的曲线查出，图中系数 n 为框架顶层边柱与低层边柱截面面积之比，$n = A_{顶}/A_{底}$。

（a）倒三角形分布荷载　　　　　　（b）均布荷载

（c）预点集中力

图 4.25　侧移系数 F_n

考虑柱轴向变形后，框架的总侧移为

$$\Delta_j = \Delta_j^M + \Delta_j^N \qquad (4.20)$$

$$\delta_j = \delta_j^M + \delta_j^N \qquad (4.21)$$

4.3 钢筋混凝土框架的延性设计

位于设防烈度 6 度及 6 度以上地区的建筑都要按规定进行抗震设计,除了必须具有足够的承载力和刚度外,还应具有良好的延性和耗能能力。钢结构的材料本身就具有良好的延性,而钢筋混凝土结构要通过延性设计,才能实现延性结构。

4.3.1 延性结构的概念

延性是指构件和结构屈服后,强度或承载力没有大幅度下降的情况下,仍然具有足够塑性变形能力的一种性能,一般用延性比表示延性。塑性变形可以耗散地震能量,大部分抗震结构在中震作用下都进入塑性状态而耗能。

（1）构件延性比

对钢筋混凝土构件,当受拉钢筋屈服以后,即进入塑性状态,构件刚度降低,随着变形迅速增加,构件承载力略有增大,当承载力开始降低,就达到极限状态。延性比就是指极限变形（曲率 φ_u、转角 θ_u 或挠度 f_u）与屈服变形（曲率 φ_y、转角 θ_y 或挠度 f_y）的比值（图 4.26）。屈服变形指是钢筋屈服时的变形,极限变形一般是指承载力降低 10% ~ 20% 时的变形。

（2）结构延性比

对一个钢筋混凝土结构,当某个杆件出现塑性铰时,结构开始出现塑性变形,但结构刚度只略有降低;当出现塑性铰的杆件增多以后,塑性变形加大,结构刚度继续降低;当塑性铰达到一定数量以后,结构会出现"屈服"现象,即结构进入塑性变形迅速增大而承载力略微增大的阶段,是"屈服"后的弹塑性阶段。"屈服"时的位移定为屈服位移 Δ_y;当整个结构不能维持其承载能力,即承载能力下降到最大承载力的 80% ~ 90% 时,达到极限位移 Δ_u。结构延性比 μ 通常是指达到极限时顶点位移 Δ_u 与屈服时顶点位移 Δ_y 的比值,如图 4.27 所示。

图 4.26 构件的延性

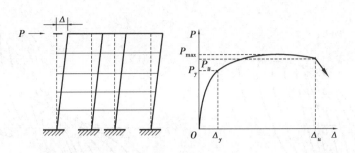

图 4.27　结构的延性

当设计成延性结构时,由于塑性变形可以耗散地震能量,结构变形虽然会加大,但结构承受的地震作用(惯性力)不会很快上升,内力也不会再加大,因此具有延性的结构可降低对结构的承载力要求,也可以说,延性结构是用它的变形能力(而不是承载力)抵抗罕遇地震作用;反之,如果结构的延性不好,则必须有足够大的承载力抵抗地震。然而后者需要更多的材料,对地震发生概率极小的抗震结构,延性结构是一种经济的设计对策。

4.3.2　延性框架设计的基本措施

为了实现抗震设防目标,钢筋混凝土框架应设计成具有较好耗能能力的延性结构。耗能能力通常可用往复荷载作用下构件或结构的力-变形滞回曲线包含的面积度量。在变形相同的情况下,滞回曲线包含的面积越大,则耗能能力越大,对抗震越有利。如图 4.28 所示的滞回曲线表明,梁的耗能能力大于柱的耗能能力,构件弯曲破坏的耗能能力大于剪切破坏的耗能能力。通过对地震震害、试验研究和理论分析,钢筋混凝土延性框架设计应满足以下基本要求。

4.3.2.1　强柱弱梁

震害、试验研究和理论分析表明,梁铰机制[是指塑性铰出在梁端,不允许在梁的跨中出铰,如果这样容易导致局部破坏(图 4.29),除柱角外,柱端无塑性铰,是一种整体机制]优于柱铰机制(是指在同一层所有柱的上、下端形成塑性铰,是一种局部机制)。梁铰分散在各层,不至于形成倒塌机构,而柱铰集中在某一层,塑性变形集中在该层,该层为柔性层或薄弱层,形成倒塌机构。梁铰的数量远多于柱铰数量,在同样大小的塑性变形和耗能要求下,对梁铰的塑性转动能力要求低,对柱铰的塑性转动能力要求高。此外,梁是受弯构件,容易实现大的延性和耗能能力,柱是压弯构件,尤其是轴压比大的柱,不容易实现大的延性和耗能能力(图 4.30)。应将钢筋混凝土框架尽量设计成"强柱弱梁",即汇交在同一节点的上、下柱端截面在轴压力作用下的受弯承载力之和应大于两侧梁端截面受弯承载力之和。在实际工程中,很难实现完全梁铰机制,往往是既有梁铰,又有柱铰的混合机制。

4.3.2.2　强剪弱弯

从图 4.28 可知,弯曲(压弯)破坏优于剪切破坏。梁、柱剪切破坏是脆性破坏,延性小,力-变形滞回曲线"捏拢"严重,构件的耗能能力差,而弯曲破坏为延性破坏,滞回曲线包含的面积大,构件耗能能力好。梁、柱构件应按"强剪弱弯"设计,即梁、柱的受剪承载力应分别大于其受弯承载力对应的剪力,推迟或避免其发生剪切破坏。

(a)弯曲破坏滞回曲线

(b)压弯破坏滞回曲线

(c)剪切破坏滞回曲线

图 4.28　耗能能力比较

图 4.29　框架梁塑性铰的位置

4.3.2.3　强节点、强锚固

梁-柱核心区的破坏为剪切破坏,可能导致框架失效。在地震往复作用下,由于伸入核心区的纵筋与混凝土之间的黏结破坏,会导致梁端转角增大,从而增大层间位移,因此不允许核心区破坏以及纵筋在核心区的锚固破坏。在设计时做到"强节点、强锚固",即核心区的受剪承载力应大于汇交在同一节点的两侧梁达到受弯承载力时对应的核心区剪力,在梁、柱塑性铰充分发展前,核心区不破坏。同时,伸入核心区的梁、柱纵向钢筋在核心区内应有足够的锚固长度,避免因黏结、锚固破坏而增大层间位移。

图 4.30　框架屈服机制

4.3.2.4　限制柱轴压比并进行局部加强

由于钢筋混凝土小偏心受压柱的混凝土相对受压区高度大,导致延性和耗能能力降低,因此小偏压柱的延性和耗能能力显著低于大偏心受压柱。在设计中,可通过限制框架柱的轴压比(平均轴向压应力与混凝土轴心抗压强度之比),并采取配置足够箍筋等措施,以获得较大的延性和耗能能力。

除此之外,还应提高和加强柱根部以及角柱、框支柱等受力不利部位的承载力和抗震构造措施,推迟或避免其过早破坏。

4.3.3　框架梁抗震设计

4.3.3.1　影响框架梁延性的主要因素

框架梁的延性对结构抗震耗能能力有较大影响,主要的影响因素有以下 4 个方面:

(1)纵筋配筋率

如图 4.31 所示为一组钢筋混凝土梁在反复加载试验时得到的弯矩-曲率关系曲线,试验用的 6 个试件截面受压区相对高度 ζ 值不同,由图可知,ζ 值越大的梁,截面抵抗弯矩越大,但延性减小。当 ζ 为 0.20~0.35 时,梁的延性系数可达 3~4。即在适筋梁的范围内,受弯构件的延性随受拉钢筋配筋率的提高而降低,随受压钢筋配筋率的提高而提高,随混凝土强度的提高而提高,随钢筋屈服强度的提高而降低。

(2)剪压比

剪压比即为梁截面上的"名义剪应力" $\dfrac{V}{bh_0}$ 与混凝土轴心抗压强度设计值 f_c 的比值。试验表明,梁塑性铰区的截面剪压比对梁的延性、耗能能力及保持梁的强度、刚度有明显的影响。当剪压比大于 0.15 时,梁的强度和刚度有明显的退化现象,剪压比越高则退化越快,混凝土破坏越早,这时增加箍筋用量也不能发挥作用,必须要限制截面剪压比,即限制截面尺寸不能过小。

(3)跨高比

梁的跨高比是指梁净跨与梁截面高度之比,它对梁的抗震性能有明显的影响。随着跨高比的减小,剪力的影响加大,剪切变形占全部位移的比重也加大。试验结果表明,当梁的跨高比小于 2 时,极易发生以斜裂缝为特征的破坏形态。一旦主斜裂缝形成,梁的承载力就急剧下降,从而极大地降低延性。一般认为,梁净跨不宜小于截面高度的 4 倍。当梁的跨度较小,而

No.	f_c $(N \cdot mm^{-2})$	f_y	$\rho / \%$	ξ
L3-1	28.0	273.5	0.735	0.082
L3-4	21.9	368.1	1.064	0.204
L3-6	21.9	418.0	1.450	0.316
L3-14	16.2	401.3	3.680	1.035
L3-15	19.5	400.0	4.840	1.113
L3-8	21.9	389.1	1.910	0.388

图4.31　配筋率对梁曲率延性的影响(清华大学)

梁的设计内力较大时,宜首先考虑加大梁的宽度,虽然这样会增加梁的纵筋用量,但对提高梁的延性却十分有利。

(4)塑性铰区的箍筋用量

在塑性铰区配置足够的封闭式箍筋,对提高塑性铰的转动能力十分有效。它可以防止梁受压纵筋的过早压屈,提高塑性铰区混凝土的极限压应变,并可阻止斜裂缝的开展,从而提高梁的延性。在框架梁端塑性铰区范围内,箍筋必须加密。

4.3.3.2　框架梁正截面受弯承载力设计

框架梁正截面受弯承载力计算可参考一般的混凝土结构设计原理教材。当考虑地震作用组合时,应考虑相应的承载力抗震调整系数 γ_{RE}。

为保证框架梁的延性,在梁端截面必须配置受压钢筋(双筋截面),同时要限制混凝土受压区高度。具体要求为:

一级抗震
$$x \leqslant 0.25h_0, \frac{A'_s}{A_s} \geqslant 0.5 \tag{4.22}$$

二、三级抗震
$$x \leqslant 0.35h_0, \frac{A'_s}{A_s} \geqslant 0.3 \tag{4.23}$$

同时,抗震结构中梁的纵向受拉钢筋配筋率不应小于表4.13规定的数值。

表4.13　框架梁纵向受拉钢筋最小配筋百分率　　　　　　　　单位:%

抗震等级	梁中位置	
	支座	跨中
一级	0.40 和 80f_t/f_y 中的较大值	0.30 和 65f_t/f_y 中的较大值
二级	0.30 和 65f_t/f_y 中的较大值	0.25 和 55f_t/f_y 中的较大值
三、四级	0.25 和 55f_t/f_y 中的较大值	0.20 和 45f_t/f_y 中的较大值

梁跨中截面受压区高度控制与非抗震设计时相同。

4.3.3.3　框架梁斜截面受剪承载力设计

为保证框架梁在地震作用下的延性性能,减少梁端塑性铰区发生脆性剪切破坏的可能性,梁端的斜截面受剪承载力应高于正截面受弯承载力,即设计成"强剪弱弯"构件,应对梁端的剪力设计值按以下规定进行调整。

一、二、三级的框架梁和抗震墙的连梁,其梁端截面组合的剪力设计值应按下式调整:

$$V = \eta_{vb}(M_b^l + M_b^r)/l_n + V_{Gb} \tag{4.24}$$

一级的框架结构和 9 度的一级框架梁、连梁可不按上式调整,但应符合下式要求:

$$V = 1.1(M_{bua}^l + M_{bna}^r)/l_n + V_{Gb} \tag{4.25}$$

式中　V——梁端截面组合的剪力设计值;

M_b^l, M_b^r——梁左右端顺时针或反时针方向组合的弯矩设计值,一级框架两端弯矩均为负弯矩时,绝对值较小端的弯矩取零;

l_n——梁的净跨;

V_{Gb}——梁在重力荷载代表值(9 度时高层建筑还应包括竖向地震作用标准值)作用下,按简支梁分析的梁端截面剪力设计值;

M_{bua}^l, M_{bna}^r——梁左右端反时针或顺时针方向实配的正截面抗震受弯承载力所对应的弯矩值,根据实配钢筋面积(计入受压钢筋和有效板宽范围内的楼板钢筋)和材料强度标准值确定;

η_{vb}——梁端剪力增大系数,一级为 1.3,二级为 1.2,三级为 1.1。

设梁端纵向钢筋实际配筋量为 A_s^a,则梁端的正截面受弯抗震极限承载力近似地可取为

$$M_{bua} = A_s^a f_{yk}(h_0 - a_s')/\gamma_{RE} \tag{4.26}$$

梁端受压钢筋及楼板中配筋会提高梁的抗弯承载力,从而提高梁中剪力,计算 A_s^a 时,要考虑受压钢筋及有效板宽范围内的板筋。其中,有效板宽范围可取梁每侧 6 倍板厚的范围,楼板钢筋即取有效板宽范围内平行框架梁方向的板内实配钢筋。

梁的受剪承载力按下列公式验算:

无地震作用组合时

$$V \leqslant \alpha_{cv} f_t b h_0 + f_{yv}\frac{A_{sv}}{s}h_0 \tag{4.27}$$

有地震作用组合时

$$V \leqslant \frac{1}{\gamma_{RE}}\left(0.6\alpha_{cv}f_t b h_0 + f_{yv}\frac{A_{sv}}{s}h_0\right) \tag{4.28}$$

式中　α_{cv}——斜截面混凝土受剪承载力系数,一般受弯构件取 0.7;集中荷载作用下(包括作用有多种荷载,其中集中荷载对支座截面或节点边缘所产生的剪力值占总剪力的 75% 以上的情况)的独立梁取 $\alpha_{cv} = \dfrac{1.75}{\lambda + 1}$,$\lambda$ 为计算截面的剪跨比,可取 $\lambda = a/h_0$,当 λ 小于 1.5 时,取 1.5,当 λ 大于 3 时,取 3,a 取集中荷载作用点至支座截面或节点边缘的距离;

A_{sv}——配置在同一截面内箍筋各肢的全部截面面积,即 nA_{sv1},此处,n 为在同一个截面内箍筋的肢数,A_{sv1} 为单肢箍筋的截面面积;

f_{yv}——箍筋的抗拉强度设计值;

γ_{RE}——承载力抗震调整系数,按《混凝土结构设计规范》(GB 50010—2010)(2015 年版)(以下简称《混凝土规范》)表 11.1.6 取值。

4.3.3.4 框架梁抗震构造要求

(1)最小截面尺寸

框架梁的截面尺寸应满足 3 个方面的要求:承载力要求、构造要求、剪压比限值。承载力要求通过承载力验算实现,后两者通过构造措施实现。

框架主梁的截面高度可按 $(1/10 \sim 1/18)l_b$ 确定,l_b 为主梁计算跨度,满足此要求时,在一般荷载作用下,可不验算挠度。框架梁的宽度不宜小于 200 mm,高宽比不宜大于 4,净跨与截面高度之比不宜小于 4。

若梁截面尺寸小,导致剪压比(梁截面上的"名义剪应力"$\dfrac{V}{bh_0}$ 与混凝土轴心抗压强度设计值 f_c 的比值)很大,此时增加箍筋也不能有效防止斜裂缝过早出现,也不能有效提高截面的受剪承载力,必须限制梁的名义剪应力,作为确定梁最小截面尺寸的条件之一。

无地震作用组合时,矩形、T 形和 I 形截面受弯构件的受剪截面应符合下列条件:

当 $h_w/b \leqslant 4$ 时 $\qquad\qquad$ $V \leqslant 0.25\beta_c f_c bh_0$ $\qquad\qquad$ (4.29)

当 $h_w/b \geqslant 6$ 时 $\qquad\qquad$ $V \leqslant 0.2\beta_c f_c bh_0$ $\qquad\qquad$ (4.30)

当 $4 < h_w/b < 6$ 时,按线性内插法确定。

有地震作用组合时,矩形、T 形和 I 形截面框架梁,当跨高比大于 2.5 时,其受剪截面应符合:

$$V \leqslant \frac{1}{\gamma_{RE}}(0.20\beta_c f_c bh_0) \tag{4.31}$$

当跨高比不大于 2.5 时,其受剪截面应符合:

$$V \leqslant \frac{1}{\gamma_{RE}}(0.15\beta_c f_c bh_0) \tag{4.32}$$

式中 V——构件斜截面上的最大剪力设计值;

β_c——混凝土强度影响系数:当混凝土强度等级不超过 C50 时,β_c 取 1.0;当混凝土强度等级为 C80 时,β_c 取 0.8;其间按线性内插法确定;

b——矩形截面的宽度,T 形截面或 I 形截面的腹板宽度;

h_0——截面有效高度;

h_w——截面的腹板高度:矩形截面取有效高度;T 形截面取有效高度减去翼缘高度;I 形截面取腹板净高。

(2)梁端箍筋加密区要求

梁端箍筋加密区长度范围内箍筋的配置,除了要满足受剪承载力的要求外,还要满足最大间距和最小直径的要求,见表 4.14。当梁端纵向受拉钢筋配筋率大于 2% 时,表中箍筋最小直径应增大 2 mm。

(3)箍筋构造

箍筋必须为封闭箍,应有 135° 弯钩,弯钩直线段的长度不小于箍筋直径的 10 倍和 75 mm 的较大者(图 4.32)。

表 4.14　框架梁梁端箍筋加密区的构造要求

抗震等级	加密区长度/mm	箍筋最大间距/mm	最小直径/mm
一级	2 倍梁高和 500 中的较大值	纵向构件直径的 6 倍,梁高的 1/4 和 100 中的最小值	10
二级		纵向构件直径的 8 倍,梁高的 1/4 和 100 中的最小值	8
三级	1.5 倍梁高和 500 中的较大值	纵向构件直径的 8 倍,梁高的 1/4 和 150 中的最小值	8
四级		纵向构件直径的 8 倍,梁高的 1/4 和 150 中的最小值	6

注:箍筋直径大于 12 mm、数量不少于 4 肢且肢距不大于 150 mm 时,一、二级的最大间距应允许适当放宽,但不得大于 150 mm。

图 4.32　箍筋弯钩要求

　　箍筋加密区的箍筋肢距,一级不宜大于 200 mm 和 20 倍箍筋直径的较大值;二、三级抗震等级,不宜大于 250 mm 和 20 倍箍筋直径的较大值;各抗震等级下,均不宜大于 300 mm。

　　梁端设置的第一个箍筋距框架节点边缘不应大于 50 mm。非加密区的箍筋间距不宜大于加密区箍筋间距的 2 倍。沿梁全长箍筋的面积配筋率 ρ_{sv} 应符合下列规定:

一级抗震等级　　　　　　　　　$\rho_{sv} \geq 0.30 \dfrac{f_t}{f_{yv}}$　　　　　　　　(4.33)

二级抗震等级　　　　　　　　　$\rho_{sv} \geq 0.28 \dfrac{f_t}{f_{yv}}$　　　　　　　　(4.34)

三、四级抗震等级　　　　　　　$\rho_{sv} \geq 0.26 \dfrac{f_t}{f_{yv}}$　　　　　　　　(4.35)

4.3.4　框架柱抗震设计

　　在进行框架结构抗震设计时,虽然强调"强柱弱梁"的延性设计原则,但由于地震作用具有不确定性,同时也无法绝对防止柱中出现塑性铰,因此设计中应使柱子也具有一定的延性。在竖向荷载和往复水平荷载作用下钢筋混凝土框架柱的大量实验研究表明,柱的破坏形态大致有以下几种:压弯破坏或弯曲破坏、剪切受压破坏、剪切受拉破坏、剪切斜拉破坏和黏结开裂破坏。在后 3 种破坏形态中,柱的延性小,耗能能力差,应避免;大偏压柱的压弯破坏延性较大、耗能能力强,柱的抗震设计应尽可能实现大偏压破坏。

4.3.4.1 影响框架柱延性的主要因素

影响框架柱延性和耗能的主要因素有剪跨比、轴压比、箍筋配置和纵向钢筋配筋率。

(1)剪跨比

剪跨比是反映柱截面所承受的弯矩与剪力相对大小的一个参数,表示为

$$\lambda = \frac{M}{Vh} \tag{4.36}$$

式中 M, V——柱端截面组合的弯矩计算值和组合的剪力计算值;

h——计算方向柱截面高度。

当 $\lambda > 2$ 时,称为长柱,多数发生弯曲破坏,但仍需配置足够的抗剪箍筋。

当 $\lambda \leq 2$ 时,称为短柱,多数会出现剪切破坏,但当提高混凝土等级并配有足够的抗剪箍筋后,可能出现稍有延性的剪切受压破坏。

当 $\lambda \leq 1.5$ 时,称为极短柱,一般会发生剪切斜拉破坏,几乎没有延性。

考虑框架柱的反弯点大都接近中点,为了设计方便,常常用柱的长细比近似表示剪跨比的影响。令 $\lambda = M/Vh = H_0/2h$,可得

$$\frac{H_0}{h} > 4 \qquad (为长柱)$$

$$3 \leq \frac{H_0}{h} \leq 4 \qquad (为短柱)$$

$$\frac{H_0}{h} < 3 \qquad (为极短柱)$$

式中 H_0——柱净高。

在抗震结构中,在确定方案和结构布置时,应避免短柱,特别应避免在同一层中同时存在长柱和短柱的情况,否则应采取特殊措施,慎重设计。

(2)轴压比

轴压比是指柱的轴向压应力与混凝土轴心抗压强度的比值,表示为

$$n = \frac{N}{f_c A} \tag{4.37}$$

式中 N——有地震作用组合的柱轴压力设计值;对可不进行地震作用计算的结构,如 6 度设防的乙、丙、丁类建筑,取无地震作用组合的轴力设计值;

f_c——混凝土轴向抗压强度设计值;

A——柱截面面积。

大量试验表明,随着轴压比的增大,柱的极限抗弯承载力提高,但极限变形能力、耗散地震能量的能力都降低,且轴压比对短柱的影响更大。

如图 4.33 所示,在长柱中,轴压比越大,混凝土受压区高度越大,压弯构件会从大偏压破坏状态向小偏压破坏过渡,而小偏压破坏几乎没有延性;在短柱中,轴压比加大会使柱从剪压破坏变为脆性的剪拉破坏,破坏时承载能力突然丧失。

图 4.33　轴压比对柱承载能力及变形性能的影响(西安建筑科技大学)

（3）箍筋

框架柱的箍筋有 3 个作用:抵抗剪力、对混凝土提供约束、防止纵筋压屈。箍筋对混凝土的约束程度是影响柱延性和耗能能力的主要因素之一。约束程度除与箍筋的形式有关外,还与箍筋的抗拉强度和数量有关,与混凝土强度有关,可用配箍特征值 λ_v 度量。

$$\lambda_v = \rho_v \frac{f_{yv}}{f_c} \tag{4.38}$$

式中　ρ_v——箍筋的体积配箍率;

　　f_{yv}——箍筋的抗拉强度设计值。

配置箍筋的混凝土棱柱体和柱的轴心受压试验表明,轴向压应力接近峰值应力时,箍筋约束的核心混凝土处于三向受压的状态,混凝土的轴心抗压强度和对应的轴向应变得到提高,同时,轴心受压应力-应变曲线的下降段趋于平缓(图 4.34),意味着混凝土的极限压应变增大,柱的延性增大。

图 4.34　不同配箍特征值的混凝土应力-应变关系曲线

箍筋的形式对核心混凝土的约束作用也有影响。如图 4.35 所示为目前常用的箍筋形式,其中,复合螺旋箍是用螺旋箍与矩形箍同时使用,连续复合螺旋箍是指用一根钢筋加工而成的连续螺旋箍。如图 4.36 所示为螺旋箍、普通箍和井字形复合箍约束作用的比较,复合箍或连续复合螺旋箍的约束效果更好。

图 4.35　箍筋的形式

箍筋间距对约束效果也有影响[图 4.36(d)]。箍筋间距大于柱的截面尺寸时,对核心混凝土几乎没有约束。箍筋间距越小,对核芯混凝土的约束均匀,约束效果越显著。

(a)普通箍　　　(b)井字复合箍　　　(c)螺旋箍　　　(d)箍筋间距对约束的影响

图 4.36　箍筋约束作用比较

(4)纵筋配筋率

试验研究表明,柱截面在纵筋屈服后的转角变形能力,主要受纵向受拉钢筋配筋率的影响,且大致随纵筋配筋率的增大而线性增大。为避免地震作用下柱过早进入屈服阶段,以及增大柱屈服时的变形能力,提高柱的延性和耗能能力,全部纵筋的配筋率不应过小。

4.3.4.2　偏心受压柱正截面承载力计算

框架柱正截面偏心受压柱正截面承载力计算方法可参见一般的混凝土结构设计原理教材,有地震作用组合和无地震作用组合的验算公式相同,但有地震作用组合时,应考虑正截面承载力抗震调整系数 γ_{RE},同时还应注意以下问题:

（1）按强柱弱梁要求调整柱端弯矩设计值

根据强柱弱梁的要求,在框架梁柱连接节点处,上、下柱端截面在轴力作用下的实际受弯承载力之和应大于节点左、右梁端截面实际受弯承载力之和(图 4.37)。在工程设计中,将实际受弯承载力的关系转为内力设计值的关系,采用了增大柱端弯矩设计值的方法。

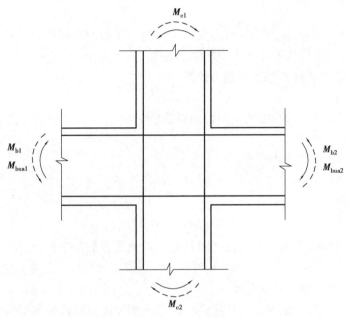

图 4.37 节点梁、柱端弯矩示意图

抗震设计时,除顶层、柱轴压比小于 0.15 及框支梁柱节点外,框架梁、柱节点处考虑地震作用组合的柱端弯矩设计值应按下式计算确定:

一级框架结构及 9 度时的框架:

$$\sum M_c = 1.2 \sum M_{bua} \tag{4.39}$$

其他情况:

$$\sum M_c = \eta_c \sum M_b \tag{4.40}$$

式中 $\sum M_c$ ——节点上、下柱端截面顺时针或逆时针方向组合弯矩设计值之和,上、下柱端的弯矩设计值,可按弹性分析的弯矩比例进行分配;

$\sum M_b$ ——节点左、右梁端截面顺时针或逆时针方向组合弯矩设计值之和,当抗震等级为一级且节点左、右梁端均为负弯矩时,绝对值较小的弯矩应取零;

$\sum M_{bua}$ ——节点左、右梁端截面顺时针或逆时针方向实配的正截面抗震受弯承载力所对应的弯矩值之和,可根据实际配筋面积(计入受压钢筋和梁有效翼缘宽度范围内的楼板钢筋)和材料强度标准值并考虑承载力抗震调整系数计算;

η_c ——柱端弯矩增大系数;对框架结构,二、三级分别取 1.5 和 1.3;对其他结构中的框架,一、二、三、四级分别取 1.4,1.2,1.1 和 1.1。

当反弯点不在层高范围内时,柱端截面的弯矩设计值为最不利内力组合的柱端弯矩计算值乘以上述柱端弯矩增大系数。

（2）框架结构柱固定端弯矩增大

为了推迟框架结构底层柱固定端截面屈服，一、二、三级框架结构的底层柱底截面的弯矩设计值，应分别采用考虑地震作用组合的弯矩值与增大系数 1.7,1.5,1.3 的乘积。

（3）角柱

抗震设计时，框架角柱应按双向偏心受力构件进行正截面承载力设计。按上述方法调整后的组合弯矩设计值应乘以不小于 1.1 的增大系数。

4.3.4.3　偏心受压柱斜截面承载力计算

（1）剪力设计值

一、二、三级框架柱两端和框支柱两端的箍筋加密区，应根据强剪弱弯的要求，采用剪力增大系数确定剪力设计值，即

一级框架结构及 9 度时的框架：

$$V = 1.2(M_{cua}^t + M_{cua}^b)/H_n \tag{4.41}$$

其他情况：

$$V = \eta_{vc}(M_c^t + M_c^b)/H_n \tag{4.42}$$

式中　M_c^t, M_c^b——柱上、下端顺时针或逆时针方向截面组合的弯矩设计值（应取按强柱弱梁、底层柱底及角柱要求调整后的弯矩值），且取顺时针方向之和及逆时针方向之和两者的较大值；

M_{cua}^t, M_{cua}^b——柱上、下端顺时针或逆时针方向实配的正截面抗震受弯承载力所对应的弯矩值，可根据实际配筋面积、材料强度标准值和重力荷载代表值产生的轴向压力设计值并考虑承载力抗震调整系数计算；

H_n——柱的净高；

η_{vc}——柱端剪力增大系数；对框架结构，二、三级分别取 1.3 和 1.2；对其他结构类型的框架，一、二、三、四级分别取 1.4,1.2,1.1 和 1.1。

（2）截面受剪承载力计算

矩形截面偏心受压框架柱，其斜截面受剪承载力应按下列公式计算：

持久、短暂设计状况（非抗震设计）：

$$V \leqslant \frac{1.75}{\lambda+1}f_t bh_0 + f_{yv}\frac{A_{sv}}{s}h_0 + 0.07N \tag{4.43}$$

地震设计状况：

$$V \leqslant \frac{1}{\gamma_{RE}}\left(\frac{1.05}{\lambda+1}f_t bh_0 + f_{yv}\frac{A_{sv}}{s}h_0 + 0.056N\right) \tag{4.44}$$

式中　λ——框架柱的剪跨比，当 $\lambda<1$ 时，取 $\lambda=1$；当 $\lambda>3$ 时，取 $\lambda=3$；

N——考虑风荷载或地震作用组合的框架柱轴向压力设计值，当 N 大于 $0.3f_cA_c$ 时，取 $0.3f_cA_c$。

当矩形截面框架柱出现拉力时，其斜截面受剪承载力应按下列公式计算：

持久、短暂设计状况（非抗震设计）：

$$V \leqslant \frac{1.75}{\lambda+1}f_t bh_0 + f_{yv}\frac{A_{sv}}{s}h_0 - 0.2N \tag{4.45}$$

地震设计状况：

$$V \leqslant \frac{1}{\gamma_{RE}}\left(\frac{1.05}{\lambda+1}f_t b h_0 + f_{yv}\frac{A_{sv}}{s}h_0 - 0.2N\right) \tag{4.46}$$

式中　λ——框架柱的剪跨比；

　　　N——与剪力设计值 V 对应的框架柱轴向压力设计值，取绝对值。

当式(4.45)右端的计算值或式(4.46)右端括号内的计算值小于 $f_{yv}\frac{A_{sv}}{s}h_0$ 时，应取等于 $f_{yv}\frac{A_{sv}}{s}h_0$，且 $f_{yv}\frac{A_{sv}}{s}h_0$ 值不应小于 $0.36f_t b h_0$。

4.3.4.4　框架柱构造措施

(1)最小截面尺寸

矩形截面柱的边长，非抗震设计时不宜小于 250 mm，抗震设计时，四级时不宜小于 300 mm，一、二、三级时不宜小于 400 mm；圆柱直径，非抗震和四级抗震设计时不宜小于 350 mm，一、二、三级时不宜小于 450 mm。

柱剪跨比不宜大于 2。

柱截面高宽比不宜大于 3。

为了防止柱截面过小，配箍过多而产生斜压破坏，柱截面的剪力设计值(乘以调整增大系数后)应符合下列限制条件(限制名义剪应力)：

无地震作用组合：　　　　　　$V \leqslant 0.25\beta_c f_c b_c h_{c0}$ 　　　　　　(4.47a)

有地震作用组合：

剪跨比大于 2 的柱　　　　　$V \leqslant \frac{1}{\gamma_{RE}}(0.20\beta_c f_c b_c h_{c0})$ 　　　　(4.47b)

剪跨比不大于 2 的柱、框支柱　$V \leqslant \frac{1}{\gamma_{RE}}(0.15\beta_c f_c b_c h_{c0})$ 　　　(4.47c)

式中　β_c——混凝土强度影响系数：当混凝土强度等级不超过 C50 时，β_c 取 1.0；当混凝土强度等级为 C80 时，β_c 取 0.8；其间按线性内插法确定。

(2)纵向钢筋

柱纵向钢筋的配筋量，除应满足承载力要求外，还应满足表 4.15 中最小配筋率要求。柱截面每一侧纵向钢筋配筋率不应小于 0.2%；抗震设计时，对Ⅳ类场地上较高的高层建筑，表中数值应增加 0.1。采用 335 MPa 级、400 MPa 级纵向受力钢筋时，应分别按表中数值增加0.1 和 0.05 采用，当混凝土等级高于 C60 时，表中数值应增加 0.1 采用。

表 4.15　柱纵向钢筋的最小配筋百分率　　　　　　单位：%

柱类型	抗震等级				非抗震
	一级	二级	三级	四级	
中柱、边柱	0.9(1.0)	0.7(0.8)	0.6(0.7)	0.5(0.6)	0.5
角柱	1.1	0.9	0.8	0.7	0.5
框支柱	1.1	0.9	—	—	0.7

此外，柱的纵向钢筋配置，还应满足下列要求：抗震设计时，宜采用对称配筋；截面尺寸大

于 400 mm 的柱,一、二、三级抗震设计时其纵向钢筋间距不宜大于 200 mm;四级和非抗震设计时,其纵向钢筋间距不宜大于 300 mm;柱纵向钢筋净距均不应小于 50 mm。全部纵向钢筋的配筋率,非抗震设计时不宜大于 5%、不应大于 6%,抗震设计时不应大于 5%。一级且剪跨比不大于 2 的柱,其单侧纵向受拉钢筋的配筋率不宜大于 1.2%;边柱、角柱及剪力墙端柱考虑地震作用组合产生小偏心受拉时,柱内纵筋总截面面积应比计算值增加 25%。柱的纵筋不应与箍筋、拉筋及预埋件等焊接。

(3)轴压比限值

抗震设计时,钢筋混凝土柱轴压比不宜超过表 4.16 的规定,对Ⅳ类场地上较高的高层建筑,其轴压比限值应适当减小。

表 4.16　柱轴压比限值

结构类型	抗震等级			
	一	二	三	四
框架结构	0.65	0.75	0.85	—
板柱-剪力墙、框架-剪力墙、框架-核心筒、筒中筒结构	0.75	0.85	0.90	0.95
部分框支剪力墙结构	0.60	0.70	—	

注意:

①表中数值适用于混凝土强度等级不高于 C60 的柱,当混凝土强度等级为 C65,C70 时,轴压比限值应比表中数值降低 0.05,当混凝土强度等级为 C75,C80 时,轴压比限值应比表中数值降低 0.10。

②表中数值适用于剪跨比大于 2 的柱,剪跨比不大于 2 但不小于 1.5 的柱,其轴压比限值应比表中数值减小 0.05;剪跨比小于 1.5 的柱,其轴压比限值应作专门研究并采取特殊构造措施。

③当沿柱全高采用井字复合箍,箍筋间距不大于 100 mm、肢距不大于 200 mm、直径不小于 12 mm,或当沿柱全高采用复合螺旋箍,箍筋间距不大于 100 mm、肢距不大于 200 mm、直径不小于 12 mm,或当沿柱全高采用连续复合螺旋箍,箍筋间距不大于 80 mm、肢距不大于 200 mm、直径不小于 10 mm 时,轴压比限值可增加 0.10。

④当柱截面中部设置由附加纵向钢筋形成的芯柱(图 4.38),且附加纵向钢筋的截面面积不小于柱截面面积的 0.8% 时,柱轴压比限值可增加 0.05。但本项措施与上述第③条措施共同采用时,柱轴压比限值可比表中数值增加 0.15,但箍筋配箍特征值仍可按轴压比增加 0.10 的要求确定。

⑤调整后的柱轴压比限值不应大于 1.05。

(4)箍筋加密区范围

在地震作用下框架柱可能形成塑性铰的区段,应设置箍筋加密区,使混凝土成为延性好的约束混凝土。剪跨比大于 2 的柱,其底层柱的上端和其他各层柱的两端,应取矩形截面柱的长边尺寸(或圆形截面柱的直径)、柱净高的 1/6 和 500 mm 三者的最大值范围;底层柱刚性地面上、下各 500 mm 的范围;底层柱柱根(柱根指框架柱底部嵌固部位)以上 1/3 柱净高的范围。

剪跨比不大于 2 的柱和因填充墙等形成的柱净高与截面高度之比不大于 4 的柱则应全高范围内加密。此外,一、二级框架角柱以及需提高柱变形能力的均应全高加密。

图 4.38　柱的截面中部附加纵筋的芯柱

图 4.39　剪跨比大于 2 的柱的箍筋加密区

柱在加密区的箍筋间距和直径应满足表 4.17 的要求。表中 d 为柱纵筋直径。

表 4.17　柱端箍筋加密区的构造要求

抗震等级	箍筋最大间距/mm	箍筋最小直径/mm
一级	6d 和 100 的较小值	10
二级	8d 和 100 的较小值	8
三级	8d 和 150(柱根 100)的较小值	8
四级	8d 和 150(柱根 100)的较小值	6(柱根 8)

(5)箍筋加密区的配箍量

加密区的箍筋还应符合最小配箍特征值的要求。

柱箍筋加密的最小配箍特征值与框架的抗震等级、柱的轴压比以及箍筋形式有关,按表

4.18 采用。设计时,根据框架抗震等级及表 4.18 查得需要的最小配箍特征值,即可算出需要的体积配箍率

$$\rho_v = \frac{\lambda_u f_c}{f_{yv}} \qquad (4.48)$$

计算时,混凝土强度等级低于 C35 时取 C35,采用复合螺旋箍时,其非螺旋箍的箍筋体积应乘以换算系数 0.8。

表 4.18 柱端箍筋加密区最小配箍特征值 λ_v

抗震等级	箍筋形式	柱轴压比								
		≤0.30	0.40	0.50	0.60	0.70	0.80	0.90	1.00	1.05
一	普通箍、复合箍	0.10	0.11	0.13	0.15	0.17	0.20	0.23	—	—
	螺旋箍、复合或连续复合螺旋箍	0.08	0.09	0.11	0.13	0.15	0.18	0.21	—	—
二	普通箍、复合箍	0.08	0.09	0.11	0.13	0.15	0.17	0.19	0.22	0.24
	螺旋箍、复合或连续复合螺旋箍	0.06	0.07	0.09	0.11	0.13	0.15	0.17	0.20	0.22
三	普通箍、复合箍	0.06	0.07	0.09	0.11	0.13	0.15	0.17	0.20	0.22
	螺旋箍、复合或连续复合螺旋箍	0.05	0.06	0.07	0.09	0.11	0.13	0.15	0.18	0.20

箍筋的体积配箍率可按下式计算:

普通箍筋和复合箍筋(图 4.40)

$$\rho_v = \frac{n_1 A_{s1} l_1 + n_2 A_{s2} l_2 + n_3 A_{s3} l_3}{A_{cor} s} \qquad (4.49a)$$

螺旋箍筋

$$\rho_v = \frac{4 A_{ss1}}{d_{cor} s} \qquad (4.49b)$$

式中　$n_1 A_{s1} l_1 \sim n_3 A_{s3} l_3$——沿 1~3 方向(图 4.40)的箍筋肢数、肢面积及肢长(复合箍中重复肢长宜扣除);

　　A_{cor}, d_{cor}——普通箍筋或复合箍筋范围内、螺旋箍筋范围内最大的混凝土核心面积和核心直径;

　　s——箍筋沿柱高度方向的间距;

　　A_{ss1}——螺旋箍筋的单肢面积。

图 4.40 箍筋体积配箍率计算

为避免箍筋量过少,体积配箍率还要符合下列要求:

①对一、二、三、四级框架柱,其箍筋加密区范围内箍筋的体积配箍率应分别不小于0.8%,0.6%,0.4%和0.4%。

②剪跨比不大于 2 的柱宜采用复合螺旋箍或井字形复合箍,其体积配箍率不应小于1.2%;设防烈度为 9 度时,不应小于1.5%。

(6)箍筋其他构造要求

抗震设计时,柱箍筋还应满足下列规定:

①箍筋应为封闭式,其末端应做成 135°弯钩且弯钩末端平直段长度不应小于 10 倍箍筋直径,且不应小于 75 mm。

②箍筋加密区的箍筋肢距,一级不宜大于 200 mm,二、三级不宜大于 250 mm 和 20 倍箍筋直径的较大值,四级不宜大于 300 mm。每隔一根纵向钢筋宜在两个方向有箍筋约束。采用拉筋组合箍时,拉筋宜紧靠纵向钢筋并勾住封闭箍筋。

③柱非加密区的箍筋,其体积配箍率不宜小于加密区的一半,其箍筋间距,不应大于加密区箍筋间距的 2 倍,且一、二级不应大于 10 倍纵筋直径,三、四级不应大于 15 倍纵筋直径。

4.3.5　框架节点核心区抗震设计

在竖向荷载和地震作用下,框架梁柱节点区主要承受柱子传来的轴力、弯矩、剪力和梁传来的弯矩、剪力,受力比较复杂。易发生剪切及主拉应力所造成的脆性破坏,如图 4.41 所示。在反复荷载作用下形成交叉裂缝,混凝土挤压破碎,纵向钢筋压屈成灯笼状。其原因大多是核心区未设箍筋或箍筋过少、抗剪能力不足,或纵筋伸入节点的锚固长度不足引起的。核心区的设计主要是抗剪计算及抗震构造设计。

图 4.41　梁柱核心区斜裂缝图

4.3.5.1　节点核心区的剪力设计值

根据"强节点"的抗震设计概念,在梁端钢筋屈服时,核心区不应剪切屈服,取梁端截面达到受弯承载力时的核心区剪力作为其剪力设计值。

取某中间层中间节点为脱离体,当梁端出现塑性铰时,梁内受拉纵筋应力达到 f_{yk},若忽略框架梁内的轴力,并忽略直交梁对节点受力的影响,则节点受力如图 4.42 所示。

在工程抗震设计中,仍采用弯矩设计值代替受弯承载力,以简化计算。一、二、三级框架的梁柱核心区剪力设计值可用下式计算:

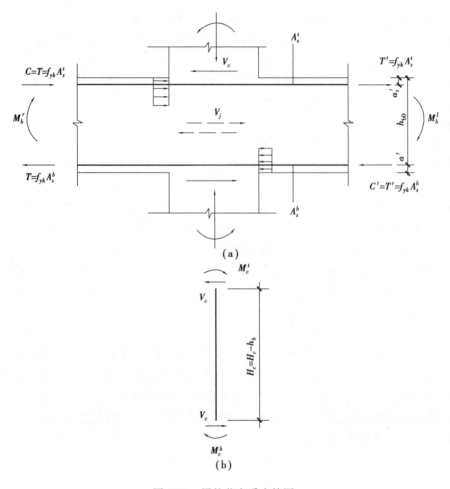

图 4.42 梁柱节点受力简图

$$V_j = \frac{\eta_{jb} \sum M_b}{h_{b0} - a_s'}\left(1 - \frac{h_{b0} - a_s'}{H_c - h_b}\right) \tag{4.50}$$

一级框架结构和 9 度的一级框架可不按上式调整,但应符合下式要求:

$$V_j = \frac{1.15 \sum M_{bua}}{h_{b0} - a_s'}\left(1 - \frac{h_{b0} - a_s'}{H_c - h_b}\right) \tag{4.51}$$

式中 V_j——梁柱节点核心区组合的剪力设计值;

    h_{b0}——梁截面的有效高度,节点两侧梁截面高度不等时可采用平均值;

    a_s'——梁受压钢筋合力点至受压边缘的距离;

    H_c——柱的计算高度,可采用节点上、下柱反弯点之间的距离;

    h_b——梁的截面高度,节点两侧梁截面高度不等时可采用平均值;

    η_{jb}——强节点系数,对框架结构,一级宜取 1.5,二级宜取 1.35,三级宜取 1.2;对其他结构中的框架,一级宜取 1.35,二级宜取 1.2,三级宜取 1.1;

    $\sum M_b$——节点左右梁端反时针或顺时针方向组合弯矩设计值之和,一级框架节点左右梁端均为负弯矩时,绝对值较小的弯矩应取零;

$\sum M_{bua}$ ——节点左右梁端截面反时针或顺时针方向实配的正截面抗震受弯承载力所对应的弯矩值之和,根据实配钢筋面积(计入受压钢筋)和材料强度标准值确定。

4.3.5.2　节点核心区的受剪承载力验算

对一般框架梁柱节点核心区截面应按下列公式进行抗震验算(图4.43):

$$V_j \leqslant \frac{1}{\gamma_{RE}}\left(1.1\eta_j f_t b_j h_j + f_{yv}A_{svj}\frac{h_{b0}-a_s'}{s} + 0.05\eta_j N\frac{b_j}{b_c}\right) \tag{4.52}$$

且

$$V_j \leqslant \frac{1}{\gamma_{RE}}(0.3\eta_j f_c b_j h_j) \tag{4.53}$$

图4.43　节点截面参数

9度的一级框架:

$$V_j \leqslant \frac{1}{\gamma_{RE}}\left(0.9\eta_j f_t b_j h_j + f_{yv}A_{svi}\frac{h_{b0}-a_s'}{s}\right) \tag{4.54}$$

式中　η_j——正交梁的约束影响系数,楼板为现浇、梁柱中线重合、四侧各梁截面宽度不少于该侧柱截面宽度的1/2,且正交方向梁高度不小于主梁高度的3/4时,可采用1.5,9度的一级宜采用1.25,其他情况均可采用1.0;

γ_{RE}——承载力抗震调整系数,可采用0.85;

N——对应于组合剪力设计值的上柱轴向压力较小者,其值不应大于$0.5f_c b_c h_c$,当N为拉力时,取$N=0$;

A_{svj}——核心区有效验算宽度b_j范围内同一截面验算方向各肢箍筋的总截面面积;

s——箍筋间距;

h_j——节点核心区的截面高度,可采用验算方向的柱截面高度;

b_j——节点核心区的截面有效验算宽度,应按下列规定采用:

当$b_b > 0.5 b_c$时,取

$$b_j = b_c$$

当$b_b < 0.5 b_c$时,取下列两式中的较小值:

$$b_j = b_c \tag{4.55}$$

$$b_j = b_b + 0.5h_c \tag{4.56}$$

当梁、柱中线不重合且偏心距不大于柱宽的1/4时,核心区的截面有效验算宽度可取式(5.49)、式(5.50)及式(5.51)计算结果的较小值;

$$b_i = 0.5(b_b + b_c) + 0.25h_c - e \tag{4.57}$$

上式中 e 为梁与柱的中线偏心距。

对扁梁框架和圆柱框架的节点核心区截面抗震验算可参看《抗震规范》附录 D。

4.3.5.3 构造要求

（1）箍筋

框架节点核心区箍筋的最大间距和最小直径宜符合柱箍筋加密区箍筋间距和直径的相关规定；一、二、三级框架节点核心区配箍特征值分别不宜小于 0.12,0.10 和 0.08,且体积配箍率分别不宜小于 0.6%,0.5% 和 0.4%。柱剪跨比不大于 2 的框架节点核心区,体积配箍率不宜小于核心区上、下柱端的较大体积配箍率。

在非抗震设计时,柱内配置的箍筋延续到核心区,箍筋间距不宜大于 250 mm。

（2）核心区的钢筋锚固

非抗震设计的框架,梁、柱纵向钢筋在核心区的锚固要求如图 4.44 所示,抗震设计如图 4.45 所示。梁的上部纵筋应贯穿中间节点,梁的下部钢筋可切断并锚固于核心区内。

图 4.44 非抗震设计时框架梁、柱纵向钢筋在节点区的锚固示意

【例 4.4】框架构件抗震设计算例。

某 10 层框架结构,总高 42 m,7 度抗震设防,Ⅲ类场地。其中一榀框架的轴线尺寸及 1,2 层梁柱截面尺寸如图 4.46 所示。1,2 层梁柱控制截面考虑抗震的最不利设计内力组合值见表 4.19,梁端 V_{Gb} =125 kN。梁柱混凝土强度等级为 C30,纵筋及箍筋均采用 HRB400。试设计第 1 层 AB 跨梁、第 1 层中柱及其核心区配筋。

图 4.45 抗震设计时框架梁、柱纵向钢筋在节点区的锚固示意
1—柱外侧纵向钢筋;2—梁上部纵向钢筋;
3—伸入梁内的柱外侧纵向钢筋;4—不能伸入梁内的柱外侧纵向钢筋,可伸入板内

图 4.46 例 4.4 图

表 4.19 1、2 层梁柱控制截面的最不利内力组合设计值

层号	边柱				中柱				梁			
	$M_上$	$M_下$	N	V	$M_上$	$M_下$	N	V	M_A	$M_中$	M_B	V
	kN·m		kN		kN·m		kN		kN·m			kN
2	315.0	426.5	2 500	120.1	260.0	375.2	2 100	125.1	—	—	—	—
1	372.1	543.7	2 800	128.3	295.0	430.1	2 400 $N_{max}=$ 3 500	130.5	−460.5 +183.1	+274.7	−614.6 +128.5	214.5

解 根据结构类型、抗震设防烈度和结构高度,框架的抗震等级为二级。

1. AB 跨梁正截面抗弯配筋

(1)B 端负弯矩配筋

采用双筋截面,取 $a_s=70$ mm,$a_s'=50$ mm,根据《抗震规范》6.3.3 条,二级抗震等级框架梁端计入受压钢筋的混凝土受压区高度和有效高度之比不应大于 0.35,取 $\xi_b=0.35$,则 $\alpha_{s,max}=\xi_b(1-0.5\xi_b)=0.289$。为使用钢量最小,取 $\xi=\xi_b$,则

$$M'=\alpha_{s,max}\alpha_1 f_c b_b h_{b0}^2=0.289\times1.0\times14.3\times300\times530^2\ N\cdot mm=348.3\times10^6\ N\cdot mm$$

所需受压钢筋的面积为

$$A_s'=\frac{\gamma_{RE}M-M'}{f_y'(h_0-a_s')}=\frac{0.75\times614.6-348.3}{360\times(530-50)}\times10^6\ mm^2=652\ mm^2$$

所需的受拉钢筋的面积为

$$A_s=\frac{\alpha_1 f_c b_b \xi_b h_{b0}}{f_y}+\frac{f_y'}{f_y}A_s'=\left(\frac{1.0\times14.3\times300\times0.35\times530}{360}+652\right)mm^2=2\ 862\ mm^2$$

受拉钢筋选配 6φ20+2φ25,即 $A_s^t=A_s=2\ 866$ mm²,受压钢筋选用 4φ20,即 $A_s^b=A_s'=1\ 256$ mm²,该截面底面和顶面纵向钢筋配筋量的比值为 $\frac{A_s^b}{A_s^t}=\frac{1\ 256}{2\ 866}=0.44>0.3$,满足《抗震规范》6.3.3 条的要求。

(2)B 端正弯矩配筋

由上述 B 端底部纵筋的面积 $A_s^b=1\ 256$ mm²,得

$$M=A_s f_y(h_{b0}-a_s')=1\ 256\times360\times(530-50)\ N\cdot mm=217\ kN\cdot m>128.5\ kN\cdot m\ 满足要求。$$

(3)跨中正弯矩配筋

$$\alpha_s=\frac{\gamma_{RE}M}{\alpha_1 f_c b_b h_{b0}^2}=\frac{0.75\times274.7\times10^6}{1.0\times14.3\times300\times530^2}=0.171<\alpha_{s,max}$$

查表得 $\gamma_s=0.905$,

$$A_s=\frac{\gamma_{RE}M}{\gamma_s f_y h_{b0}}=\frac{0.75\times274.7\times10^6}{0.905\times360\times530}\ mm=1\ 193\ mm^2$$

选配 4φ20(实配钢筋面积 1 257 mm²),跨中上部为构造配筋。

(4)A 端负弯矩配筋

验算是否需要配置受压钢筋,$\alpha_s=\frac{\gamma_{RE}M}{\alpha_1 f_c b_b h_{b0}^2}=\frac{0.75\times460.5\times10^6}{1.0\times14.3\times300\times530^2}=0.287<\alpha_{s,max}$,不

需配置受压钢筋。按单筋截面计算。查表 $\gamma_s = 0.825$，所需受拉钢筋面积为

$$A_s^t = A_s = \frac{\gamma_{RE} M}{\gamma_s f_y h_{b0}} = \frac{0.75 \times 460.5 \times 10^6}{0.825 \times 360 \times 530} \text{ mm}^2 = 2\,194 \text{ mm}^2$$

选配 6ϕ20（实配钢筋面积 2 281 mm²）。

（5）A 端正弯矩配筋

$$\alpha_s = \frac{\gamma_{RE} M}{\alpha_1 f_c b_b h_{b0}^2} = \frac{0.75 \times 183.1 \times 10^6}{1.0 \times 14.3 \times 300 \times 530^2} = 0.114 < \alpha_{s,\max}$$

查表得 $\gamma_s = 0.940$，

$$A_s^b = A_s = \frac{\gamma_{RE} M}{\gamma_s f_y h_{b0}} = \frac{0.75 \times 183.7 \times 10^6}{0.940 \times 360 \times 530} \text{ mm}^2 = 766 \text{ mm}^2$$

选配 2ϕ20（实配钢筋面积 760 mm²）。

梁 A 端支座截面的底面和顶面纵向钢筋配筋量的比值为 $\frac{A_s^b}{A_s^t} = \frac{760}{2\,281} = 0.33 > 0.31/3 > 0.3$，满足《抗震规范》6.3.3 条的要求。

2. 梁箍筋计算及剪压比验算

梁端箍筋加密区剪力设计值由强剪弱弯要求计算，取左端（A 端）正弯矩及右端（B 端）负弯矩组合。

由梁端弯矩设计值计算剪力设计值：

$$V = \eta_{vb}(M_b^l + M_b^r)/l_n + V_{Gb} = 1.2 \times (183.1 + 614.6)/(6.5 - 0.6) + 125 = 287.2 \text{ kN}$$

$$\frac{A_{sv}}{s} = \frac{\gamma_{RE} V - 0.42 f_t b_b h_{b0}}{f_{yv} h_{b0}} = \frac{0.85 \times 287.2 \times 10^3 - 0.42 \times 1.43 \times 300 \times 530}{360 \times 530} = 0.80$$

配双肢箍 8，$A_{sv} = 101$ mm²

$$s = \frac{A_{sv}}{0.84} = \frac{101}{0.80} = 126 \text{ mm}$$

由构造要求（$h_b/4, 8d, 100$ mm 的最小值），取 8@100。

非加密区由组合剪力值计算箍筋：

$$\frac{A_{sv}}{s} = \frac{0.85 \times 214.5 \times 10^3 - 0.42 \times 1.43 \times 300 \times 530}{360 \times 530} = 0.49$$

配双肢箍 8，$A_{sv} = 101$ mm²

$$s = \frac{A_{sv}}{0.49} = \frac{101}{0.49} \text{ mm} = 206 \text{ mm}$$

由箍筋最小配箍率要求：

$$\rho_{sv} = \frac{A_{sv}}{bs} = 0.28 \frac{f_t}{f_{yv}} = 0.28 \times \frac{1.43}{360} = 0.11\%$$

$$s = \frac{A_{sv}}{b\rho_{sv}} = \frac{101 \times 10^3}{300 \times 0.11} \text{ mm} = 306 \text{ mm}$$

考虑非加密区的箍筋间距不宜大于加密区箍筋间距的 2 倍，取非加密区箍筋 8@200。

梁端截面剪压比验算（梁跨高比大于 2.5）：

$$\frac{\gamma_{RE} V}{\beta_c f_c b_b h_{b0}} = \frac{0.85 \times 287.2 \times 10^3}{1.0 \times 14.3 \times 300 \times 530} = 0.107 < 0.20 \qquad 满足要求$$

3. 中柱轴压比验算及抗弯配筋计算

用最大轴力设计值验算轴压比：

$$n = \frac{N_{max}}{f_c b_c h_c} = \frac{3\ 500 \times 10^3}{14.3 \times 600 \times 600} = 0.68 < 0.75 \qquad 满足要求$$

计算柱弯矩设计值：

$$\sum M_c = \eta_c \sum M_b = 1.5 \times (614.6 + 183.1)\ kN \cdot m = 1\ 196.6\ kN \cdot m$$

柱弯矩设计值在 1 层柱顶和 2 层柱底分配：

1 层柱顶 $\qquad M_c^t = 1\ 196.6 \times \dfrac{295.0}{375.2 + 295.0}\ kN \cdot m = 526.7\ kN \cdot m$

2 层柱底 $\qquad M_c^b = 1\ 196.6 \times \dfrac{375.2}{375.2 + 295.0}\ kN \cdot m = 669.9\ kN \cdot m$

表 4.19 中 1 层柱底截面弯矩值乘以增大系数 1.5 作为柱底截面弯矩设计值，即

$$M^b = 1.5 \times 430.1\ kN \cdot m = 645.2\ kN \cdot m > 526.7\ kN \cdot m$$

1 层柱按柱底截面弯矩设计配筋。

取 $M_1 = M_c^t = 526.7\ kN \cdot m$，$M_2 = M^b = 645.2\ kN \cdot m$，则

$\dfrac{M_1}{M_2} = \dfrac{526.7}{645.2} = 0.82 < 0.9$，且该柱轴压比为 $0.68 < 0.9$，经计算得

$$i = \sqrt{\frac{I}{A}} = \sqrt{\frac{h_c^2}{12}} = \sqrt{\frac{600^2}{12}}\ mm = 173\ mm$$

$$\frac{l_c}{i} = \frac{5\ 500}{173} = 31.8 \leqslant 34 - 12\frac{M_1}{M_2} = 34 + 12 \times 0.82 = 43.84$$

可不考虑轴向压力在杆件中产生的附加弯矩影响。

$$e_0 = \frac{M}{N} = \frac{645.2}{2\ 400}\ m = 0.269\ m$$

取附加偏心距 $e_a = 20\ mm$，则 $e_i = e_a + e_0 = 0.289\ m$

$$\xi = \frac{N}{\alpha_1 f_c b_c h_{co}} = \frac{2\ 400 \times 10^3}{1.0 \times 14.3 \times 600 \times 560} = 0.50 < 0.518 \qquad 为大偏心受压柱$$

对称配筋

$$x = \frac{\gamma_{RE} N}{\alpha_1 f_c b_c} = \frac{0.8 \times 2\ 400 \times 10^3}{1.0 \times 14.3 \times 600}\ mm = 224\ mm > 2a_s' = 80\ mm$$

$$e = e_i + \frac{h_c}{2} - a_s = (289 + 300 - 40)\ mm = 549\ mm$$

$$A_s = A_s' = \frac{\gamma_{RE} Ne - \alpha_1 f_c b_c x(h_{co} - x/2)}{f_y(h_{co} - a_s')}$$

$$= \frac{0.8 \times 2\ 400 \times 10^3 \times 549 - 1.0 \times 14.3 \times 600 \times 224 \times (560 - 112)}{360(560 - 40)}\ mm^2$$

$$= 1\ 031\ mm^2$$

选用 $2\phi18 + 2\phi20$，$A_s = A_s' = 1\ 137\ mm^2$，一侧配筋率为 0.32%，满足一侧配筋率不小于 0.2% 的要求。

柱在另一方向的纵向配筋还需根据另一方向的配筋计算结果确定，此处暂取 4 个侧面配

筋相同,即柱全截面配筋为 $8\phi18 + 4\phi20$,纵向配筋总面积为 3 292 mm²,纵向总配筋率为 0.914% ,满足规范要求。

4. 中柱箍筋计算及剪压比验算

按强剪弱弯的要求,由柱端组合弯矩计算值计算柱剪力设计值:

$$V_c = \frac{\eta_{vc}(M_c^b + M_c^t)}{H_n} = \frac{1.3 \times (526.7 + 645.2)}{5\ 500 - 600} \times 10^6 \text{ N} = 310.9 \text{ kN}$$

柱的剪跨比:$\lambda = \dfrac{M}{Vh_{c0}} = \dfrac{430.1 \times 10^3}{130.5 \times 560} = 5.89 > 3$,取 $\lambda = 3$

$N = 0.3f_cA = 0.3 \times 14.3 \times 600 \times 600 \text{ N} = 1\ 544 \text{ kN} < 2\ 400 \text{ kN}$,取 $N = 1\ 544 \text{ kN}$

柱最小截面尺寸验算:

$$\frac{0.2\beta_c f_c b_c h_{c0}}{\gamma_{RE}} = \frac{0.2 \times 1.0 \times 14.3 \times 600 \times 560}{0.85} \text{ N} = 1\ 130.5 \text{ kN} > V_c = 310.9 \text{ kN}$$,满足要求。

$$\frac{A_{sv}}{s} = \frac{\gamma_{RE}V - \dfrac{1.05}{\lambda + 1} f_t b_c h_{c0} - 0.056N}{f_{yv}h_{c0}}$$

$$= \frac{0.85 \times 310.9 \times 10^3 - \dfrac{1.05}{3 + 1} \times 1.43 \times 600 \times 540 - 0.056 \times 1544 \times 10^3}{360 \times 560} = 0.28$$

取复合四肢箍 8(满足抗震构造要求的最小箍筋直径 8 mm),则 $A_{sv} = 4 \times 50.3 \text{ mm}^2 = 201$ mm²,$s = \dfrac{A_{sv}}{0.49} = \dfrac{201}{0.28}$ mm = 718 mm,按抗震构造要求取 $s = 100$ mm。

按《抗震规范》查表取最小配箍特征值 $\lambda_v = 0.15$,计算体积配箍率:

$$\rho_v = \frac{\lambda_v f_c}{f_{yv}} = \frac{0.15 \times 14.3}{360} = 0.6\%$$

由 $\rho_v = \dfrac{n_1 A_{s1} l_1 + n_2 A_{s2} l_2 + n_3 A_{s3} l_3}{A_{cor}s}$,得

$$s = \frac{n_1 A_{s1} l_1 + n_2 A_{s2} l_2 + n_3 A_{s3} l_3}{\rho_v A_{cor}} = \frac{50.3 \times 4 \times 550 \times 2}{0.006 \times 550 \times 550} \text{ mm} = 134 \text{ mm}$$

取加密区箍筋为四肢 8,间距 100 mm。箍筋加密区长度取柱截面高度(600 mm)、柱净高的 1/6 $\left[\left(\dfrac{5\ 500 - 600}{6}\right) \text{ mm} = 817 \text{ mm}\right]$ 和 500 mm 三者的最大值,加密区长度取为 850 mm。

柱非加密区,取四肢箍 8,间距 180 mm。

5. 中柱节点核心区箍筋计算

由梁端组合弯矩设计值计算核心区剪力设计值:

$$V_j = \frac{\eta_{jb} \sum M_b}{h_{b0} - a_s'}\left(1 - \frac{h_{b0} - a_s'}{H_c - h_b}\right) = \frac{1.35(183.1 + 614.6)}{530 - 50} \times 10^6 \times \left(1 - \frac{530 - 50}{4\ 900}\right) \text{ N}$$
$$= 2\ 024 \text{ kN}$$

取 $\eta_j = 1.5$,$N = 2\ 400 \text{ kN} < 0.5\alpha f_c b_c h_c = 0.5 \times 1.0 \times 14.3 \times 600 \times 600 \text{ N} = 2\ 574 \text{ kN}$,由混凝土框架节点核心区抗剪承载力验算公式

$$V_j \leqslant \frac{1}{\gamma_{RE}}\left(1.1\eta_j f_t b_j h_j + f_{yv}A_{svj}\frac{h_{b0} - a_s'}{s} + 0.05\eta_j N\frac{b_j}{b_c}\right)$$,得

$$\frac{A_{svj}}{s} \geqslant \frac{\gamma_{RE} V_j - \left(1.1\eta_j f_t b_j h_j + 0.05\eta_j N \dfrac{b_j}{b_c}\right)}{f_{yv}(h_{b0} - a'_s)}$$

$$= \frac{0.85 \times 2\,024 \times 10^3 - (1.1 \times 1.5 \times 1.43 \times 600 \times 600 + 0.05 \times 1.5 \times 2\,400 \times 10^3 \times 1)}{360 \times (530 - 50)}$$

$$= 4$$

取核心区箍筋与柱端加密区相同,即四肢 8,则

$$s = \frac{4 \times 50.3}{4} \text{ mm} = 50.3 \text{ mm}$$

取核心区箍筋为四肢 8@50。

核心区剪压比验算:

$$\frac{\gamma_{RE} V_j}{\eta_j f_c b_j h_j} = \frac{0.85 \times 2\,024 \times 10^3}{1.5 \times 14.3 \times 600 \times 600} = 0.22 \leqslant 0.3$$

满足要求。

思考题

4.1　分别画出一片四层四跨框架在垂直荷载(各层各跨满布均布荷载)和水平荷载作用下的弯矩图形、剪力图形和轴力图形。

4.2　刚度 D 的物理意义是什么?

4.3　一多层多跨框架结构,层高、跨度、梁柱截面尺寸均为常数,试分析该框架底层柱和顶层柱的反弯点高度与中间层柱的反弯点高度有何区别?

4.4　为什么梁铰机制比柱铰机制对抗震有利?

4.5　为什么减小梁端相对受压区高度可以增大梁的延性? 设计中采取什么措施减小梁端相对受压区高度?

4.6　除了通过强柱弱梁调整柱的弯矩设计值外,还有哪些情况需要调整柱的弯矩设计值? 为什么需要调整?

4.7　框架结构设计时一般可对梁端负弯矩进行调幅,现浇框架梁与装配式框架梁的负弯矩调幅系数取值有何差异? 为什么?

4.8　为什么要限制框架梁、柱和核心区的剪压比? 为什么跨高比不大于 2.5 的梁、剪压比不大于 2 的柱的剪压比限制要严格一些?

4.9　梁柱核心区的可能破坏形态是什么? 如何避免核心区的破坏?

第5章
剪力墙结构设计

剪力墙是一种抵抗侧向力的结构单元,与框架柱相比,其截面薄而长(受力方向截面高宽比大于4),在水平荷载作用下,截面抗剪问题比较突出。剪力墙必须依赖各层楼板作为支撑,以保持平面外稳定。剪力墙不仅可以形成单独的剪力墙结构体系,还可与框架等一起形成框架-剪力墙结构体系、框架-筒体结构体系等。

5.1 剪力墙结构的受力特点和分类

5.1.1 剪力墙结构的受力特点和计算假定

在水平荷载作用下,悬臂剪力墙的控制截面是底层截面,所产生的内力是水平剪力和弯矩。墙肢截面在弯矩作用下产生下层层间相对侧移较小,上层层间相对侧移较大的"弯曲型变形",在剪力作用下产生"剪切型变形",这两种变形的叠加构成平面剪力墙的变形特征[图5.1(a)]。通常根据剪力墙高宽比可将剪力墙分为高墙($H/b_w > 2$)、中高墙($1 \leqslant H/b_w \leqslant 2$)和矮墙($H/b_w < 1$)。在水平荷载下,随着结构高宽比的增大,由弯矩产生的弯曲型变形在整体侧移中所占的比例相应增大,一般高墙在水平荷载作用下的变形曲线表现为"弯曲型变形曲线",而矮墙在水平荷载作用下的变形曲线表现为"剪切型变形曲线"。

悬臂剪力墙可能出现的破坏形态有弯曲破坏、剪切破坏、滑移破坏。剪力墙结构应具有较好的延性,细高的剪力墙容易设计成弯曲破坏的延性剪力墙,以避免脆性的剪切破坏。在实际工程中,为了改善平面剪力墙的受力变形特征,常在剪力墙上开设洞口以形成连梁,使单肢剪力墙的高宽比显著提高,从而发生弯曲破坏。

剪力墙每个墙段的长度不宜大于8 m,高宽比不应小于2。当墙肢很长时,可通过开洞将其分为长度较小的若干均匀墙段,每个墙段可以是整体墙,也可以是用弱连梁连接的联肢墙。

（a）剪力墙结构　　　　（b）框架结构

图 5.1　剪力墙与框架结构的变形特征

剪力墙结构由竖向承重墙体和水平楼板及连梁构成，整体性好。在竖向荷载作用下，按45°刚性角向下传力；在水平荷载作用下，每片墙体按其所提供的等效抗弯刚度大小来分配水平荷载。剪力墙的内力和侧移计算可简化为竖向荷载作用下的计算以及水平荷载作用下平面剪力墙的计算，并采用以下假定：

①竖向荷载在纵横向剪力墙平均按45°刚性角传力。

②按每片剪力墙的承荷面积计算它的竖向荷载，直接计算墙截面上的轴力。

③每片墙体结构仅在其自身平面内提供抗侧刚度，在平面外的刚度可忽略不计。

④平面楼盖在其自身平面内刚度无限大。当结构的水平荷载合力作用点与结构刚度中心重合时，结构不产生扭转，各片墙在同一层楼板标高处，侧移相等，总水平荷载按各片剪力墙刚度分配到每片墙。

⑤剪力墙结构在使用荷载作用下的构件材料均处于线弹性阶段。

其中，水平荷载作用下平面剪力墙的计算可按纵、横两个方向的平面抗侧力结构进行分析。如图 5.2 所示的剪力墙结构，在横向水平荷载作用下，只考虑横墙起作用，而"略去"纵墙作用[图 5.2(b)]；在纵向水平荷载作用下，则只考虑纵墙起作用，而"略去"横墙作用[图 5.2(c)]。此处"略去"是指将其影响体现在与它相交的另一方向剪力墙结构端部存在的翼缘上，将翼缘部分作为剪力墙的一部分来计算。

根据《高层规程》的规定，计算剪力墙结构的内力与位移时，应考虑纵、横墙的共同工作，即纵墙的一部分可作为横墙的有效翼缘；横墙的一部分也可作为纵墙的有效翼缘。现浇剪力墙有效翼缘的宽度 b_i 可按相关规范规定取用。当计算内力和变形（计算效应 S）时，按《抗震规范》的相关规定取用，见表 5.1。当计算承载力（计算抗力 R）时，按《混凝土规范》的相关规定取用，见表 5.2。

(a)剪力墙平面示意图

(b)横向地震作用

(c)纵向地震作用

图5.2 剪力墙的计算示意图

表5.1 内力和变形计算时纵墙或横墙的有效翼缘宽度 b_i (取表中最小值)

考虑项目	一侧有翼缘时的 b_i	两侧有翼缘时的 b_i
抗震墙净距 S_o	$t + S_o/2$	$t + S_o$
至洞边距离 c_1 或 c_2	$t + c_1$ 或 $t + c_2$	$t + c_1 + c_2$
房屋总高度 H	$0.075H$	$0.15H$

表 5.2　承载力计算中抗震墙的翼缘计算宽度 b_i 取值(取表中最小值)

考虑项目	一侧有翼缘时的 b_i	两侧有翼缘时的 b_i
抗震墙净距 S_o	$t + S_o/2$	$t + S_o$
至洞边距离 c_1 或 c_2	$t + c_1$ 或 $t + c_2$	$t + c_1 + c_2$
抗震墙厚度及翼缘宽度	$t + 6t_1$ 或 $t + 6t_2$	$6t_1 + t + 6t_2$
房屋总高度 H	$0.05H$	$0.1H$

5.1.2　剪力墙结构的分类

在水平荷载作用下,剪力墙处于二维应力状态,严格地说,应该采用平面有限元方法进行计算。但在实用上,大都将剪力墙简化为杆系,采用结构力学的方法作近似计算。按照洞口大小和分布不同,剪力墙可分为下列几类,每一类的简化计算方法都有其适用条件。

1)整体墙和小开口整体墙

没有门窗洞口或只有很小的洞口,可以忽略洞口的影响。这种类型的剪力墙实际上是一个整体的悬臂墙,符合平面假定,正应力为直线规律分布,这种墙称为整体墙[图 5.3(a)]。

当门窗洞口稍大一些,墙肢应力中已出现局部弯矩[图 5.3(b)],但局部弯矩的值不超过整体弯矩的 15% 时,可以认为截面变形大体上仍符合平面假定,按材料力学公式计算应力,然后加以适当的修正,这种墙称为小开口整体墙。

2)双肢剪力墙和多肢剪力墙

开有一排较大洞口的剪力墙为双肢剪力墙[图 5.3(c)],开有多排较大洞口的剪力墙为多肢剪力墙[图 5.3(d)]。由于洞口开得较大,截面的整体性已经破坏,正应力分布较直线规律差别较大。其中,若洞口更大些,且连梁刚度很大,而墙肢刚度较弱的情况,已接近框架的受力特点,此时也称为壁式框架(图 5.4)。

(a)整体墙　　　(b)小开口整体墙　　　(c)双肢墙　　　(d)多肢墙

(e)框支剪力墙　　　(f)开有不规则大洞口的墙

图 5.3　剪力墙的类型

图 5.4　壁式框架

3)开有不规则大洞口的剪力墙

当洞口较大,而排列不规则[图 5.3(f)]时,这种墙不能简化为杆系模型计算,如果要较精确地知道其应力分布,只能采用平面有限元方法。

以上剪力墙中,除了整体墙和小开口整体墙基本上采用材料力学的计算公式外,其他的大体还有以下一些算法:

(1)连梁连续化的分析方法

此法将每一层楼层的连梁假想为分布在整个楼层高度上的一系列连续连杆(图 5.5),借助于连杆的位移协调条件建立墙的内力微分方程,通过解微分方程求得内力。

(2)壁式框架计算法

此法将剪力墙简化为一个等效多层框架。由于墙肢及连梁都较宽,在墙梁相交处形成一个刚性区域,在该区域,墙梁刚度无限大,因此,该等效框架的杆件便成为带刚域的杆件。求解时,可用简化的 D 值法求解,也可采用杆件有限元及矩阵位移法借助计算机求解。

(3)有限元法和有限条法

将剪力墙结构作为平面或空间问题,采用网格划分为若干矩形或三角形单元[图 5.6

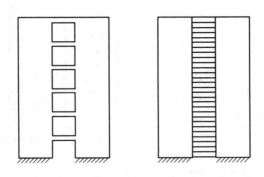

图 5.5　连梁连续化计算图

（a）］，取结点位移作为未知量，建立各结点的平衡方程，用计算机求解。该方法对任意形状尺寸的开孔及任意荷载或墙厚变化都能求解，精度较高。

　　剪力墙结构外形及边界较规整，可将剪力墙结构划分为条带［图 5.6(b)］，即取条带为单元。条带间以结线相连，每条带沿 y 方向的内力与位移变化用函数形式表示，在 x 方向则为离散值。以结线上的位移为已知量，通过平衡方程借助计算机求解。

（a）　　　　　　　（b）

图 5.6　有限单元和有限条带

5.2　剪力墙结构内力及位移的近似计算

5.2.1　整体墙的近似计算

　　凡墙面门窗等开孔面积不超过墙面面积 15%，且孔间净距及孔洞至墙边的净距大于孔洞长边尺寸时，可以忽略洞口的影响，将整片墙作为悬臂墙，按材料力学的方法计算内力及位移（计算位移时，要考虑洞口对截面面积及刚度的削弱）。

　　等效截面面积 A_q，取无洞的截面面积 A 乘以洞口削弱系数 γ_0：

$$\left.\begin{array}{l} A_q = \gamma_0 A \\ \gamma_0 = 1 - 1.25\sqrt{A_d/A_0} \end{array}\right\} \tag{5.1}$$

式中　A——剪力墙截面毛面积；

A_d——剪力墙洞口总立面面积；

A_0——剪力墙立面总墙面面积。

等效惯性矩 I_q 取有洞与无洞截面惯性矩沿竖向的加权平均值（图 5.7）：

$$I_q = \frac{\sum I_j h_j}{\sum h_j} \tag{5.2}$$

式中　I_j——剪力墙沿竖向各段的惯性矩，有洞口时扣除洞口的影响；

　　　　h_j——各段相应的高度。

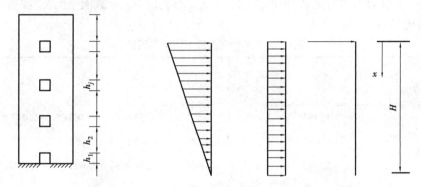

图 5.7　整体墙　　　　　　　图 5.8　3 种常用水平荷载

计算位移时，以及后面与其他类型墙或框架协同工作计算内力时，由于截面较宽，宜考虑剪切变形的影响。在 3 种常用荷载作用下（图 5.8），考虑弯曲和剪切变形后的顶点位移公式为

$$\Delta = \begin{cases} \dfrac{11}{60}\ \dfrac{V_0 H^3}{EI_q}\left(1 + \dfrac{3.64\mu EI_q}{H^2 GA_q}\right) & \text{（倒三角形荷载）} \\[3mm] \dfrac{1}{8}\ \dfrac{V_0 H^3}{EI_q}\left(1 + \dfrac{4\mu EI_q}{H^2 GA_q}\right) & \text{（均布荷载）} \\[3mm] \dfrac{1}{3}\ \dfrac{V_0 H^3}{EI_q}\left(1 + \dfrac{3\mu EI_q}{H^2 GA_q}\right) & \text{（顶部集中荷载）} \end{cases} \tag{5.3a}$$

式中　V_0——基底 $x = H$ 处的总剪力，即全部水平力之和。括号内后一项反映剪切变形的影响。为了方便，常将顶点位移写成以下形式：

$$\Delta = \begin{cases} \dfrac{11}{60}\ \dfrac{V_0 H^3}{EI_{eq}} & \text{（倒三角形荷载）} \\[3mm] \dfrac{1}{8}\ \dfrac{V_0 H^3}{EI_{eq}} & \text{（均布荷载）} \\[3mm] \dfrac{1}{3}\ \dfrac{V_0 H^3}{EI_{eq}} & \text{（顶部集中荷载）} \end{cases} \tag{5.3b}$$

即用只考虑弯曲变形的等效刚度的形式写出。此处，同时考虑弯曲变形和剪切变形后的等效刚度 EI_{eq} 等于：

$$EI_{eq} = \begin{cases} EI_q / \left(1 + \dfrac{3.64\mu EI_q}{H^2 GA_q}\right) & \text{(倒三角形荷载)} \\[3mm] EI_q / \left(1 + \dfrac{4\mu EI_q}{H^2 GA_q}\right) & \text{(均布荷载)} \\[3mm] EI_q / \left(1 + \dfrac{3\mu EI_q}{H^2 GA_q}\right) & \text{(顶部集中荷载)} \end{cases} \qquad (5.4)$$

式中 G——剪切弹性模量;

μ——剪应力不均匀系数,矩形截面取 1.2,I 形截面时 μ = 截面全面积/腹板面积。
T 形截面见表 5.3。

表 5.3 T 形截面剪应力不均匀系数 μ

H/t ＼ B/t	2	4	6	8	10	12
2	1.383	1.496	1.521	1.511	1.483	1.445
4	1.441	1.876	2.287	2.682	3.061	3.424
6	1.362	1.097	2.033	2.367	2.698	3.026
8	1.313	1.572	1.838	2.106	2.374	2.641
10	1.283	1.489	1.707	1.927	2.148	2.370
12	1.264	1.432	1.614	1.800	1.988	2.178
15	1.245	1.374	1.519	1.669	1.820	1.973
20	1.228	1.317	1.422	1.534	1.648	1.763
30	1.214	1.264	1.328	1.399	1.473	1.549
40	1.208	1.240	1.284	1.334	1.387	1.442

注:B 为翼缘宽度;t 为剪力墙厚度;H 为剪力墙截面高度。

当有多片墙共同承受水平荷载时,总水平荷载按各片墙的等效刚度比例分配给各片墙,即

$$V_{ij} = \frac{(EI_{eq})_i}{\sum (EI_{eq})_i} V_{pj} \qquad (5.5)$$

式中 V_{ij}——第 j 层第 i 片墙分配到的剪力;

V_{pj}——由水平荷载引起的第 j 层总剪力;

$(EI_{eq})_i$——第 i 片墙的等效抗弯刚度。

5.2.2 小开口整体墙的计算

小开口整体墙截面上的正应力基本上是直线分布,产生局部弯曲应力的局部弯矩不超过总弯矩的 15%。此外,在大部分楼层上,墙肢不应有反弯点。从整体来看,它仍类似于一个竖向悬臂构件,小开口整体墙的内力特点如图 5.9 所示。它的内力和位移,可近似按材料力学组合截面的方法计算,只需进行局部修正。

图 5.9　小开口整体墙的几何参数和内(应)力特点

试验分析表明,第 i 墙肢在 z 高度处的总弯矩由两部分组成:一部分是产生整体弯曲的弯矩;另一部分是产生局部弯曲的弯矩,一般不超过整体弯矩的 15%。整体小开口墙中墙肢的弯矩、轴力可按下式近似计算:

$$\left.\begin{array}{l} M_i = 0.85M_p \dfrac{I_i}{I} + 0.15M_p \dfrac{I_i}{\sum I_i}(i = 1,\cdots,k+1) \\[4mm] N_i = 0.85M_p \dfrac{A_i y_i}{I} \end{array}\right\} \tag{5.6}$$

式中　M_i,N_i——各墙肢承担的弯矩、轴力;

　　　M_p——外荷载对 x 截面产生的总弯矩;

　　　A_i——各墙肢截面面积;

　　　I_i——各墙肢截面惯性矩;

　　　y_i——各墙肢截面形心到组合截面形心的距离;

　　　I——组合截面的惯性矩。

墙肢剪力,底层 V_1 按墙肢截面面积分配,即

$$V_i = V_0 \dfrac{A_1}{\sum\limits_{i=1}^{k+1} A_i} \tag{5.7a}$$

式中　V_0——底层总剪力,即全部水平荷载的总和。

其他各层墙肢剪力,可按材料力学公式计算截面的剪应力,各墙肢剪应力之合力即为墙肢剪力,或按墙肢截面面积和惯性矩比例的平均值分配剪力。当各墙肢较窄时,剪力基本上按惯性矩的大小分配;当墙肢较宽时,剪力基本上按截面面积的大小分配。实际的小开口整体墙各墙肢宽度相差较大,按两者的平均值进行计算,即

$$V_i = \frac{1}{2}\left(\frac{A_i}{\sum A_i} + \frac{I_i}{\sum I_i}\right)V_0 \tag{5.7b}$$

当剪力墙多数墙肢基本均匀,又符合小开口整体墙的条件,但夹有个别细小墙肢时,可仍按上述公式计算内力,但小墙肢端部宜附加局部弯矩的修正,修正后的小墙肢弯矩为

$$M_i' = M_i + V_i\frac{h_i}{2} \tag{5.8}$$

式中 V_i——小墙肢 i 的墙肢剪力;

h_i——小墙肢洞口高度。

在 3 种常用荷载作用下,顶点位移的计算仍按式(5.3a)、式(5.3b)计算。考虑开孔后刚度削弱的影响,应将计算结果乘以 1.20 的系数后采用。

【例 5.1】 已知某小开口整体剪力墙墙肢布置如图 5.10 所示,该墙肢底层分配的剪力为 $V_1 = 683.17$ kN,底层分配的弯矩为 $M_1 = 15\ 235.4$ kN·m,组合截面惯性矩 $I_w = 23.13$ m⁴。试计算整体小开口墙底层墙肢内力。

图 5.10 例 5.1 图

解 (1)计算各墙肢的组合截面形心位置

$$y = \frac{A_1x_1 + A_2x_2 + A_3x_3 + A_4x_4}{A_1 + A_2 + A_3 + A_4}$$

$$= \frac{0.539 \times \frac{3.37}{2} + 0.090 \times \left(3.37 + +1.12 + \frac{0.56}{2}\right) + 0.28 \times \left(3.37 + 1.12 + 0.56 + 0.75 + \frac{1.75}{2}\right) + 0.638 \times \left(3.37 + 1.12 + 0.56 + 0.75 + 1.75 + 0.7 + \frac{3.99}{2}\right)}{0.539 + 0.090 + 0.28 + 0.638}$$

$$= \frac{0.908 + 0.429 + 1.869 + 6.536}{1.547}$$

$$= 6.30(\text{m})$$

各墙肢的截面面积和惯性矩计算见表 5.4。

表 5.4 各墙肢几何参数计算

墙肢	1	2	3	4	Σ
面积 A_i/m²	0.539	0.090	0.28	0.638	1.547
惯性矩 I_i/m⁴	0.51	0.002 3	0.071	0.847	1.43
第 i 墙肢截面形心到组合截面形心的距离 y_i/m	4.612	1.53	0.375	3.945	—

(2)各墙肢内力计算见表 5.5。

表 5.5　各墙肢内力分配

墙肢号	$\dfrac{A_i}{\sum A_i}$	$\dfrac{I_i}{\sum I_i}$	$\dfrac{A_i y_i}{I_w}$	$\dfrac{I_i}{I_w}$	底层墙肢内力		
					$V_i = V_0 \dfrac{A_1}{\sum\limits_{i=1}^{k+1} A_i}$ /kN	$N_{zi} = 0.85 \dfrac{A_i y_i}{I_w} M_1$ /kN	$M_{z1} = 0.85 \dfrac{I_i}{I_w} M_1 + $ $0.15 \dfrac{I_i}{\sum I_i} M_1 /(\text{kN} \cdot \text{m}^{-1})$
1	0.348	0.357	0.1075	0.022	$0.348 V_1 = 237.74$	$0.0914 M_1 = 1\,392$	$0.0187 M_1 + 0.0536 M_1 = 1\,100.76$
2	0.058	0.0016	0.006	0.0001	$0.058 V_1 = 39.62$	$0.0051 M_1 = 77.7$	$0.000085 M_1 + 0.00024 M_1 = 4.95$
3	0.181	0.0497	0.0045	0.0031	$0.181 V_1 = 123.65$	$0.0038 M_1 = 58.3$	$0.0026 M_1 + 0.0075 M_1 = 153.2$
4	0.412	0.592	0.1088	0.0366	$0.412 V_1 = 281.47$	$0.0925 M_1 = 1\,408.97$	$0.0311 M_1 + 0.0888 M_1 = 1\,826.72$

5.2.3　双肢墙的计算

对双肢墙以及多肢墙,连续化方法是一种相对比较精确的手算方法,而且通过连续化方法可以清楚地了解剪力墙受力和变形的一些规律。

连续化方法是把梁看成分散在整个高度上的连续连杆,如图 5.11 所示。该方法基于以下假定:

①忽略连梁轴向变形,即假定两墙肢水平位移完全相同。

②两墙肢各截面的转角和曲率都相等,连梁两端转角相等,连梁反弯点在中点。

③各墙肢截面、各连梁截面及层高等几何尺寸沿全高是相同的。

由以上假定可知,连续化方法适用于开洞规则、由下到上墙厚及层高都不变的联肢墙。而实际工程中的剪力墙难免会有变化,如果变化不多,可取各层的平均值作为计算参数,但如果变化很不规则,则不能使用本方法。此外,层数越多,计算结果越好,对低层和多层剪力墙,本方法计算误差较大。

(a)结构尺寸　　　(b)计算简图　　　(c)基本体系

图 5.11　双肢墙的计算简图和基本体系

5.2.3.1 基本思路及方程

将每一楼层连梁沿中点切开,去掉多余联系,建立基本静定体系[图5.11(c)],在连杆的切开截面处,弯矩为0,剪力为$\tau(x)$,轴力$\sigma(x)$与所求剪力无关,不必解出其值。由切开处的变形连续条件建立$\tau(x)$的微分方程,求解微分方程可得连杆剪力$\tau(x)$。将一个楼层高度范围内各点剪力积分,可还原成一根连梁的剪力。各层连梁的剪力求出后,所有墙肢及连梁内力均可相继求出。

切开处沿$\tau(x)$方向的变形连续条件可用下式表达:

$$\delta_1(x) + \delta_2(x) + \delta_3(x) = 0 \tag{5.9}$$

式中各符号意义及求解方法如下:

①$\delta_1(x)$为由墙肢弯曲变形产生的相对位移。如图5.12(a)所示为墙肢转角与切口处沿$\tau(x)$方向相对位移关系。由基本假定可知:

$$\theta_{1m} = \theta_{2m} = \theta_m$$

墙肢剪切变形[图5.12(b)]对连梁相对位移无影响,

$$\delta_1(x) = -2c\theta_m(x) \tag{5.10a}$$

转角θ_m以顺时针方向为正,$\tau(x)$正方向如图5.12(a)所示。式中负号表示连梁位移与$\tau(x)$方向相反。

(a)墙肢弯曲变形   (b)墙肢剪切变形

(c)墙肢轴向变形   (d)连梁弯曲及剪切变形

图5.12 墙肢及连梁的变形

②$\delta_2(x)$为由墙肢轴向变形所产生的相对位移。在水平荷载作用下,一个墙肢受拉,另一

个墙肢受压,墙肢轴向变形将使连梁切口处产生相对位移[图 5.12(b)],两墙肢轴向力方向相反,大小相等。墙肢底截面相对位移为 0,由 x 到 H 积分可得到坐标为 x 处的相对位移

$$\delta_2(x) = \frac{1}{E}\left(\frac{1}{A_1} + \frac{1}{A_2}\right)\int_x^H\int_0^x \tau(x)\,\mathrm{d}x\mathrm{d}x \tag{5.10b}$$

③$\delta_3(x)$ 为由连梁弯曲和剪切变形产生的相对位移,如图 5.12(d)所示。取微段 $\mathrm{d}x$,微段上连杆截面为 $(A_l/h)\mathrm{d}x$,惯性矩为 $(I_l/h)\mathrm{d}x$,把连杆看成端部作用力为 $\tau(x)\mathrm{d}x$ 的悬臂梁,由悬臂梁变形公式可得

$$\delta_3(x) = 2\frac{\tau(x)ha^3}{3EI_l}\left(1 + \frac{3\mu EI_l}{A_l Ga^2}\right) = 2\frac{\tau(x)ha^3}{3E\tilde{I}_l} \tag{5.10c}$$

$$\tilde{I}_l = \frac{I_l}{1 + \dfrac{3\mu EI_l}{A_l Ga^2}} \tag{5.11}$$

式中　μ——剪切不均匀系数;

　　　G——剪切模量。

$\tilde{I}_l$ 称为连梁折算惯性矩,是以弯曲形式表达的、考虑了弯曲和剪切变形的惯性矩。

把式(5.10a)、式(5.10b)、式(5.10c)代入式(5.9),可得位移协调方程如下:

$$-2c\theta_m + \frac{1}{E}\left(\frac{1}{A_1} + \frac{1}{A_2}\right)\int_x^H\int_0^x \tau(x)\,\mathrm{d}x\mathrm{d}x + 2\frac{\tau(x)ha^3}{3E\tilde{I}_l} = 0 \tag{5.12a}$$

微分两次,得

$$-2c\theta_m'' - \frac{1}{E}\left(\frac{1}{A_1} + \frac{1}{A_2}\right)\tau(x) + \frac{2ha^3}{3E\tilde{I}_l}\tau''(x) = 0 \tag{5.12b}$$

式(5.12b)称为双肢剪力墙连续化方法的基本微分方程,求解微分方程,就可得到以函数形式表达的未知力 $\tau(x)$。求解结果以相对坐标表示更为一般化,令截面位置相对坐标 $x/H = \xi$,并引进符号 $m(\xi)$,则

$$\tau(\xi) = \frac{m(\xi)}{2c} = V_0\frac{T}{2c}\varphi(\xi) \tag{5.13}$$

式中　$m(\xi)$——连梁对墙肢的约束弯矩,$m(\xi) = \tau(\xi)\cdot 2c$,它表示连梁对墙肢的反弯作用;

　　　V_0——剪力墙底部剪力,与水平荷载形式有关;

　　　T——轴向变形影响系数,是表示墙肢与洞口相对关系的一个参数,T 值大表示墙肢相

　　　　　对较细,$T = \dfrac{\sum\limits_{i-1}^{s} A_i y_i^2}{I}$(其中 I 为组合截面形心的组合截面惯性矩,y_i 为第 i 个墙肢

　　　　　面积形心到组合截面形心的距离);

　　　$\varphi(\xi)$——系数,其表达式与水平荷载形式有关,如在倒三角形分布荷载作用下:

$$\varphi(\xi) = 1 - (1-\xi)^2 - \frac{2}{\alpha^2} + \left(\frac{2\mathrm{sh}\alpha}{\alpha} - 1 + \frac{2}{\alpha^2}\right)\frac{\mathrm{ch}\alpha\xi}{\mathrm{ch}\alpha} - \frac{2}{\alpha}\mathrm{ch}\alpha\xi \tag{5.14}$$

$\varphi(\xi)$ 为 α,ξ 的函数,不同荷载作用下的 $\varphi(\xi)$ 值,可由表 5.6a,表 5.6b,表 5.6c 查得。

表 5.6a 倒三角荷载下的 $\varphi(\xi)$ 值

ξ \ α	1.0	1.5	2.0	2.5	3.0	3.5	4.0	4.5	5.0	5.5	6.0	6.5	7.0	7.5	8.0	8.5	9.0	9.5	10.0	10.5
0.00	0.171	0.270	0.331	0.358	0.363	0.356	0.342	0.325	0.307	0.289	0.273	0.257	0.243	0.230	0.218	0.207	0.197	0.188	0.179	0.172
0.05	0.171	0.271	0.332	0.360	0.367	0.361	0.348	0.332	0.316	0.299	0.283	0.269	0.256	0.243	0.233	0.223	0.214	0.205	0.198	0.191
0.10	0.171	0.273	0.336	0.367	0.377	0.374	0.365	0.352	0.338	0.324	0.311	0.299	0.288	0.278	0.270	0.262	0.255	0.248	0.243	0.238
0.15	0.172	0.275	0.341	0.377	0.391	0.393	0.388	0.380	0.370	0.360	0.350	0.341	0.333	0.326	0.320	0.314	0.309	0.305	0.301	0.298
0.20	0.172	0.277	0.347	0.388	0.408	0.415	0.416	0.412	0.407	0.402	0.396	0.390	0.385	0.381	0.377	0.373	0.371	0.368	0.366	0.364
0.25	0.171	0.278	0.353	0.399	0.425	0.439	0.446	0.448	0.448	0.447	0.445	0.443	0.440	0.439	0.437	0.436	0.434	0.433	0.433	0.432
0.30	0.170	0.279	0.358	0.410	0.443	0.463	0.476	0.484	0.489	0.492	0.494	0.496	0.496	0.497	0.497	0.497	0.498	0.498	0.498	0.499
0.35	0.168	0.279	0.362	0.419	0.459	0.486	0.506	0.519	0.530	0.537	0.543	0.547	0.550	0.553	0.555	0.557	0.559	0.560	0.561	0.562
0.40	0.165	0.276	0.363	0.426	0.472	0.506	0.532	0.552	0.567	0.579	0.588	0.596	0.601	0.606	0.610	0.614	0.616	0.619	0.621	0.622
0.45	0.161	0.272	0.362	0.430	0.482	0.522	0.554	0.579	0.599	0.616	0.629	0.639	0.648	0.655	0.661	0.665	0.669	0.672	0.675	0.677
0.50	0.156	0.266	0.357	0.429	0.487	0.533	0.570	0.601	0.626	0.647	0.663	0.677	0.688	0.697	0.705	0.711	0.716	0.721	0.724	0.727
0.55	0.149	0.256	0.348	0.423	0.485	0.537	0.579	0.615	0.645	0.670	0.690	0.707	0.721	0.733	0.742	0.750	0.757	0.762	0.767	0.771
0.60	0.140	0.244	0.335	0.412	0.477	0.533	0.580	0.620	0.654	0.683	0.707	0.728	0.745	0.759	0.771	0.781	0.789	0.796	0.802	0.807
0.65	0.130	0.228	0.317	0.394	0.461	0.519	0.570	0.614	0.652	0.685	0.712	0.736	0.756	0.774	0.788	0.801	0.811	0.820	0.828	0.834
0.70	0.118	0.209	0.293	0.368	0.435	0.495	0.548	0.594	0.636	0.671	0.703	0.730	0.753	0.774	0.791	0.807	0.820	0.831	0.841	0849
0.75	0.103	0.185	0.263	0.334	0.399	0.458	0.511	0.559	0.602	0.640	0.674	0.704	0.731	0.755	0.775	0.794	0.810	0.824	0.837	0.848
0.80	0.087	0.158	0.226	0.290	0.350	0.406	0.457	0.504	0.547	0.587	0.622	0.654	0.683	0.709	0.733	0.754	0.774	0.791	0.807	0.821
0.85	0.069	0.126	0.182	0.236	0.288	0.337	0.383	0.426	0.467	0.504	0.539	0.571	0.601	0.629	0.654	0.678	0.700	0.720	0.738	0.756
0.90	0.048	0.089	0.130	0.171	0.210	0.248	0.285	0.321	0.354	0.386	0.417	0.446	0.473	0.499	0.523	0.546	0.568	0.588	0.609	0.628
0.95	0.025	0.047	0.069	0.092	0.115	0.137	0.159	0.181	0.202	0.222	0.242	0.262	0.280	0.299	0.316	0.334	0.351	0.367	0.383	0.398
1.00	0.000	0.000	0.000	0.000	0.000	0.000	0.000	0.000	0.000	0.000	0.000	0.0000	0.000	0.000	0.000	0.000	0.000	0.000	0.000	0.000

续表

ξ \ α	20.5	20.0	19.5	19.0	18.5	18.0	17.5	17.0	16.5	16.0	15.5	15.0	14.5	14.0	13.5	13.0	12.5	12.0	11.5	11.0
0.00	0.092	0.095	0.097	0.099	0.102	0.104	0.107	0.110	0.113	0.117	0.120	0.124	0.128	0.132	0.137	0.142	0.147	0.152	0.158	0.165
0.05	0.127	0.129	0.130	0.132	0.134	0.136	0.138	0.140	0.143	0.145	0.148	0.151	0.154	0.158	0.161	0.165	0.170	0.174	0.180	0.185
0.10	0.197	0.198	0.199	0.199	0.200	0.201	0.203	0.204	0.205	0.207	0.208	0.210	0.212	0.214	0.217	0.219	0.222	0.226	0.229	0.233
0.15	0.276	0.277	0.277	0.277	0.278	0.278	0.278	0.279	0.280	0.280	0.281	0.282	0.283	0.284	0.285	0.287	0.288	0.290	0.293	0.295
0.20	0.356	0.356	0.356	0.356	0.356	0.356	0.356	0.356	0.356	0.357	0.357	0.357	0.357	0.358	0.358	0.358	0.360	0.360	0.361	0.363
0.25	0.433	0.432	0.432	0.432	0.432	0.432	0.432	0.432	0.431	0.431	0.431	0.431	0.431	0.431	0.431	0.431	0.431	0.431	0.431	0.432
0.30	0.505	0.505	0.504	0.504	0.504	0.504	0.503	0.503	0.503	0.503	0.502	0.502	0.502	0.501	0.501	0.500	0.500	0.500	0.498	0.499
0.35	0.572	0.572	0.572	0.571	0.571	0.571	0.571	0.570	0.570	0.568	0.568	0.569	0.568	0.568	0.567	0.566	0.566	0.565	0.564	0.563
0.40	0.635	0.634	0.634	0.634	0.634	0.633	0.633	0.633	0.632	0.632	0.631	0.631	0.630	0.629	0.628	0.628	0.627	0.626	0.625	0.624
0.45	0.692	0.692	0.692	0.691	0.691	0.691	0.690	0.690	0.688	0.688	0.688	0.688	0.687	0.686	0.686	0.685	0.684	0.682	0.681	0.679
0.50	0.745	0.744	0.744	0.744	0.743	0.743	0.743	0.742	0.742	0.741	0.741	0.740	0.738	0.738	0.737	0.736	0.735	0.733	0.732	0.730
0.55	0.792	0.792	0.792	0.791	0.791	0.790	0.790	0.790	0.789	0.788	0.788	0.787	0.786	0.785	0.784	0.782	0.781	0.778	0.777	0.774
0.60	0.834	0.834	0.834	0.833	0.833	0.833	0.832	0.831	0.831	0.830	0.829	0.828	0.827	0.826	0.824	0.822	0.820	0.818	0.815	0.811
0.65	0.871	0.871	0.871	0.870	0.870	0.869	0.868	0.867	0.867	0.865	0.864	0.863	0.861	0.859	0.857	0.855	0.852	0.848	0.844	0.840
0.70	0.903	0.902	0.901	0.901	0.900	0.899	0.898	0.896	0.895	0.893	0.892	0.890	0.887	0.884	0.881	0.878	0.873	0.868	0.863	0.857
0.75	0.926	0.925	0.924	0.923	0.921	0.920	0.918	0.916	0.914	0.911	0.908	0.903	0.901	0.897	0.892	0.887	0.881	0.874	0.866	0.858
0.80	0.938	0.936	0.934	0.932	0.929	0.926	0.923	0.919	0.916	0.911	0.907	0.901	0.896	0.889	0.882	0.874	0.866	0.856	0.846	0.834
0.85	0.926	0.922	0.918	0.914	0.909	0.904	0.899	0.893	0.886	0.879	0.872	0.864	0.855	0.846	0.836	0.825	0.813	0.800	0.786	0.772
0.90	0.857	0.850	0.843	0.835	0.827	0.819	0.810	0.801	0.792	0.781	0.771	0.760	0.748	0.735	0.722	0.708	0.694	0.679	0.663	0.646
0.95	0.635	0.626	0.617	0.607	0.597	0.587	0.576	0.566	0.555	0.543	0.532	0.520	0.508	0.495	0.483	0.469	0.456	0.442	0.428	0.413
1.00	0.000	0.000	0.000	0.000	0.000	0.000	0.000	0.000	0.000	0.000	0.000	0.000	0.000	0.000	0.000	0.000	0.000	0.000	0.000	0.000

表 5.6b　倒均布荷载下的 $\varphi(\xi)$ 值

α＼ξ	1.0	1.5	2.0	2.5	3.0	3.5	4.0	4.5	5.0	5.5	6.0	6.5	7.0	7.5	8.0	8.5	9.0	9.5	10.0	10.5
0.00	0.113	0.178	0.216	0.231	0.232	0.224	0.213	0.199	0.186	0.173	0.161	0.150	0.141	0.132	0.124	0.117	0.110	0.105	0.099	0.095
0.05	0.113	0.178	0.217	0.233	0.234	0.228	0.217	0.204	0.191	0.179	0.168	0.157	0.148	0.140	0.133	0.126	0.120	0.115	0.110	0.106
0.10	0.113	0.179	0.219	0.237	0.241	0.236	0.227	0.217	0.206	0.195	0.185	0.176	0.168	0.161	0.155	0.149	0.144	0.140	0.136	0.133
0.15	0.114	0.181	0.223	0.244	0.251	0.249	0.243	0.235	0.226	0.218	0.210	0.203	0.196	0.191	0.186	0.181	0.178	0.174	0.171	0.168
0.20	0.114	0.183	0.228	0.252	0.363	0.265	0.263	0.258	0.252	0.246	0.241	0.235	0.231	0.227	0.223	0.220	0.217	0.215	0.213	0.211
0.25	0.114	0.185	0.233	0.261	0.276	0.283	0.285	0.284	0.281	0.278	0.257	0.272	0.269	0.266	0.264	0.262	0.260	0.258	0.257	0.256
0.30	0.114	0.186	0.237	0.270	0.290	0.302	0.308	0.311	0.312	0.312	0.312	0.310	0.309	0.308	0.307	0.306	0.305	0.304	0.303	0.303
0.35	0.113	0.187	0.242	0.279	0.304	0.321	0.332	0.339	0.344	0.347	0.349	0.350	0.351	0.351	0.351	0.351	0.351	0.351	0.351	0.351
0.40	0.111	0.186	0.245	0.287	0.317	0.339	0.355	0.367	0.376	0.382	0.387	0.390	0.393	0.395	0.396	0.397	0.398	0.398	0.399	0.399
0.45	0.109	0.185	0.246	0.293	0.328	0.355	0.376	0.393	0.406	0.416	0.424	0.430	0.434	0.438	0.441	0.443	0.444	0.445	0.446	0.447
0.50	0.106	0.182	0.246	0.296	0.336	0.369	0.395	0.416	0.433	0.447	0.458	0.467	0.474	0.479	0.483	0.487	0.490	0.492	0.493	0.495
0.55	0.103	0.178	0.242	0.296	0.341	0.378	0.409	0.435	0.456	0.474	0.488	0.500	0.510	0.517	0.524	0.529	0.533	0.536	0.539	0.541
0.60	0.097	0.171	0.236	0.293	0.341	0.382	0.418	0.448	0.474	0.495	0.513	0.528	0.541	0.551	0.560	0.567	0.573	0.577	0.581	0.585
0.65	0.091	0.162	0.226	0.284	0.335	0.380	0.419	0.453	0.483	0.508	0.530	0.549	0.565	0.578	0.589	0.599	0.607	0.614	0.619	0.624
0.70	0.083	0.150	0.212	0.270	0.322	0.369	0.411	0.449	0.482	0.511	0.537	0.559	0.578	0.595	0.609	0.622	0.632	0.642	0.650	0.657
0.75	0.074	0.135	0.194	0.249	0.300	0.348	0.392	0.431	0.467	0.499	0.528	0.554	0.576	0.597	0.614	0.630	0.644	0.657	0.667	0.677
0.80	0.063	0.116	0.169	0.220	0.269	0.315	0.358	0.398	0.435	0.469	0.500	0.528	0.553	0.577	0.598	0.617	0.634	0.650	0.664	0.677
0.85	0.050	0.094	0.138	0.182	0.225	0.266	0.306	0.344	0.379	0.413	0.444	0.473	0.500	0.525	0.548	0.570	0.590	0.609	0.626	0.643
0.90	0.036	0.067	0.100	0.134	0.167	0.200	0.233	0.264	0.294	0.323	0.351	0.378	0.403	0.427	0.450	0.472	0.493	0.513	0.532	0.550
0.95	0.019	0.036	0.054	0.074	0.093	0.113	0.133	0.152	0.171	0.190	0.209	0.227	0.245	0.262	0.279	0.296	0.312	0.328	0.343	0.358
1.00	0.000	0.000	0.000	0.000	0.000	0.000	0.000	0.000	0.000	0.000	0.000	0.000	0.000	0.000	0.000	0.000	0.000	0.000	0.000	0.000

续表

σ / ξ	11.0	11.5	12.0	12.5	13.0	13.5	14.0	14.5	15.0	15.5	16.0	16.5	17.0	17.5	18.0	18.5	19.0	19.5	20.0	20.5
0.00	0.090	0.086	0.083	0.079	0.076	0.074	0.071	0.068	0.066	0.064	0.062	0.060	0.058	0.057	0.055	0.054	0.052	0.051	0.050	0.048
0.05	0.102	0.098	0.095	0.092	0.090	0.087	0.085	0.083	0.081	0.079	0.077	0.076	0.075	0.073	0.072	0.071	0.070	0.069	0.068	0.067
0.10	0.130	0.127	0.124	0.122	0.120	0.119	0.117	0.116	0.114	0.113	0.112	0.111	0.110	0.109	0.109	0.108	0.107	0.107	0.106	0.106
0.15	0.167	0.165	0.163	0.162	0.160	0.159	0.158	0.157	0.156	0.156	0.155	0.154	0.154	0.153	0.153	0.153	0.152	0.152	0.152	0.152
0.20	0.209	0.208	0.207	0.206	0.205	0.204	0.204	0.203	0.203	0.202	0.202	0.202	0.201	0.201	0.201	0.201	0.201	0.200	0.200	0.200
0.25	0.255	0.254	0.253	0.253	0.252	0.252	0.251	0.251	0.251	0.251	0.250	0.250	0.250	0.250	0.250	0.250	0.250	0.250	0.250	0.250
0.30	0.302	0.302	0.301	0.301	0.301	0.301	0.300	0.300	0.300	0.300	0.300	0.300	0.300	0.30	0.300	0.30	0.300	0.300	0.299	0.288
0.35	0.351	0.350	0.350	0.350	0.350	0.350	0.350	0.350	0.350	0.350	0.350	0.350	0.350	0.349	0.349	0.349	0.349	0.349	0.349	0.349
0.40	0.399	0.399	0.399	0.399	0.399	0.399	0.399	0.399	0.399	0.399	0.399	0.399	0.399	0.399	0.399	0.399	0.399	0.399	0.399	0.399
0.45	0.448	0.448	0.448	0.448	0.448	0.449	0.449	0.449	0.449	0.449	0.449	0.449	0.449	0.449	0.449	0.449	0.449	0.449	0.449	0.449
0.50	0.496	0.496	0.497	0.498	0.498	0.498	0.499	0.499	0.499	0.499	0.499	0.499	0.499	0.499	0.499	0.499	0.499	0.499	0.499	0.499
0.55	0.543	0.544	0.545	0.546	0.547	0.547	0.548	0.548	0.548	0.548	0.549	0.549	0.549	0.549	0.549	0.549	0.549	0.549	0.549	0.549
0.60	0.587	0.589	0.591	0.593	0.594	0.595	0.596	0.596	0.597	0.597	0.598	0.598	0.598	0.599	0.599	0.599	0.599	0.599	0.599	0.599
0.65	0.628	0.632	0.634	0.637	0.639	0.641	0.642	0.643	0.644	0.645	0.646	0.646	0.647	0.647	0.648	0.648	0.648	0.648	0.649	0.649
0.70	0.663	0.668	0.672	0.676	0.679	0.682	0.684	0.687	0.688	0.690	0.691	0.692	0.693	0.694	0.695	0.696	0.696	0.697	0.697	0.697
0.75	0.686	0.693	0.709	0.706	0.711	0.715	0.719	0.723	0.726	0.729	0.731	0.733	0.735	0.737	0.738	0.740	0.741	0.742	0.743	0.744
0.80	0.689	0.699	0.709	0.717	0.725	0.732	0.739	0.744	0.750	0.754	0.759	0.763	0.766	0.768	0.772	0.775	0.777	0.779	0.781	0.783
0.85	0.657	0.671	0.684	0.696	0.707	0.718	0.727	0.736	0.744	0.752	0.759	0.765	0.771	0.777	0.782	0.787	0.792	0.796	0.800	0.803
0.90	0.567	0.583	0.598	0.613	0.627	0.640	0.653	0.665	0.676	0.687	0.698	0.707	0.717	0.726	0.734	0.742	0.750	0.757	0.764	0.771
0.95	0.373	0.387	0.401	0.414	0.428	0.440	0.453	0.465	0.477	0.489	0.500	0.511	0.522	0.533	0.543	0.553	0.563	0.572	0.582	0.591
1.00	0.000	0.000	0.000	0.000	0.000	0.000	0.00	0.000	0.000	0.000	0.000	0.000	0.000	0.000	0.000	0.000	0.000	0.000	0.000	0.000

表 5.6c 顶部集中力下的 $\varphi(\xi)$ 值

α \ ξ	1.0	1.5	2.0	2.5	3.0	3.5	4.0	4.5	5.0	5.5	6.0	6.5	7.0	7.5	8.0	8.5	9.0	9.5	10.0	10.5
0.00	0.351	0.574	0.734	0.836	0.900	0.939	0.963	0.977	0.986	0.991	0.995	0.996	0.998	0.998	0.999	0.999	0.999	0.999	0.999	0.999
0.05	0.351	0.573	0.732	0.835	0.899	0.938	0.962	0.977	0.986	0.991	0.994	0.996	0.998	0.998	0.999	0.999	0.999	0.999	0.999	0.999
0.10	0.348	0.570	0.728	0.831	0.896	0.935	0.960	0.975	0.984	0.990	0.994	0.996	0.997	0.998	0.999	0.999	0.999	0.999	0.999	0.999
0.15	0.344	0.564	0.722	0.825	0.890	0.931	0.956	0.972	0.982	0.988	0.992	0.995	0.997	0.998	0.998	0.999	0.999	0.999	0.999	0.999
0.20	0.338	0.555	0.712	0.816	0.882	0.924	0.951	0.968	0.979	0.986	0.991	0.994	0.996	0.997	0.998	0.998	0.999	0.999	0.999	0.999
0.25	0.331	0.544	0.700	0.804	0.871	0.915	0.943	0.962	0.974	0.982	0.988	0.992	0.994	0.996	0.997	0.998	0.998	0.999	0.999	0.999
0.30	0.322	0.531	0.684	0.788	0.857	0.903	0.933	0.954	0.968	0.977	0.984	0.989	0.992	0.994	0.996	0.997	0.998	0.998	0.999	0.999
0.35	0.311	0.515	0.666	0.770	0.840	0.888	0.921	0.944	0.960	0.971	0.979	0.985	0.989	0.992	0.994	0.996	0.997	0.996	0.997	0.996
0.40	0.299	0.496	0.644	0.748	0.820	0.870	0.905	0.931	0.949	0.962	0.972	0.979	0.984	0.988	0.991	0.993	0.995	0.994	0.995	0.994
0.45	0.285	0.474	0.619	0.722	0.795	0.848	0.886	0.914	0.935	0.951	0.962	0.971	0.978	0.983	0.987	0.990	0.992	0.991	0.993	0.991
0.50	0.269	0.449	0.589	0.692	0.766	0.821	0.862	0.893	0.917	0.935	0.950	0.961	0.969	0.976	0.981	0.985	0.988	0.988	0.988	0.985
0.55	0.251	0.421	0.556	0.656	0.731	0.788	0.832	0.867	0.893	0.915	0.932	0.946	0.957	0.965	0.972	0.978	0.982	0.986	0.981	0.974
0.60	0.231	0.390	0.518	0.616	0.691	0.760	0.796	0.834	0.864	0.889	0.909	0.925	0.939	0.950	0.959	0.966	0.972	0.977	0.969	0.957
0.65	0.210	0.356	0.476	0.569	0.643	0.703	0.752	0.792	0.826	0.854	0.877	0.897	0.913	0.927	0.939	0.948	0.957	0.964	0.950	0.927
0.70	0.186	0.318	0.428	0.516	0.588	0.647	0.697	0.740	0.776	0.807	0.834	0.857	0.877	0.894	0.909	0.921	0.932	0.942	0.917	0.877
0.75	0.161	0.276	0.374	0.455	0.523	0.581	0.631	0.675	0.713	0.747	0.776	0.803	0.826	0.846	0.864	0.880	0.894	0.907	0.864	0.793
0.80	0.133	0.230	0.314	0.386	0.448	0.502	0.550	0.593	0.632	0.667	0.698	0.727	0.753	0.776	0.798	0.817	0.834	0.850	0.776	0.650
0.85	0.103	0.179	0.248	0.307	0.360	0.407	0.450	0.490	0.527	0.561	0.593	0.622	0.650	0.675	0.698	0.720	0.740	0.759	0.632	0.408
0.90	0.071	0.125	0.174	0.217	0.257	0.294	0.329	0.362	0.393	0.423	0.451	0.478	0.503	0.527	0.550	0.572	0.593	0.613	0.393	0.000
0.95	0.036	0.065	0.091	0.115	0.138	0.160	0.181	0.201	0.221	0.240	0.259	0.277	0.295	0.312	0.329	0.346	0.352	0.378	0.000	0.000
1.00	0.000	0.000	0.000	0.000	0.000	0.000	0.000	0.000	0.000	0.000	0.000	0.000	0.000	0.000	0.000	0.000	0.000	0.000	0.000	0.000

续表

σ ＼ ξ	11.0	11.5	12.0	12.5	13.0	13.5	14.0	14.5	15.0	15.5	16.0	16.5	17.0	17.5	18.0	18.5	19.0	19.5	20.0	20.5
0.00	0.999	0.999	0.999	0.999	0.999	0.999	1.000	1.000	1.000	1.000	1.000	1.000	1.000	1.000	1.000	1.000	1.000	1.000	1.000	1.000
0.05	0.999	0.999	0.999	0.999	0.999	0.999	0.999	1.000	1.000	1.000	1.000	1.000	1.000	1.000	1.000	1.000	1.000	1.000	1.000	1.000
0.10	0.999	0.999	0.999	0.999	0.999	0.999	0.999	0.999	0.999	1.000	1.000	1.000	1.000	1.000	1.000	1.000	1.000	1.000	1.000	1.000
0.15	0.999	0.999	0.999	0.999	0.999	0.999	0.999	0.999	0.999	0.999	1.000	1.000	1.000	1.000	1.000	1.000	1.000	1.000	1.000	1.000
0.20	0.999	0.999	0.999	0.999	0.999	0.999	0.999	0.999	0.999	0.999	0.999	0.999	0.999	1.000	1.000	1.000	1.000	1.000	1.000	1.000
0.25	0.999	0.999	0.999	0.999	0.999	0.999	0.999	0.999	0.999	0.999	0.999	0.999	0.999	0.999	0.999	1.000	1.000	1.000	1.000	1.000
0.30	0.999	0.999	0.999	0.999	0.999	0.999	0.999	0.999	0.999	0.999	0.999	0.999	0.999	0.999	0.999	0.999	0.999	0.999	1.000	1.000
0.35	0.999	0.999	0.999	0.999	0.999	0.999	0.999	0.999	0.999	0.999	0.999	0.999	0.999	0.999	0.999	0.999	0.999	0.999	0.999	0.999
0.40	0.998	0.998	0.999	0.999	0.999	0.999	0.999	0.999	0.999	0.999	0.999	0.999	0.999	0.999	0.999	0.999	0.999	0.999	0.999	0.999
0.45	0.997	0.998	0.998	0.999	0.999	0.999	0.999	0.999	0.999	0.999	0.999	0.999	0.999	0.999	0.999	0.999	0.999	0.999	0.999	0.999
0.50	0.995	0.996	0.997	0.998	0.999	0.998	0.999	0.999	0.999	0.999	0.999	0.999	0.999	0.999	0.999	0.999	0.999	0.999	0.999	0.999
0.55	0.992	0.994	0.995	0.996	0.997	0.997	0.998	0.998	0.998	0.999	0.999	0.998	0.998	0.998	0.999	0.999	0.999	0.999	0.999	0.999
0.60	0.987	0.989	0.991	0.993	0.994	0.995	0.996	0.996	0.996	0.997	0.997	0.997	0.997	0.998	0.999	0.999	0.999	0.999	0.999	0.999
0.65	0.978	0.982	0.985	0.987	0.989	0.991	0.992	0.993	0.994	0.995	0.996	0.996	0.996	0.997	0.998	0.998	0.998	0.998	0.999	0.999
0.70	0.963	0.969	0.972	0.976	0.979	0.982	0.985	0.987	0.988	0.990	0.991	0.992	0.993	0.994	0.995	0.996	0.996	0.997	0.997	0.997
0.75	0.936	0.943	0.950	0.956	0.961	0.965	0.969	0.973	0.976	0.979	0.981	0.983	0.985	0.987	0.988	0.990	0.991	0.992	0.993	0.994
0.80	0.889	0.899	0.909	0.917	0.925	0.932	0.939	0.945	0.950	0.954	0.959	0.963	0.966	0.968	0.972	0.975	0.977	0.979	0.981	0.983
0.85	0.808	0.821	0.834	0.846	0.857	0.868	0.877	0.886	0.894	0.902	0.909	0.915	0.921	0.927	0.932	0.937	0.942	0.946	0.950	0.953
0.90	0.667	0.683	0.698	0.713	0.727	0.740	0.753	0.765	0.776	0.787	0.798	0.808	0.817	0.826	0.834	0.842	0.850	0.857	0.864	0.871
0.95	0.423	0.437	0.451	0.464	0.478	0.490	0.503	0.515	0.527	0.538	0.550	0.561	0.572	0.583	0.593	0.603	0.613	0.622	0.632	0.641
1.00	0.000	0.000	0.000	0.000	0.000	0.000	0.000	0.000	0.000	0.000	0.000	0.000	0.000	0.000	0.000	0.000	0.000	0.000	0.000	0.000

ξ 为相对坐标。α 与剪力墙尺寸有关,为已知几何参数,称为整体系数,是表示连梁与墙肢相对刚度的一个参数,也是联肢墙的一个重要的几何特征参数,可由连续化方法推导过程中归纳而得。在双肢墙中,可表达为

$$\alpha = H\sqrt{\frac{6}{Th(I_1 + I_2)} \cdot \tilde{I}_l \frac{c^2}{a^3}} \tag{5.15}$$

式中 H, h——剪力墙的总高与层高;

  $I_1, I_2, \tilde{I}_l$——两个墙肢和连梁的惯性矩;

  a, c——洞口净宽 $2a$ 和墙肢重心到重心距离 $2c$ 的一半。

整体系数 α 只与联肢剪力墙的几何尺寸有关,是已知的。α 越大表示连梁刚度与墙肢刚度的相对比值越大,连梁刚度与墙肢刚度的相对比值对联肢墙内力分布和位移的影响很大,是一个重要的几何参数。

在工程设计中,考虑连续化方法将墙肢及连梁简化为杆系体系,在计算简图中连梁应采用带刚域杆件(图5.13),墙肢轴线间距离为 $2c$,连梁刚域长度为墙肢轴线以内宽度减去连梁高度的 $1/4$,刚域为不变形部分,除刚域外的变形段为连梁计算跨度,取为 $2a_l$,其值为

$$2a_l = 2a + 2 \times \frac{h_l}{4} \tag{5.16a}$$

在以上各公式中用 $2a_l$ 代替 $2a$。

图 5.13　连梁计算跨度

一般连梁跨高比较小,在计算跨度内要考虑连梁的弯曲变形和剪切变形,连梁的折算弯曲刚度由式(5.10)计算,令 $G = 0.42E$,矩形截面连梁剪力不均匀系数 $\mu = 1.2$,则式(5.11)的连梁折算惯性矩可近似写为

$$\tilde{I}_l = \frac{I_l}{1 + \frac{3\mu E I_l}{A_l G a^2}} = \frac{I_l}{1 + 0.7\frac{h_l^2}{a_l^2}} \tag{5.16b}$$

5.2.3.2　双肢墙内力计算

由连续剪力 $\tau(x)$ 计算连梁内力及墙肢内力的方法如图5.14所示。

（a）连梁内力 $\tau(\xi)$ 　　（b）连梁剪力、弯矩 　　（c）墙肢轴力及弯矩

图 5.14　连梁、墙肢的内力

计算 j 层连梁内力时，用该连梁中点处的剪应力 $\tau(\xi_j)$ 乘以层高得到剪力（近似于在层高范围内积分），剪力乘以连梁净跨度的 1/2 得到连梁根部的弯矩，用该剪力及弯矩设计连梁截面，即

$$V_{lj} = \tau(\xi_j)h \tag{5.17a}$$

$$M_{lj} = V_{lj} \cdot a \tag{5.17b}$$

已知连梁内力后，可由隔离体平衡条件求出墙肢轴力及弯矩。

$$N_i(\xi) = kM_p(\xi)\frac{A_i y_i}{I} \tag{5.18a}$$

$$M_i(\xi) = kM_p(\xi)\frac{I_i}{I} + (1-k)M_p(\xi)\frac{I_i}{\sum I_i} \tag{5.18b}$$

式中　$M_p(\xi)$——坐标 ξ 处，外荷载作用下的倾覆力矩，$\xi = x/H$，为截面的相对坐标；

$N_i(\xi)$，$M_i(\xi)$——第 i 墙肢的轴力和弯矩；

I_i，y_i——第 i 墙肢的截面惯性矩、截面重心到剪力墙总截面重心的距离；

I——剪力墙截面总惯性矩，$I = I_1 + I_2 + A_1 y_1^2 + A_2 y_2^2$；

k——系数，与荷载形式有关，在倒三角形分布荷载下，可表示为

$$k = \frac{3}{\xi^2(3-\xi)}\left[\frac{2}{\alpha^2}(1-\xi) + \xi^2\left(1-\frac{\xi}{3}\right) - \frac{2}{\alpha^2}\mathrm{ch}\alpha\xi + \left(\frac{2\mathrm{sh}\alpha}{\alpha} + \frac{2}{\alpha^2} - 1\right)\frac{\mathrm{sh}\alpha}{\alpha\mathrm{ch}\alpha}\right] \tag{5.19}$$

式（5.19）的物理意义可由图 5.15 说明。图 5.15（c）表示双肢剪力墙截面应力分布，它可以分解为图 5.14（d）、（e）两部分。图 5.14（d）为沿截面直线分布的应力，称为整体弯曲应力，组成每个墙肢的部分弯矩及轴力，分别对应式（5.18b）的第一项；图 5.15（e）为局部弯曲应力，是组成每个墙肢弯矩的另一部分，对应式（5.18b）的第二项。

系数 k 的物理意义为两部分弯矩的百分比，k 值较大，则整体弯矩及轴力较大，局部弯矩较小，此时截面上总应力分布[图 5.15（c）]更接近直线，可能一个墙肢完全受拉，另一个墙肢完全受压；k 值较小，截面上应力锯齿形分布更明显，每个墙肢都有拉、压应力。

由式（5.19）可知，系数 k 是 ξ 和 α 的函数。k-α-ξ 是一簇曲线，如图 5.16 所示。ξ 不同的各个截面，k 值曲线不同。曲线特点是：当 α 很小时，k 值都很小，截面内以局部弯矩为主；当 α 增大时，k 值增大；当 α 大于 10 时，k 值趋近于 1，截面内以整体弯矩为主。

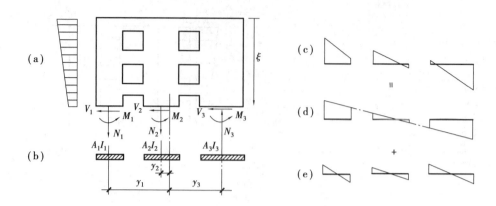

图 5.15　双肢墙截面应力的分解

如果某个联肢墙的 α 很小($\alpha \leqslant 1$),意味着连梁对墙肢的约束弯矩很小,此时可以忽略连梁对墙肢的影响,把连梁近似看成铰接连杆,墙肢成为单肢墙,如图 5.17 所示,计算时可看成多个单片悬臂剪力墙。

墙肢剪力可近似按式(5.5)计算,式中等效刚度取考虑剪切变形的墙肢弯曲刚度,由式(5.4)近似计算。剪力计算是近似方法,与连续化方法无关。

图 5.16　倒三角分布荷载下 k-α-ξ 曲线簇　　　　图 5.17　连杆连接的独立墙肢

5.2.3.3　双肢墙的位移与等效刚度

通过连续化方法可求出联肢墙在水平荷载作用下的位移,位移函数与水平荷载形式有关,在倒三角形分布荷载作用下,其顶点位移($\xi = 0$)公式为:

$$\Delta = \frac{11}{60} \frac{V_0 H^3}{E \sum I_i} (1 + 3.64\gamma^2 - T + \psi_a T) \tag{5.20a}$$

式中　γ^2——墙肢剪切变形影响系数;

$$\gamma^2 = \frac{E \sum I_i}{H^2 G \sum A_i / \mu_i} \tag{5.20b}$$

T——墙肢轴向变形影响系数;对多肢剪力墙,墙肢轴向变形影响系数 T 可近似按表
　　　5.7取值。

表 5.7　多肢剪力墙轴向变形影响系数 T 近似值

墙肢数目	3~4	5~7	8 肢以上
T	0.80	0.85	0.90

ψ_a——系数,为几何参数 α 的函数,与荷载形式有关,倒三角形分布荷载的系数为:

$$\psi_a = \frac{60}{11}\frac{1}{\alpha^2}\left(\frac{2}{3} + \frac{2\mathrm{sh}\alpha}{\alpha^3\mathrm{ch}\alpha} - \frac{2}{\alpha^2\mathrm{ch}\alpha} - \frac{\mathrm{sh}\alpha}{\alpha\mathrm{ch}\alpha}\right) \tag{5.20c}$$

ψ_a 可根据荷载形式制成表格,见表 5.8,可根据 α 值查得。

为了应用方便,引入等效刚度的概念。剪力墙的等效刚度是将墙的弯曲、剪切和轴向变形之后的顶点位移,按顶点位移相等的原则,折算成一个只考虑弯曲变形的等效竖向悬臂杆的刚度。例如,受均布荷载的悬臂杆,只考虑弯曲变形时的顶点位移为 $\Delta = \frac{1}{8}\frac{qH^4}{EI} = \frac{1}{8}\frac{V_0H^3}{EI}$ (图 5.18)。

由式(5.20a)可得等效抗弯刚度。用悬臂墙顶点位移公式表达顶点位移,即

$$\Delta = \frac{11}{60}\frac{V_0H^3}{EI_{eq}} \tag{5.21a}$$

等效刚度

图 5.18　弯曲悬臂杆

$$EI_{eq} = \frac{E\sum I_i}{1 + 3.64\gamma^2 - T + \psi_a T} \tag{5.21b}$$

表 5.8　不同形式荷载作用下的 ψ_a 值

α	倒三角荷载	均布荷载	顶部集中力	α	倒三角荷载	均布荷载	顶部集中力
1.000	0.720	0.722	0.715	11.000	0.026	0.027	0.022
1.500	0.537	0.540	0.528	11.500	0.023	0.025	0.020
2.000	0.399	0.403	0.388	12.000	0.022	0.023	0.019
2.500	0.302	0.306	0.290	12.500	0.020	0.021	0.017
3.000	0.234	0.238	0.222	13.000	0.019	0.020	0.016
3.500	0.186	0.190	0.175	13.500	0.017	0.018	0.015
4.000	0.151	0.155	0.140	14.000	0.016	0.017	0.014
4.500	0.125	0.128	0.115	14.500	0.015	0.016	0.013
5.000	0.105	0.108	0.096	15.000	0.014	0.015	0.012
5.500	0.089	0.092	0.081	15.500	0.013	0.014	0.011
6.000	0.077	0.080	0.069	16.000	0.012	0.013	0.010
6.500	0.067	0.070	0.060	16.500	0.012	0.013	0.010
7.000	0.058	0.061	0.052	17.000	0.011	0.012	0.009
7.500	0.052	0.054	0.046	17.500	0.010	0.011	0.009

续表

α	倒三角荷载	均布荷载	顶部集中力	α	倒三角荷载	均布荷载	顶部集中力
8.000	0.046	0.048	0.041	18.000	0.010	0.011	0.008
8.500	0.041	0.043	0.036	18.500	0.009	0.010	0.008
9.000	0.037	0.039	0.032	19.000	0.009	0.009	0.007
9.500	0.034	0.035	0.029	19.500	0.008	0.009	0.007
10.000	0.031	0.032	0.027	20.000	0.008	0.009	0.007
10.500	0.028	0.030	0.024	20.500	0.008	0.008	0.006

5.2.3.4 双肢墙的位移和内力分布规律

图 5.19 给出了按连续化方法计算得到联肢墙的水平位移、连梁剪力、墙肢轴力、墙肢弯矩沿高度的分布曲线,它们受整体系数 α 的影响,其特点如下:

①联肢墙的侧移曲线呈弯曲型,α 值越大,墙的抗侧移刚度越大,侧移减小。

②连梁最大剪力在中部某个高度处,向上、向下都逐渐减小。最大值的位置与参数 α 有关,α 值越大,连梁最大剪力的位置越接近底截面。此外,α 值增大时,连梁剪力增大。

③墙肢轴力即该截面上所有连梁剪力之和,当 α 值增大时,连梁剪力增大,墙肢轴力也增大。

④墙肢弯矩受 α 值的影响刚好与墙肢轴力相反,α 值越大,墙肢弯矩越小。这可以从平衡的观点得到解释,切开双肢墙截面,根据弯矩平衡条件:

$$M_1 + M_2 + N \cdot 2c = M_p \tag{5.22}$$

从式(5.22)可知,在相同的外弯矩 M_p 作用下,N 越大,M_1,M_2 就越小。

图 5.19 双肢墙侧移及内力分布图

值得说明的是,连续化计算的内力沿高度分布是连续的(图 5.19)。实际上连梁不是连续的,连梁剪力和连梁对墙肢的约束弯矩也不是连续的,在连梁与墙肢相交处,墙肢弯矩、墙肢轴力会有突变,形成锯齿形分布。连梁约束弯矩越大,弯矩突变(即锯齿)也越大,墙肢容易出现反弯点;反之,弯矩突变较小,此时,在剪力墙很多层中墙肢都没有反弯点。

剪力墙墙肢内力分布、侧移曲线形状与有无洞口或者连梁大小有很大关系,如图 5.20 所示。

（a）悬臂墙   （b）联肢墙   （c）框架

图 5.20 剪力墙弯矩及截面应力分布

①悬臂墙弯矩沿高度都是一个方向,即没有反弯点,弯矩图为曲线,截面应力分布是直线（按材料力学规律,假定其为直线）,墙为弯曲型变形。

②联肢墙的内力及侧移与 α 值有关。大致可以分为 3 种情况:

a. 当连梁很小,整体系数 $\alpha \leqslant 1$ 时,其约束弯矩很小而可以忽略,可假定其为铰接杆,则墙肢是两个单肢悬臂墙,每个墙肢弯矩图与应力分布和①即悬臂墙相同。

b. 当连梁刚度较大,$\alpha \geqslant 10$ 时,则截面应力分布接近直线,由于连梁约束弯矩而在楼层处形成锯齿形弯矩图,如果锯齿不太大,大部分层墙肢弯矩没有反弯点,剪力墙接近整体悬臂墙,截面应力接近直线分布,侧移曲线主要是弯曲型。

c. 当连梁与墙肢相比刚度介于上面两者之间时,即 $1 < \alpha < 10$,为典型的联肢墙情况,连梁约束弯矩造成的锯齿较大,截面应力不再为直线分布,此时墙的侧移仍然主要为弯曲型。

从上面分析可知,根据墙整体系数 α 的不同,可以将剪力墙分为不同的类型进行计算。

a. 当 $\alpha \leqslant 1$ 时,可不考虑连梁的约束作用,各墙分别按单肢剪力墙计算。

b. 当 $\alpha \geqslant 10$ 时,可认为连梁的约束作用已经很强,可以按整体小开口墙计算。

c. 当 $1 < \alpha < 10$ 时,按双肢墙计算。

③当剪力墙开洞很大时,墙肢相对较弱,这种情况下的 α 值都较大（$\alpha \geqslant 10$）,最极端的情况就是框架（把框架看成洞口很大的剪力墙）,如图 5.20c 所示。这时弯矩图中各层"墙肢"（此时为框架结构中的"柱"）都有反弯点,原因就是"连梁"（此时为框架结构中的"框架梁"）相对于框架柱而言,其刚度较大,约束弯矩较大。从截面应力分布来看,墙肢拉、压力较大,两个墙肢的应力图相连几乎是一条直线。具有反弯点的构件会造成层间变形较大,当洞口加大而墙肢减细时,其变形向剪切型靠近,框架侧移主要就是剪切型。

由以上分析可知,剪力墙是平面结构,框架是杆件结构,两者似乎没有关系,但实际上,由剪力墙截面减小、洞口加大,则可能过渡到框架,其内力及侧移由量变到质变,框架结构与剪力墙结构内力的差别就很大了。

5.2.4 多肢墙的计算

具有多于一排且排列整齐的较大洞口时,就成为多肢剪力墙,它的几何尺寸及几何参数如图 5.21 所示。

图 5.21　多肢剪力墙

$2a_i$—第 i 跨连梁计算跨度；$2c_i$—第 i 跨墙肢轴线间距

　　多肢墙也可以采用连续杆法求解，基本假定和基本体系的取法都和双肢墙类似。它的基本体系和未知力如图 5.22 所示。在每个连梁切口处建立一个变形协调方程，则可建立 k 个变形协调方程。在建立第 i 个切口处协调方程时，除了第 i 跨连梁内力外，还要考虑第 $i-1$ 跨连梁内力对 i 墙肢，以及第 $i+1$ 跨连梁内力对 $i+1$ 墙肢的影响。

图 5.22　多肢墙的基本体系

　　与双肢墙不同的是，为便于求解微分方程，将 k 个微分方程叠加，设各排连梁切口处未知力之和 $\sum_{i=1}^{k} m_i(x) = m(x)$ 为未知量，在求出 $m(x)$ 后再按一定比例拆开，分配到各排连杆，再分别求各连梁的剪力、弯矩和各墙肢弯矩、轴力等内力。

　　经过叠加这一变化，可建立与双肢墙完全相同的微分方程，取得完全相同的微分方程解，双肢墙的公式和图表都可以应用，但必须注意以下几点区别：

　　①多肢墙共有 $k+1$ 个墙肢，要把双肢墙中墙肢惯性矩及面积改为多肢墙惯性矩之和及面积之和，即用 $\sum_{i=1}^{k+1} I_i$ 代替 I_1+I_2，用 $\sum_{i=1}^{k+1} A_i$ 代替 A_1+A_2。

②墙中有 k 个连梁,每个连梁的刚度 D_i 用下式计算:

$$D_i = \tilde{I}_l c_i^2 / a_i^3 \tag{5.23}$$

式中　a_i——第 i 列连梁计算跨度的一半;

$\tilde{I}_l$——考虑连梁剪切变形的折算惯性矩, $\tilde{I}_l = \dfrac{I_l}{1 + \dfrac{3\mu E I_l}{G A_l a_i^2}}$;

c_i——第 i 和 $i+1$ 墙肢轴线距离的一半。

计算连梁与墙肢刚度比参数 α_1 时,要用各排连梁刚度之和与墙肢惯性矩之和,

$$\alpha_1^2 = \frac{6H^2}{h\sum\limits_{i=1}^{k+1} I_i}\sum_{i=1}^{k} D_i \tag{5.24}$$

③多肢墙整体系数 T 的表达式与双肢墙不同,多肢墙中计算墙肢轴向变形影响比较困难,可近似按表 5.7 取值。

多肢墙整体系数 α 由下式计算:

$$\alpha^2 = \frac{\alpha_1^2}{T} \tag{5.25}$$

④解出基本未知量 $m(\xi)$ 后,按分配系数 η_i 计算各跨连梁的约束弯矩 $m_i(\xi)$,

$$m_i(\xi) = \eta_i m(\xi) \tag{5.26a}$$

$$\eta_i = \frac{D_i \varphi_i}{\sum\limits_{i=1}^{k} D_i \varphi_i} \tag{5.26b}$$

$$\varphi_i = \frac{1}{1 + \alpha/4}\left[1 + 1.5\alpha \frac{r_i}{B}\left(1 - \frac{r_i}{B}\right)\right] \tag{5.26c}$$

式中　r_i——第 i 列连梁中点距边墙的距离;

B——墙的总宽度;

φ_i——多肢墙连梁约束弯矩分布系数,也可根据 r_i/B 和 α 值由表 5.9 直接查得。

表 5.9　多肢墙连梁约束弯矩分布系数 φ_i

r_i/B / α	0.00 / 1.00	0.05 / 0.95	0.10 / 0.90	0.15 / 0.85	0.20 / 0.80	0.25 / 0.75	0.30 / 0.70	0.35 / 0.65	0.40 / 0.60	0.45 / 0.55	0.50 / 0.50
0.0	1.000	1.000	1.000	1.000	1.000	1.000	1.000	1.000	1.000	1.000	1.000
0.4	0.903	0.934	0.958	0.978	0.996	1.011	1.023	1.033	1.040	1.044	1.045
0.8	0.833	0.880	0.923	0.960	0.993	1.020	1.043	1.060	1.073	1.080	1.083
1.2	0.769	0.835	0.893	0.945	0.990	1.028	1.060	1.084	1.101	1.111	1.115
1.6	0.714	0.795	0.868	0.932	0.988	1.035	1.074	1.104	1.125	1.138	1.142
2.0	0.666	0.761	0.846	0.921	0.986	1.041	1.086	1.121	1.146	1.161	1.166
2.4	0.625	0.731	0.827	0.911	0.985	1.046	1.097	1.136	1.165	1.181	1.187
2.8	0.588	0.705	0.810	0.903	0.983	1.051	1.107	1.150	1.181	1.199	1.205
3.2	0.555	0.682	0.795	0.895	0.982	1.055	1.115	1.162	1.195	1.215	1.222
3.6	0.525	0.661	0.782	0.888	0.981	1.059	1.123	1.172	1.208	1.229	1.236
4.0	0.500	0.642	0.770	0.882	0.980	1.062	1.130	1.182	1.220	1.242	1.250

续表

α \ r_i/B	0.00	0.05	0.10	0.15	0.20	0.25	0.30	0.35	0.40	0.45	0.50
	1.00	0.95	0.90	0.85	0.80	0.75	0.70	0.65	0.60	0.55	0.50
4.4	0.476	0.625	0.759	0.876	0.979	1.065	1.136	1.191	1.230	1.254	1.261
4.8	0.454	0.610	0.749	0.871	0.978	1.068	1.141	1.199	1.240	1.264	1.272
5.2	0.434	0.595	0.739	0.867	0.977	1.070	1.146	1.206	1.240	1.274	1.282
5.6	0.416	0.582	0.731	0.862	0.976	1.072	1.151	1.212	1.256	1.282	1.291
6.0	0.400	0.571	0.724	0.859	0.975	1.075	1.156	1.219	1.264	1.291	1.300
6.4	0.384	0.560	0.716	0.855	0.975	1.076	1.160	1.224	1.270	1.298	1.307
6.8	0.370	0.549	0.710	0.852	0.974	1.078	1.163	1.229	1.277	1.305	1.314
7.2	0.357	0.540	0.701	0.848	0.974	1.080	1.167	1.234	1.282	1.311	1.321
7.6	0.344	0.531	0.698	0.846	0.973	1.081	1.170	1.239	1.288	1.317	1.327
8.0	0.333	0.523	0.693	0.843	0.973	1.083	1.173	1.243	1.293	1.323	1.333
12.0	0.250	0.463	0.655	0.823	0.969	1.093	1.195	1.273	1.330	1.363	1.375
16.0	0.200	0.428	0.632	0.811	0.967	1.100	1.208	1.292	1.352	1.388	1.400
20.0	0.166	0.404	0.616	0.804	0.966	1.104	1.216	1.304	1.366	1.404	1.416

5.2.5 双肢墙、多肢墙计算步骤及计算公式汇总

计算公式中的几何尺寸及截面几何参数符号如图5.10(双肢墙)和图5.21(多肢墙)所示。公式中凡未特殊注明者,双肢墙取 $k=1$ 。

5.2.5.1 计算几何参数

算出各墙肢截面的 A_i , I_i ,以及连梁截面的 A_l , I_l ,再计算以下各参数。

(1)连梁考虑剪切变形的折算惯性矩

$$\tilde{I}_l = \frac{I_l}{1 + \dfrac{3\mu E I_l}{a_i^2 A_l G}} = \frac{I_l}{1 + \dfrac{7\mu I_l}{a_i^2 A_l}} \tag{5.27}$$

式中 $a_i = a_{i0} + \dfrac{h_{bi}}{4}$ (a_{i0} 连梁净跨之半, h_{bi} 连梁高度)。

(2)连梁刚度

连梁刚度按式(5.23)计算:

$$D_i = \tilde{I}_l c_i^2 / a_i^3$$

5.2.5.2 计算综合参数

未考虑轴向变形影响的整体参数(梁墙刚度比),按式(5.24)计算:

$$\alpha_1^2 = \frac{6H^2}{h\sum\limits_{i=1}^{k+1} I_i} \sum\limits_{i=1}^{k} D_i$$

轴向变形影响参数 T ,对双肢墙可按下式计算,对多肢墙,由于计算繁冗,可近似按表5.6取值。

$$T = \frac{\sum A_i y_i^2}{I} = \frac{A_1 y_1^2 + A_2 y_2^2}{I_1 + I_2 + A_1 y_1^2 + A_2 y_2^2} \tag{5.28}$$

考虑轴向变形的整体系数,按式(5.25)计算:

$$\alpha^2 = \frac{\alpha_1^2}{T}$$

剪切参数

$$\gamma^2 = \frac{E\sum I_i}{H^2 G\sum A_i/\mu_i} = \frac{2.38\mu\sum I_i}{H^2 \sum A_i} \tag{5.29}$$

当墙肢少、层数多、$\dfrac{H}{B} \geqslant 4$ 时,可不考虑墙肢剪切变形的影响,取 $\gamma^2 = 0$。

等效刚度 I_{eq}:供水平力分配及求顶点位移用。

$$I_{eq} = \begin{cases} \sum I_i/[(1-T) + T\psi_a + 3.64\gamma^2] & (\text{倒三角形荷载}) \\ \sum I_i/[(1-T) + T\psi_a + 4\gamma^2] & (\text{均布荷载}) \\ \sum I_i/[(1-T) + T\psi_a + 3\gamma^2] & (\text{顶部集中力}) \end{cases} \tag{5.30}$$

ψ_a 可按表 5.8 查取。

5.2.5.3　内力计算

(1)各列连梁约束弯矩分配系数

按式(5.26b)计算:

$$\eta_i = \frac{D_i\varphi_i}{\sum_{i=1}^{k} D_i\varphi_i}$$

(2)连梁的剪力和弯矩

$$V_{l,ij} = \frac{\eta_i}{2c_i}ThV_0\varphi(\xi) \tag{5.31}$$

$$M_{l,ij} = V_{l,ij}a_{i0} \tag{5.32}$$

式中　V_0——底部总剪力。

(3)墙肢轴力

$$N_{1j} = \sum_{s=j}^{n} V_{l,1s} \qquad (\text{第 1 肢}) \tag{5.33a}$$

$$N_{ij} = \sum_{s=j}^{n} (V_{l,is} - V_{l,(i-1)s}) \qquad (\text{第 2 到第 } k \text{ 肢}) \tag{5.33b}$$

$$N_{k+1,j} = \sum_{s=j}^{n} V_{l,ks} \qquad (\text{第 } k+1 \text{ 肢}) \tag{5.33c}$$

(4)墙肢的弯矩和剪力

第 j 层第 i 肢的弯矩按弯曲刚度分配,剪力按折算刚度分配:

$$M_{ij} = \frac{I_i}{\sum I_i}(M_{pj} - \sum_{s=j}^{n} m_s) \tag{5.34a}$$

$$V_{ij} = \frac{\tilde{I}_i}{\sum \tilde{I}_i}V_{pj} \tag{5.34b}$$

式中　$\tilde{I}_i = \dfrac{I_i}{1 + \dfrac{12\mu E I_i}{GA_i h^2}}$;

M_{pj}, V_{pj}——第 j 层由外荷载产生的弯矩和轴力;

m_s——第 s 层($s \geq j$)的总约束弯矩

$$m_s = ThV_0\varphi(\xi) \tag{5.35a}$$

总约束弯矩为

$$m(\xi) = TV_0\varphi(\xi) \tag{5.35b}$$

5.2.5.4　位移计算

顶部位移为

$$\Delta = \begin{cases} \dfrac{11}{60}\dfrac{V_0 H^3}{EI_{eq}} & (\text{倒三角形荷载}) \\[3mm] \dfrac{1}{8}\dfrac{V_0 H^3}{EI_{eq}} & (\text{均布荷载}) \\[3mm] \dfrac{1}{3}\dfrac{V_0 H^3}{EI_{eq}} & (\text{顶部集中力}) \end{cases} \tag{5.36}$$

【例 5.2】　求如图 5.23 所示 11 层 3 肢剪力墙的内力和位移(混凝土采用 C30)。

图 5.23　某 11 层 3 肢剪力墙

解

(1)计算几何参数　　$G/E = 0.42$

1)墙肢

①惯性矩

$$\xi = x/HI_1 = I_3 = \frac{0.2 \times 3.3^3}{12}\ \text{m}^4 = 0.598\,95\ \text{m}^4$$

$$I_2 = \frac{0.2 \times 6^3}{12}\ \text{m}^4 = 3.60\ \text{m}^4$$

②折算惯性矩

$$\tilde{I}_1 = \frac{I_1}{1 + \dfrac{12\mu E I_1}{G A_1 h^2}} = \frac{0.598\ 95}{1 + \dfrac{12 \times 1.2 \times 0.598\ 95}{0.42 \times 0.2 \times 3.3 \times 3^2}}\ \mathrm{m}^4 = 0.134\ 38\ \mathrm{m}^4 = \tilde{I}_3$$

$$\tilde{I}_2 = \frac{I_2}{1 + \dfrac{12\mu E I_2}{G A_2 h^2}} = \frac{3.6}{1 + \dfrac{12 \times 1.2 \times 3.6}{0.42 \times 0.2 \times 6 \times 3^2}}\ \mathrm{m}^4 = 0.289\ 66\ \mathrm{m}^4$$

③墙肢按惯性矩计算的分配系数

墙肢按惯性矩计算的分配系数见表 5.10。

表 5.10　墙肢按惯性矩计算的分配系数

	1	2	3	$\sum$
A_i	0.66	1.20	0.66	2.52
I_i	0.598 95	3.60	0.598 95	4.797 9
$I_i / \sum I_i$	0.124 84	0.750 32	0.124 84	
$\tilde{I}_i$	0.134 38	0.289 66	0.134 84	0.558 42
$\tilde{I}_i / \sum \tilde{I}_i$	0.240 64	0.518 71	0.240 64	

2）连梁

①计算跨度

$$a_i = a_{i0} + \frac{h_{bi}}{4} = \left(1 + \frac{0.6}{4}\right)\ \mathrm{m} = 1.15\ \mathrm{m}$$

②惯性矩

$$I_l = \left(\frac{0.2 \times 0.6^3}{12}\right)\ \mathrm{m}^4 = 0.003\ 6\ \mathrm{m}^4$$

③折算惯性矩

$$\tilde{I}_l = \frac{I_l}{1 + \dfrac{3\mu E I_l}{a_i^2 A_l G}} = \frac{I_l}{1 + \dfrac{7\mu I_l}{a_i^2 A_l}} = \frac{0.003\ 6}{1 + \dfrac{7 \times 1.2 \times 0.003\ 6}{1.15^2 \times 0.2 \times 0.6}}\ \mathrm{m}^4 = 0.003\ \mathrm{m}^4$$

④连梁刚度 D

连梁刚度 D 的计算见表 5.11。

表 5.11　连梁刚度 D 的计算

	1	2	$\sum$
c_i^2	$\left(\dfrac{6.65}{2}\right)^2 = 11.055\ 6$	$\left(\dfrac{6.65}{2}\right)^2 = 11.055\ 6$	
$D_i = \tilde{I}_l c_i^2 / a_i^3$	0.021 8	0.021 8	0.043 6

（2）计算综合参数

1）未考虑轴向变形的整体系数

$$\alpha_1^2 = \frac{6H^2}{h \sum\limits_{i=1}^{k+1} I_i} \sum_{i=1}^{k} D_i = \frac{6 \times 33^2 \times 0.043\ 6}{3 \times 4.797\ 9} = 19.78$$

对 3 肢墙,由表 5.7 取轴向变形影响系数 $T=0.80$,则考虑轴向变形的整体系数

$$\alpha^2 = \frac{\alpha_1^2}{T} = \frac{19.78}{0.80} = 24.72 < 10$$

可按多肢剪力墙计算,即 $\alpha = 4.972$

2）剪切参数

$$\gamma^2 = \frac{E\sum I_i}{H^2 G \sum A_i/\mu_i} = \frac{2.38\mu\sum I_i}{H^2 \sum A_i} = \frac{2.38 \times 1.2 \times 4.7979}{33^2 \times 2.52} = 0.00499$$

3）等效刚度

按 $\alpha = 4.972$ 查表 5.8 中均布荷载作用下的 ψ_α 值,$\psi_\alpha = 0.1083$,则等效刚度

$$I_{eq} = \frac{\sum I_i}{(1-T)+T\psi_a+4\gamma^2} = \frac{4.7979}{(1-0.8)+0.8\times0.1083+4\times0.00499} \text{ m}^4 = 15.649 \text{ m}^4$$

（3）内力计算

由式(5.35),求各层总约束弯矩,第 j 层总约束弯矩为

$$m_j = ThV_0\varphi(\xi) = 3\times0.8\times33\varphi(\xi)$$

式中 $\varphi(\xi)$ 可根据表 5.6b 查得。

顶层总约束弯矩为上式的一半。

因为只有两列连梁,且对称布置,所以 $\eta_i = 1/2$。

各层连梁剪力为（两连梁剪力相等）

$$V_{l,j} = \frac{\eta_i}{2c_i}ThV_0\varphi(\xi) = \frac{m_j}{2c_i}\eta_i = \frac{m_j}{13.3}$$

连梁梁端弯矩为（两连梁相等）

$$M_{l,j} = V_{l,j}a_{i0} = \frac{m_j}{13.3}$$

墙肢弯矩为

$$M_i = \frac{I_i}{\sum I_i}\left(M_p - \sum_{s=j}^n m_s\right)$$

式中,$M_p = \frac{qx^2}{2} = \frac{V_0 H}{2}\xi^2$

墙肢剪力为

$$V_i = \frac{\tilde{I}_i}{\sum \tilde{I}_i}V_p$$

墙肢轴力为

$$N_{1j} = N_{3j} = \sum_{s=j}^n V_{l,s}$$
$$N_{2j} = 0$$

上述计算过程和计算结果见表 5.12。

表 5.12　计算结果

层	$\xi = x/H$	$\varphi(\xi)$	m_j	$\sum_{s=j}^{n} m_s$	M_p /(kN·m)	$V_{i,j}$ /kN	$M_{i,j}$ /(kN·m)	$M_p - \sum_{s=j}^{n} m_s$	$M_1 = M_3$ /(kN·m)	M_2 /(kN·m)	$V_1 = V_3$ /kN	V_2 /kN	$N_1 = N_3$ /kN
11	0	0.187	7.405	7.405	0	0.557	0.557	-7.405	-0.924	-5.556	0	0	0.557
10	3/33=0.090 9	0.204	16.157	23.562	4.499	1.215	1.215	-19.063	-2.380	-14.303	0.722	1.556	1.772
9	6/33=0.181 8	0.243	19.246	42.808	17.996	1.447	1.447	-24.812	-3.098	-18.617	1.444	3.112	3.219
8	9/33=0.272 7	0.295	23.364	66.172	40.492	1.757	1.757	-25.680	-3.206	-19.268	2.166	4.668	4.976
7	12/33=0.363 6	0.353	27.958	93.830	71.983	2.102	2.102	-21.847	-2.727	-16.392	2.887	6.224	7.078
6	15/33=0.454 5	0.408	32.314	126.144	112.477	2.430	2.430	-13.667	-1.706	-10.255	3.609	7.78	9.508
5	18/33=0.545 4	0.454	35.957	162.101	161.967	2.704	2.704	-0.134	-0.017	-0.101	4.331	9.336	12.212
4	21/33=0.636 3	0.485	38.412	200.513	220.457	2.888	2.888	19.944	2.490	14.964	5.053	10.892	15.100
3	24/33=0.727 2	0.478	37.858	238.371	287.943	2.846	2.846	49.572	6.189	37.195	5.769	12.437	17.946
2	27/33=0.818 1	0.425	33.660	272.031	364.428	2.531	2.531	92.397	11.535	69.327	6.497	14.004	20.477
1	30/33=0.909 0	0.280	22.176	294.207	449.909	1.667	1.667	155.702	19.438	116.826	7.299	15.733	22.144
0	0.999 9	0	0	294.207	544.50	0	0	250.293	31.247	187.800	7.941	17.117	22.144

（4）位移计算

顶点位移为

$$\Delta = \frac{1}{8}\frac{V_0 H^3}{EI_{eq}} = \frac{33\times10^3\times33^2\times10^9}{8\times3\times10^4\times15.649\times10^{12}}\ mm = 0.316\ mm$$

墙肢 1 的弯矩图如图 5.24 所示,连续化方法计算结果是没有"锯齿"的光滑曲线,实际的弯矩图应该如虚线所示(形状示意)。

图 5.24　墙肢 1 弯矩图

5.3　剪力墙结构的延性设计

5.3.1　剪力墙延性设计的原则

钢筋混凝土房屋建筑结构中,除框架结构外,其他结构体系都有剪力墙。剪力墙刚度大,容易满足风或小震作用下层间位移角的限值及风作用下的舒适度的要求;承载能力大;合理设计的剪力墙具有良好的延性和耗能能力。

与框架结构一样,在剪力墙结构的抗震设计中,应尽量做到延性设计,保证剪力墙符合以

下原则:

①强墙弱梁。连梁屈服先于墙肢屈服,使塑性铰变形和耗能分散于连梁中,避免因墙肢过早屈服使塑性变形集中在某一层而形成软弱层或薄弱层。

②强剪弱弯。侧向力作用下变形曲线为弯曲型和弯剪形的剪力墙,一般会在墙肢底部一定高度内屈服形成塑性铰,通过适当提高塑性铰范围及其以上相邻范围的抗剪承载力,实现墙肢强剪弱弯,避免墙肢剪切破坏。对连梁,与框架梁相同,通过剪力增大系数调整剪力设计值,实现强剪弱弯。

③强锚固。墙肢和连梁的连接等部位仍然应满足强锚固的要求,以防止在地震作用下,节点部位的破坏。

④应在结构布置、抗震构造中满足相关要求,以达到延性设计的目的。

5.3.1.1　悬臂剪力墙的破坏形态和设计要求

悬臂剪力墙是剪力墙中的基本形式,是只有一个墙肢的构件,其设计方法是其他各类剪力墙设计的基础。可通过对悬臂剪力墙延性设计的研究,得出剪力墙结构延性设计的原则。

悬臂剪力墙可能出现弯曲、剪切和滑移(剪切滑移或施工缝滑移)等多种破坏形态,如图5.25 所示。

|(a)弯曲破坏|(b)剪切破坏|(c)剪切破坏|(d)滑移破坏|

图 5.25　悬臂剪力墙的破坏形态

在正常使用及风荷载作用下,剪力墙应当处于弹性工作阶段,不出现裂缝或仅有微小裂缝。抗风设计的基本方法是按弹性方法计算内力及位移,限制结构位移并按极限状态方法计算截面配筋,满足各种构造要求。

在地震作用下,先以小震作用按弹性方法计算内力及位移,进行截面设计;在中等地震作用下,剪力墙进入塑性阶段,剪力墙应当具有延性和耗散地震能量的能力。应当按照抗震等级进行剪力墙构造和截面验算,满足延性剪力墙的要求,以实现中震可修、大震不倒的设防目标。

悬臂剪力墙是静定结构,只要有一个截面达到极限承载力,构件就丧失承载能力。在水平荷载作用下,剪力墙的弯矩和剪力都在基底部位最大。基底截面是设计的控制截面。沿高度方向,在剪力墙断面尺寸改变或配筋变化的地方,也是控制截面,均应进行正截面抗弯和斜截面抗剪承载力计算。

5.3.1.2　开洞剪力墙的破坏形态和设计要求

开洞剪力墙,或称联肢剪力墙,简称联肢墙,是指由连梁和墙肢构件组成的开有较大规则洞口的剪力墙。

开洞剪力墙在水平荷载作用下的破坏形态与开洞大小、连梁与墙肢的刚度及承载力等有很大的关系。

当连梁的刚度及抗弯承载力大大小于墙肢的刚度和抗弯承载力,且连梁具有足够的延性时,则塑性铰先在连梁端部出现,待墙肢底部出现塑性铰以后,才能形成如图 5.26(a)所示机构。数量众多的连梁端部塑性铰在形成过程中既能吸收地震能量,又能继续传递弯矩和剪力,对墙肢形成的约束弯矩使剪力墙保持足够的刚度与承载力,墙肢底部的塑性铰也具有延性。这样的开洞剪力墙延性较好。

当连梁的刚度及承载力很大时,连梁不会屈服,这时开洞墙与整体悬臂墙类似,要靠底层出现塑性铰,如图 5.26(b)所示,然后才破坏。只要墙肢不过早剪坏,则这种破坏仍然属于有延性的弯曲破坏,但是与图 5.26(a)相比,耗能集中在底层少数几个铰上。这样的破坏远不如前面的多铰机构抗震性能好。

当连梁的抗剪承载力很小,首先受到剪切破坏时,会使墙肢失去约束而形成单独墙肢,如图 5.26(c)所示。与连梁不破坏的墙相比,墙肢中轴力减小,弯矩加大,墙的侧向刚度大大降低,如果能保持墙肢处于良好的工作状态,那么结构仍可继续承载,直到墙肢截面屈服才会形成机构。只要墙肢塑性铰具有延性,这种破坏也属于延性的弯曲破坏。

(a)连梁端出现塑性铰　　(b)墙肢出现塑性铰　　　(c)连梁剪坏　　　　　(d)墙肢剪坏

图 5.26　开洞剪力墙的破坏机构

墙肢剪坏是一种脆性破坏,它没有延性或延性很小,如图 5.26(d)所示,它是由连梁过强而引起的墙肢破坏。当连梁刚度和屈服弯矩较大时,在水平荷载下墙肢内的轴力很大,造成两个墙肢轴力相差悬殊,在受拉墙肢出现水平裂缝或屈服后,塑性内力重分配的结果会使受压墙肢负担大部分剪力,如果设计时未充分考虑这一因素,会使该墙肢过早剪坏,延性减小。

从上面的破坏形态分析可知,按照"强墙弱梁"原则设计开洞剪力墙,并按照"强剪弱弯"要求设计墙肢及连梁构件,可以得到较为理想的延性剪力墙结构,它比悬臂剪力墙更为合理。如果连梁较强而形成整体墙,则要注意与悬臂墙相类似的塑性铰区的加强设计。如果连梁跨高比较大而可能出现剪切破坏,则要按照抗震结构"多道设防"的原则,即考虑连梁破坏后,退出工作,按照几个独立墙肢单独抵抗地震作用的情况设计墙肢。

开洞剪力墙在风荷载及小震作用下,按照弹性计算内力进行荷载组合后,再进行连梁及墙肢的截面配筋计算。

应当注意,沿房屋高度方向,内力最大的连梁不在底层。应选择内力最大的连梁进行截面和配筋计算,或沿高度方向分成几段,选择每段中内力最大的梁进行截面和配筋计算。沿高度方向,墙肢截面、配筋也可以改变,由底层向上逐渐减小,分成几段分别进行截面、配筋计算。开洞剪力墙的截面尺寸、混凝土等级、正截面抗弯计算,斜截面抗剪计算和配筋构造要求等都与悬臂墙相同。

5.3.1.3　剪力墙结构高宽比限制

钢筋混凝土高层剪力墙结构的最大适用高度及高宽比应满足本书第 2 章表 2.1 及表 2.2 的要求。

5.3.1.4　剪力墙结构平面布置

在剪力墙结构中,剪力墙宜沿主轴方向或其他方向双向布置;一般情况下,采用矩形、L 形、T 形平面时,剪力墙沿纵横两个方向布置;当平面为三角形、Y 形时,剪力墙可沿 3 个方向布置;当平面为多边形、圆形和弧形平面时,剪力墙可沿环向和径向布置。剪力墙应尽量布置得比较规则、拉通、对直。

抗震设计的剪力墙结构,应避免仅单向有墙的结构布置形式。剪力墙墙肢截面宜简单、规则。剪力墙结构的侧向刚度不宜过大,否则会使结构周期过短,地震作用大,很不经济。另外,长度过大的剪力墙,易形成中高墙或矮墙,由受剪承载力控制破坏形态,延性变形能力减弱,不利于抗震。

剪力墙的门窗洞口宜上下对齐,成列布置,形成明确的墙肢和连梁,应避免使墙肢刚度相差悬殊的洞口设置。抗震设计时,一、二、三级抗震等级剪力墙的底部和加强部位不宜采用错洞墙;一、二、三级抗震等级的剪力墙均不宜采用叠合错洞墙。

同一轴线上的连续剪力墙过长时,可用细弱的连梁将长墙分成若干个墙段,每一个墙段相当于一片独立剪力墙,墙段的高宽比不应小于 2。每一墙肢的宽度不宜大于 8 m,以保证墙肢受弯承载力控制,使靠近中和轴的竖向分布钢筋在破坏时能充分发挥其强度。

在剪力墙结构中,如果剪力墙的数量太多,会使结构刚度和质量都太大,不仅材料用量增加而且地震力也增大,使上部结构和基础设计都困难。一般来说,采用大开间剪力墙(间距 6.0 ~ 7.2 m)比小开间剪力墙(间距 3 ~ 3.9 m)的效果更好。以高层住宅为例,小开间剪力墙的墙截面面积占楼面面积的 8% ~ 10%,而大开间剪力墙可降至 6% ~ 7%,有效降低了材料用量,增大了建筑使用面积。

可通过结构基本自振周期来判断剪力墙结构合理刚度,宜使剪力墙结构的基本自振周期控制在 $(0.05 \sim 0.06)N(N$ 为层数)。

当周期过短、地震力过大时,宜加以调整。调整剪力墙结构刚度的方法如下:

①适当减小剪力墙的厚度。

②降低连梁高度。

③增大门窗洞口宽度。

④对较长的墙肢设置施工洞,分为两个墙肢。墙肢长度超过 8 m 时,一般应由施工洞口划分为小墙肢。墙肢由施工洞分开后,如果建筑上不需要,可用砖墙填充。

5.3.1.5　剪力墙结构竖向布置

普通剪力墙结构的剪力墙应在整个建筑竖向连续,上要到顶,下要到底,中间楼层不要中断。剪力墙不连续会使结构刚度突变,对抗震非常不利。当顶层取消部分剪力墙而设置大房间时,其余的剪力墙应在构造上予以加强;当底层取消部分剪力墙时,应设置转换楼层,并按专门规定进行结构设计。

　　为避免刚度突变,剪力墙的厚度应逐渐改变,每次厚度减小 50 ~ 100 mm 为宜,以使剪力墙刚度均匀连续改变。同时,厚度改变和混凝土强度等级改变宜按楼层错开。

　　为减少上、下剪力墙结构的偏心,一般情况下,剪力墙厚度宜两侧同时内收。外墙为保持外墙面平整,可只在内侧单面内收;电梯井因安装要求,可只在外侧单面内收。

　　剪力墙相邻洞口之间以及洞口与墙边缘之间要避免小墙肢(图 5.27)。试验表明,墙肢宽度与厚度之比小于 3 的小墙肢在反复荷载作用下,比大墙肢开裂早、破坏早,即使加强配筋,也难以防止小墙肢的早期破坏。在设计剪力墙时,墙肢宽度不宜小于 $3b_w$(b_w 为墙厚),且不应小于 500 mm。

图 5.27　小墙肢

5.3.1.6　剪力墙延性设计的其他构造措施

　　要实现剪力墙的延性设计还应满足其他一些构造措施,如设置翼缘或端柱、控制轴压比、设置边缘构件等,相关内容见本章 5.3.2 及 5.3.3 节。

5.3.2　墙肢设计

5.3.2.1　内力设计值

　　非抗震和抗震设计的剪力墙应分别按无地震作用和有地震作用进行荷载效应组合,取控制截面的最不利组合内力或对其调整后的内力(统称为内力设计值)进行配筋设计。墙肢的控制截面一般取墙底截面以及改变墙厚、改变混凝土强度等级、改变配筋量的截面。

　　(1)弯矩设计值

　　一级抗震墙的底部加强部位以上部位,墙肢的组合弯矩设计值应乘以增大系数,其值可采用 1.2,其剪力应相应作调整。

　　在双肢抗震墙中,墙肢不宜出现小偏心受拉。此时混凝土开裂贯通整个截面高度,可通过调整剪力墙长度或连梁尺寸避免出现小偏心受拉的墙肢。剪力墙很长时,边墙肢拉(压)力很大,可人为加大洞口或人为开洞口,减小连梁高度而成为对墙肢约束弯矩很小的连梁。地震时,该连梁两端比较容易屈服形成塑性铰,从而将长墙分成长度较小的墙。在工程中,一般宜使墙的长度不超过 8 m。此外,减小连梁高度也可以减小墙肢轴力。

　　当任一墙肢为大偏心受拉时,另一墙肢的剪力设计值、弯矩设计值应乘以增大系数 1.25。当一个墙肢出现水平裂缝时,其刚度降低,由于内力重分布而剪力向无裂缝的另一个墙肢转移,使另一个墙肢内力加大。

部分框支剪力墙结构的落地抗震墙墙肢不应出现小偏心受拉。

（2）剪力设计值

为实行"强剪弱弯"的延性设计,一、二、三级的抗震墙底部加强部位,其截面组合的剪力设计值应按下式调整:

$$V = \eta_{vw} V_w \qquad (5.37a)$$

9 度的一级抗震墙可不按上式调整,但应符合下式要求:

$$V = 1.1 \frac{M_{wua}}{M_w} V_w \qquad (5.37b)$$

式中 V——抗震墙底部加强部位截面组合的剪力设计值;

V_w——抗震墙底部加强部位截面组合的剪力计算值;

M_{wua}——抗震墙底部截面按实配纵向钢筋面积、材料强度标准值和轴力等计算的抗震受弯承载力所对应的弯矩值,有翼墙时应计入墙两侧各 1 倍翼墙厚度范围内的纵向钢筋;

M_w——墙肢底部截面最不利组合的弯矩计算值;

η_{vw}——抗震墙剪力增大系数,一级可取 1.6,二级可取 1.4,三级可取 1.2。

5.3.2.2 正截面抗弯承载力计算

剪力墙属于偏心受压或偏心受拉构件。它的特点是:截面呈片状(截面高度 h_w 远大于截面墙板厚度 b_w);墙板内配有均匀的竖向分布钢筋,如图 5.28(a)所示。通过试验可知,这些分布钢筋都能参加受力,对抵抗弯矩有一定作用,计算中应加以考虑。但是,由于竖向分布钢筋都比较细(多数在 $\varphi12$ 以下),容易产生压屈现象,所以计算时忽略受压区分布钢筋作用,使设计偏于安全。如有可靠措施防止分布筋压屈,也可在计算中计入其受压作用。

与柱一样,墙肢也可根据破坏形态不同分为大偏压、小偏压、大偏拉和小偏拉 4 种情况。根据平截面假定及极限状态下截面应力分布假定,并进行简化后得到截面计算公式。

图 5.28 大偏心受压极限应力状态

（1）大偏心受压承载力计算（$\xi \leqslant \xi_b$）

在极限状态下，当墙肢截面相对受压区高度不大于其相对界限受压区高度时，为大偏心受压破坏。

采用以下假定建立墙肢截面大偏心受压承载力计算公式：①截面变形符合平截面假定；②不考虑受拉混凝土的作用；③受压区混凝土的应力图用等效矩形应力图替换，应力达到 $\alpha_1 f_c$（f_c 为混凝土轴心抗压强度，α_1 为与混凝土等级有关的等效矩形应力图系数）；④墙肢端部的纵向受拉、受压钢筋屈服；⑤从受压区边缘算起 $1.5x$（x 为等效矩形应力图受压区高度）范围以外的受拉竖向分布钢筋全部屈服并参与受力计算，$1.5x$ 范围以内的竖向分布钢筋未受拉屈服或为受压，不参与受力计算。基于上述假定，极限状态下矩形墙肢截面的应力图形如图5.28所示，根据 $\sum N = 0$ 和 $\sum M = 0$ 两个平衡条件，建立方程。

对称配筋时，$A_s = A'_s$，由 $\sum N = 0$ 计算等效矩形应力图受压区高度 x：

$$N = \alpha_1 f_c b_w x - f_{yw} \frac{A_{sw}}{h_{w0}} (h_{w0} - 1.5x) \tag{5.38a}$$

得

$$x = \frac{N + f_{yw} A_{sw}}{\alpha_1 f_c b_w + 1.5 f_{yw} \dfrac{A_{sw}}{h_{w0}}} \tag{5.38b}$$

式中，系数 α_1，当混凝土强度等级不超过 C50 时，取 1.0；当混凝土强度等级为 C80 时，取0.94；当混凝土强度等级在 C50 和 C80 之间时，按线性内插取值。

对受压区中心取矩，由 $\sum M = 0$ 可得

$$M = f_{yw} \frac{A_{sw}}{h_{w0}} (h_{w0} - 1.5x) \left(\frac{h_{w0}}{2} + \frac{x}{4} \right) + N \left(\frac{h_{w0}}{2} - \frac{x}{2} \right) + f_y A_s (h_{w0} - a') \tag{5.39a}$$

忽略式中 x^2 项，化简后得

$$M = \frac{f_{yw} A_{sw}}{2} h_{w0} \left(1 - \frac{x}{h_{w0}} \right) \left(1 + \frac{N}{f_{yw} h_{w0}} \right) + f_y A_s (h_{w0} - a') \tag{5.39b}$$

上式第一项是竖向分布钢筋抵抗的弯矩，第二项是端部钢筋抵抗的弯矩，分别为

$$M_{sw} = \frac{f_{yw} A_{sw}}{2} h_{w0} \left(1 - \frac{x}{h_{w0}} \right) \left(1 + \frac{N}{f_{yw} h_{w0}} \right) \tag{5.40a}$$

$$M_0 = f_y A_s (h_{w0} - a') \tag{5.40b}$$

截面承载力验算要求：

$$M \leqslant M_0 + M_{sw} \tag{5.41}$$

式中　M——墙肢的弯矩设计值。

工程设计中，先给定竖向分布钢筋的截面面积 A_{sw}，由式（5.38b）计算 x 值，代入式（5.40a），求出 M_{sw}，然后按下式计算端部钢筋面积 A_s：

$$A_s = \frac{M - M_{sw}}{f_y (h_{w0} - a')} \tag{5.42}$$

不对称配筋时，$A_s \neq A'_s$，此时要先给定竖向分布钢筋 A_{sw}，并给定一端的端部钢筋面积 A_s 或 A'_s，求另一端钢筋面积，由 $\sum N = 0$，得

$$N = \alpha_1 f_c b_w x + f_y A_s' - f_y A_s - f_{yw} \frac{A_{sw}}{h_{w0}} (h_{w0} - 1.5x) \tag{5.43a}$$

当已知受拉钢筋面积时,对受压钢筋重心取矩:

$$M \leqslant f_{yw} \frac{A_{sw}}{h_{w0}} \left(h_{w0} - 1.5x \right) \left(\frac{h_{w0}}{2} + \frac{3x}{4} - a' \right) - \alpha_1 f_c b_w x \left(\frac{x}{2} - a' \right) + N(c - a') + f_y A_s (h_{w0} - a')$$

$$\tag{5.43b}$$

当已知受压钢筋面积时,对受拉钢筋重心取矩:

$$M \leqslant f_{yw} \frac{A_{sw}}{h_{w0}} (h_{w0} - 1.5x) \left(\frac{h_{w0}}{2} - \frac{3x}{4} - a \right) - \alpha_1 f_c b_w x \left(h_{w0} - \frac{x}{2} \right) + N(h_{w0} - c - a) - f_y A_s' (h_{w0} - a')$$

$$\tag{5.43c}$$

由式(5.43b)或式(5.43c)可求得 x,再由式(5.43a)求得另一端的端部钢筋面积。

当墙肢截面为 T 形或 I 形时,可参照 T 形或 I 形截面柱的偏心受压承载力计算方法计算配筋。计算时首先判断中和轴的位置,然后计算钢筋面积,计算时,仍然按上述原则考虑竖向分布钢筋的作用。

注意:必须验算是否 $\xi = \dfrac{x}{h_{w0}} \leqslant \xi_b$,否则应按小偏心受压计算配筋;混凝土受压高度应符合 $x \geqslant 2a'$ 的条件,否则按 $x = 2a'$ 计算。

(2)小偏心受压承载力计算($\xi > \xi_b$)

在小偏心受压时,截面全部受压或大部分受压,受拉部分的钢筋未达到屈服应力,所有分布钢筋都不计入抗弯,这时,剪力墙截面的抗弯承载力计算和柱子相同,如图 5.29 所示。

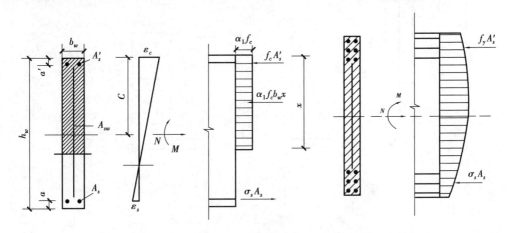

图 5.29　小偏心受压极限应力状态

当采用对称配筋时,可用迭代法,由下式近似求解混凝土相对受压区高度 ξ:

$$\xi = \frac{\gamma_{RE} N - \xi_b \alpha_1 f_c b_w h_{w0}}{\dfrac{\gamma_{RE} Ne - 0.43 \alpha_1 f_c b_w h_{w0}^2}{(\beta_1 - \xi_b)(h_{w0} - a')} + \alpha_1 f_c b_w h_{w0}} \tag{5.44a}$$

由下式求出所需端部受力钢筋面积 $A_s = A_s'$:

$$A_s = A_s' = \frac{\gamma_{RE} Ne - \xi(1 - 0.5\xi) \alpha_1 f_c b_w h_{w0}^2}{f_y (h_{w0} - a')} \tag{5.44b}$$

非对称配筋时,可先按端部构造配筋要求给定 A_s,然后由 $\sum N = 0$ 和 $\sum M = 0$ 两个平衡方程,分别求解 ξ 及 A_s'。

如果 $\xi \geq h_w / h_{u0}$,为全截面受压,取 $x = h_w$,A_s' 可由下式求得:

$$A_s' = \frac{Ne - \alpha_1 f_c b_w h_w \left(h_{u0} - \dfrac{h_w}{2} \right)}{f_y (h_{u0} - a')} \tag{5.44c}$$

式中,$e = e_0 + \dfrac{h_w}{2} - a$,$e_0 = \dfrac{M}{N}$。

墙腹板中的竖向分布钢筋按构造要求配置。

注意:在小偏心受压时,应验算剪力墙平面外的稳定,此时,按轴心受压构件计算。

(3)偏心受拉承载力计算

当墙肢截面承受拉力时,由偏心距大小判别其属于大偏心受拉还是小偏心受拉。当 $e_0 \geq \dfrac{h}{2} - a$ 时为大偏心受拉;当 $e_0 < \dfrac{h}{2} - a$ 时为小偏心受拉。

在大偏心受拉情况下(图5.30),截面部分受压,极限状态下的截面应力分布与大偏心受压相同,忽略压区及中和轴附近分布钢筋作用的假定也相同。

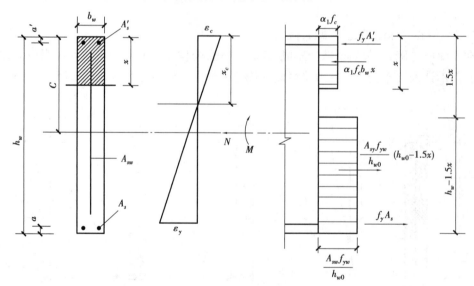

图5.30 大偏心受拉极限应力状态

矩形截面对称配筋时,压区高度 x 可由下式确定:

$$x = \frac{f_{yw} A_{sw} - N}{\alpha_1 f_c b_w + 1.5 f_{yw} \dfrac{A_{sw}}{h_{u0}}} \tag{5.45}$$

与大偏压承载力公式类似,可得到竖向分布钢筋抵抗的弯矩为

$$M_{sw} = \frac{f_{yw} A_{sw}}{2} h_{u0} \left(1 - \frac{x}{h_{u0}} \right) \left(1 - \frac{N}{f_{yw} h_{u0}} \right) \tag{5.46a}$$

端部钢筋抵抗的弯矩为

$$M_0 = f_y A_s (h_{u0} - a') \tag{5.46b}$$

与大偏心受压相同,应先给定竖向分布钢筋面积 A_{sw},为保证截面有受压区,即要求 $x > 0$,由式(5.45)得竖向分布钢筋面积应符合:

$$A_{sw} \geqslant \frac{N}{f_{yv}} \qquad\qquad (5.47)$$

同时,分布钢筋应满足最小配筋率要求,在两者中选择较大的 A_{sw},然后按下式计算端部钢筋面积:

$$A_s \geqslant \frac{M - M_{sw}}{f_y(h_{w0} - a')} \qquad\qquad (5.48)$$

小偏心受拉时,或大偏心受拉而混凝土压区很小($x \leqslant 2a'$)时,按全截面受拉假定计算配筋。对称配筋时,用下面近似公式校核承载力:

$$N \leqslant \cfrac{1}{\cfrac{1}{N_{0u}} + \cfrac{e_0}{M_{wu}}} \qquad\qquad (5.49)$$

式中,

$$N_{0u} = 2A_s f_y + A_{sw} f_{yw} \qquad\qquad (5.50)$$

$$M_{wu} = A_s f_y(h_{w0} - a') + 0.5 A_{sw} f_{yw}(h_{w0} - a') \qquad\qquad (5.51)$$

考虑地震作用或不考虑地震作用时,正截面抗弯承载力的计算公式都是相同的。在考虑地震作用时,承载力公式要用承载力抗震调整系数,即各类情况下的承载力计算公式右边都要乘以 $\dfrac{1}{\gamma_{RE}}$。

5.3.2.3 斜截面抗剪承载力计算

剪力墙受剪产生的斜裂缝有两种情况:一是由弯曲受拉边缘先出现水平裂缝,然后向倾斜方向发展成为斜裂缝;另一种是因腹板中部主拉应力过大,产生斜向裂缝,然后向两边缘发展。墙肢的斜截面剪切破坏一般有以下 3 种形态:

①剪拉破坏。剪跨比较大、无横向钢筋或横向钢筋很少的墙肢,可能发生剪拉破坏。斜裂缝出现后即形成一条主要的斜裂缝,并延伸至受压区边缘,使墙肢劈裂为两部分而破坏。竖向钢筋锚固不好时,也会发生类似破坏。剪拉破坏属于脆性破坏,应当避免。为避免这类破坏的主要措施是配置必需的横向钢筋。

②斜压破坏。斜裂缝将墙肢分割为许多斜的受压柱体,混凝土被压碎而破坏。斜压破坏发生在截面尺寸小、剪压比过大的墙肢。为防止斜压破坏,应加大墙肢截面尺寸或提高混凝土等级,以限制截面的剪压比。

③剪压破坏。这是较常见的墙肢剪切破坏形态。实体墙在竖向力和水平力共同作用下,出现水平裂缝或细的倾斜裂缝。随着水平力增加,出现一条主要斜裂缝,并延伸扩展,混凝土受压区减小,斜裂缝尽端的受压区混凝土在剪应力和压应力共同作用下破坏,横向钢筋屈服。

墙肢斜截面受剪承载力计算公式主要建立在剪压破坏的基础上。受剪承载力由两部分组成:横向钢筋的受剪承载力和混凝土的受剪承载力。作用在墙肢上的轴向压力加大了截面的受压区,提高受剪承载力;轴向拉力则对抗剪不利,降低受剪承载力。计算墙肢斜截面受剪承载力时,应计入轴力的有利或不利影响。

(1)偏心受压斜截面受剪承载力

在轴压力和水平力共同作用下,剪跨比不大于 1.5 的墙肢以剪切变形为主,在腹部出现斜裂缝,形成腹剪斜裂缝,裂缝部分的混凝土即退出工作。取混凝土出现腹剪斜裂缝时的剪力作为混凝土部分的受剪承载力偏于安全。剪跨比大于 1.5 的墙肢在轴压力和水平力共同作用下,在截面边缘出现的水平裂缝向弯矩增大方向倾斜,形成弯剪裂缝,可能导致斜截面剪切破坏。出现弯剪裂缝时混凝土所承担的剪力作为混凝土受剪承载力偏于安全,即只考虑剪力墙腹板部分混凝土的抗剪作用。

试验表明,斜裂缝出现后,穿过斜裂缝的横向钢筋拉应力突然增大,说明横向钢筋与混凝土共同抗剪。

在地震的反复作用下,抗剪承载力降低。

综上,偏心受压墙肢的受剪承载力计算公式为:

无地震作用组合时

$$V \leqslant \frac{1}{\lambda - 0.5}\left(0.5f_t b_w h_{w0} + 0.13N\frac{A_w}{A}\right) + f_{yh}\frac{A_{sh}}{s}h_{w0} \tag{5.52a}$$

有地震作用组合时

$$V \leqslant \frac{1}{\gamma_{RE}}\left[\frac{1}{\lambda - 0.5}\left(0.4f_t b_w h_{w0} + 0.1N\frac{A_w}{A}\right) + 0.8f_{yh}\frac{A_{sh}}{s}h_{w0}\right] \tag{5.52b}$$

式中　b_w, h_{w0}——墙肢截面腹板厚度和有效高度;

A, A_w——墙肢全截面面积和墙肢的腹板面积,矩形截面 $A_w = A$;

N——墙肢的轴向压力设计值,抗震设计时,应考虑地震作用效应组合,当 $N > 0.2f_c b_w h_{w0}$ 时,取 $N = 0.2f_c b_w h_{w0}$;

f_{yh}——横向分布钢筋抗拉强度设计值;

s, A_{sh}——横向分布钢筋间距及配置在同一截面内的横向钢筋面积之和;

λ——计算截面的剪跨比,当 $\lambda < 1.5$ 时取 1.5,当 $\lambda > 2.2$ 时取 2.2,当计算截面与墙肢底截面之间的距离小于 $0.5h_{w0}$ 时,λ 取距墙肢底截面 $0.5h_{w0}$ 处的值。

(2)偏心受拉斜截面受剪承载力计算

大偏心受拉时,墙肢截面还有部分受压区,混凝土仍可以抗剪,但轴向拉力对抗剪不利。偏心受拉时,剪力墙斜截面受剪承载力计算公式为:

无地震作用组合时

$$V \leqslant \frac{1}{\lambda - 0.5}\left(0.5f_t b_w h_{w0} - 0.13N\frac{A_w}{A}\right) + f_{yh}\frac{A_{sh}}{s}h_{w0} \tag{5.53a}$$

有地震作用组合时

$$V \leqslant \frac{1}{\gamma_{RE}}\left[\frac{1}{\lambda - 0.5}\left(0.4f_t b_w h_{w0} - 0.1N\frac{A_w}{A}\right) + 0.8f_{yh}\frac{A_{sh}}{s}h_{w0}\right] \tag{5.53b}$$

式(5.53a)右端的计算值小于 $f_{yh}\frac{A_{sh}}{s}h_{w0}$ 时,取 $f_{yh}\frac{A_{sh}}{s}h_{w0}$;式(5.53b)右端方括号内的计算值小于 $0.8f_{yh}\frac{A_{sh}}{s}h_{w0}$ 时,取 $0.8f_{yh}\frac{A_{sh}}{s}h_{w0}$。

5.3.2.4　水平施工缝的抗滑移验算

由于施工工艺要求,在各层楼板标高处都存在施工缝,施工缝可能形成薄弱部位,出现剪切滑移(图 5.25d)。抗震等级为一级的剪力墙,应防止水平施工缝处发生滑移。考虑了摩擦力有利影响后,要验算通过水平施工缝的竖向钢筋是否足以抵抗水平剪力。当已配置的端部和分布竖向钢筋不够时,可设置附加插筋,附加插筋在上下层剪力墙中都要有足够的锚固长度,其面积可计入 A_s。水平施工缝处的抗滑移应符合下式要求:

$$V_{wj} \leqslant \frac{1}{\gamma_{RE}}(0.6f_y A_s + 0.8N) \tag{5.54}$$

式中　V_{wj}——剪力墙水平施工缝处剪力设计值;

　　　A_s——水平施工缝处剪力墙腹部内竖向分布钢筋和边缘构件中的竖向钢筋总面积(不包括两侧翼墙),以及在墙体中有足够锚固长度的附加竖向插筋面积;

　　　f_y——竖向钢筋抗拉强度设计值;

　　　N——水平施工缝处考虑地震作用组合的轴向力设计值,压力取正值,拉力取负值。

5.3.2.5　墙肢构造要求

(1)最小截面尺寸

墙肢的截面尺寸应满足承载力要求,同时还应满足最小墙厚要求和剪压比限值的要求。

为保证剪力墙在轴力和侧向力作用下的平面外稳定,防止平面外失稳破坏以及有利于混凝土的浇筑质量,剪力墙的最小厚度不应小于表 5.13 中数值的较大者。

表 5.13　剪力墙墙肢最小厚度

部位	抗震等级		非抗震
	一、二级	三、四级	
底部加强部位	200 mm, $h/16$(220 mm, $h/12$)	160 mm, $h/20$(180 mm, $h/16$)	160 mm
其他部位	160 mm, $h/20$(180 mm, $h/16$)	140 mm, $h/25$($h/20$)	

注:①h 为层高或剪力墙无支长度两者的较小值。

②括号内数值用于剪力墙无端柱或翼墙时的情况。

③分隔电梯井的墙肢厚度可适当减小,但不小于 160 mm。

试验表明,墙肢截面的剪压比超过一定值时,将过早出现斜裂缝,增加横向钢筋也不能提高其受剪承载力,很可能在横向钢筋未屈服时,墙肢混凝土发生斜压破坏。为了避免这种破坏,应限制墙肢截面的平均剪应力与混凝土轴心抗压强度之比,即限制剪压比。

无地震作用组合时

$$V \leqslant 0.25\beta_c f_c b_w h_{w0} \tag{5.55a}$$

有地震作用组合时

剪跨比 $\lambda > 2.5$ 时

$$V \leqslant \frac{1}{\gamma_{RE}}(0.2\beta_c f_c b_w h_{w0}) \tag{5.55b}$$

剪跨比 $\lambda \leqslant 2.5$ 时

$$V \leqslant \frac{1}{\gamma_{RE}}(0.15\beta_c f_c b_w h_{w0}) \tag{5.55c}$$

式中　V——墙肢截面剪力设计值,一、二、三级抗震等级的剪力墙底部加强部位墙肢截面应按式(5.37)调整;

　　　β_c——混凝土强度影响系数,当混凝土强度等级不超过 C50 时取 1.0,混凝土强度等级为 C80 时取 0.8,其间线性内插;

　　　λ——计算截面处的剪跨比,$\lambda = \dfrac{M^c}{V^c h_{w0}}$,其中 M^c,V^c 应分别取与 V_w 同一组组合的、未调整的弯矩和剪力计算值。

(2)分布钢筋

剪力墙内竖向和水平分布钢筋有单排配筋及多排配筋两种形式,如图 5.31 所示。

(a) 双排筋　　　　　　　　(b) 暗柱　　　　　　　　(c) 明柱

图 5.31　墙体配筋形式

单排筋施工方便,在同样含钢率下,钢筋直径较粗。但当墙厚较大时,表面容易出现温度收缩裂缝。此外,在山墙及楼电梯间墙上,仅一侧有楼板,竖向力产生平面外偏心受压,在水平力作用下,垂直于力作用方向的剪力墙会产生平面外弯矩。在高层剪力墙中,不允许采用单排配筋。当抗震墙厚度大于 140 mm,且不大于 400 mm 时,其竖向和横向分布钢筋应双排布置;当抗震墙厚度大于 400 mm,且不大于 700 mm 时,其竖向和横向分布钢筋宜采用三排布置;当抗震墙厚度大于 700 mm 时,其竖向和横向分布钢筋宜采用四排布置。竖向和横向分布钢筋的间距不宜大于 300 mm,部分框支剪力墙结构的落地剪力墙底部加强部位,竖向和横向分布钢筋的间距不宜大于 200 mm。竖向和横向分布钢筋的直径均不宜大于墙厚的 1/10 且不应小于 8 mm,竖向钢筋直径不宜小于 10 mm。

一、二、三级抗震等级的剪力墙中竖向和横向分布钢筋的最小配筋率均不应小于 0.25% ,四级抗震等级的剪力墙中分布钢筋的最小配筋率不应小于 0.20% 。对高度小于 24 m 且剪压比很小的四级抗震墙,其竖向分布钢筋的最小配筋率应允许采用 0.15% 。部分框支剪力墙结构的落地剪力墙底部加强部位,其竖向和横向分布钢筋配筋率均不应小于 0.30% 。

分布钢筋间拉筋的间距不宜大于 600 mm,直径不应小于 6 mm,在底部加强部位,拉筋间距适当加密。

竖向和横向分布钢筋的配筋率可分别按下式计算:

$$\rho_{sw} = \frac{A_{sw}}{b_w s} \tag{5.56a}$$

$$\rho_{sh} = \frac{A_{sh}}{b_w s} \tag{5.56b}$$

式中　ρ_{sw}, ρ_{sh}——竖向、横向分布钢筋的配筋率;

A_{sw}, A_{sh}——同一截面内竖向、横向分布钢筋各肢面积之和;

s——竖向或横向钢筋间距。

(3) 轴压比限值

随着建筑高度增加,剪力墙墙肢的轴压力也增加。与钢筋混凝土柱相同,轴压比是影响墙肢抗震性能的主要因素之一,轴压比大于一定值后,延性很小或没有延性。必须限制抗震剪力墙的轴压比。一、二、三级抗震等级剪力墙在重力荷载代表值作用下,墙肢的轴压比应满足表 5.14 的要求。

表 5.14　墙肢轴压比限值

轴压比	一级		二、三级
	9 度	7 度、8 度	
μ	0.4	0.5	0.6

轴压比 $\mu = \dfrac{N}{f_c A}$。计算墙肢轴压比时,轴向压力设计值 N 取重力荷载代表值作用下产生的轴压力设计值(自重分项系数取 1.2,活荷载分项系数取 1.4)。

(4)底部加强部位

悬臂剪力墙的塑性铰通常出现在底截面。剪力墙下部 h_w 高度范围内(h_w 为截面高度)是塑性铰区,称为底部加强区。规范要求,底部加强区的高度从地下室顶板算起,房屋高度大于 24 m 时,底部加强部位的高度可取底部两层和墙体总高度的 1/10 两者的较大值;房屋高度不大于 24 m 时,底部加强部位可取底部一层(部分框支抗震墙结构的抗震墙,其底部加强部位的高度,可取框支层加框支层以上两层的高度及落地抗震墙总高度的 1/10 两者的较大值),当结构计算嵌固端位于地下一层底板或以下时,底板加强部位宜延伸到计算嵌固端。

(5)边缘构件

剪力墙截面两端及洞口两侧设置边缘构件是提高墙肢端部混凝土极限压应变、改善剪力墙延性的重要措施。边缘构件分为约束边缘构件和构造边缘构件两类。约束边缘构件是指用箍筋约束的暗柱(矩形截面端部)、端柱和翼墙(图 5.32),其箍筋较多,对混凝土的约束较强,混凝土有比较大的变形能力;构造边缘构件的箍筋较少,对混凝土约束程度稍差。

底层墙肢底截面的轴压比大于表 5.15 规定的一、二、三级抗震墙,以及部分框支抗震墙结构的抗震墙,应在底部加强部位及相邻的上一层设置约束边缘构件,在以上的其他部位可设置构造边缘构件,底层墙肢底截面的轴压比不大于表 5.15 规定的一、二、三级抗震墙,以及四级抗震墙和非抗震设计的剪力墙,可设置构造边缘构件。约束边缘构件沿墙肢的长度、配箍特征值、箍筋和纵向钢筋宜符合表 5.16 的要求(图 5.32)。

表 5.15　剪力墙设置构造边缘构件的最大轴压比

等级或烈度	一级(9 度)	一级(6 度、7 度、8 度)	二、三级
轴压比	0.1	0.2	0.3

表 5.16　约束边缘构件沿墙肢长度 l_c 及其配箍特征值 λ_v

项目	一级(9 度)		一级(8 度)		二、三级	
	$\lambda \leqslant 0.2$	$\lambda > 0.2$	$\lambda \leqslant 0.3$	$\lambda > 0.3$	$\lambda \leqslant 0.4$	$\lambda > 0.4$
l_c(暗柱)	$0.20h_w$	$0.25h_w$	$0.15h_w$	$0.20h_w$	$0.15h_w$	$0.20h_w$
l_c(翼墙或端柱)	$0.15h_w$	$0.20h_w$	$0.10h_w$	$0.15h_w$	$0.10h_w$	$0.15h_w$
λ_v	0.12	0.20	0.12	0.20	0.12	0.20
纵向钢筋(取较大值)	$0.012A_c$,$8\phi16$		$0.012A_c$,$8\phi16$		$0.010A_c$,$6\phi16$ (三级 $6\phi14$)	
箍筋或拉筋沿竖向间距	100 mm		100 mm		150 mm	

在表 5.16 中,λ 为剪力墙轴压比。当抗震墙的翼墙长度小于其 3 倍厚度或端柱截面边长小于 2 倍墙厚时,按无翼墙、无端柱查表;l_c 为约束边缘构件沿墙肢长度,且不小于墙厚和 400 mm,有翼墙或端柱时不应小于翼墙厚度或端柱沿墙肢方向截面高度加 300 mm;λ 为墙肢

轴压比;h_w 为抗震墙墙肢长度;A_c 为图 5.32 中约束边缘构件阴影部分的截面面积。

λ_v 为约束边缘构件的配箍特征值。工程设计时,由配箍特征值确定体积配箍率 ρ_v,由体积配箍率便可确定箍筋的直径、肢数、间距等。体积配箍率 ρ_v 可由式(5.57)计算,并可适当计入满足构造要求且在墙端有可靠锚固的水平分布钢筋的截面面积,计算时,混凝土强度等级低于 C35 时,应按 C35 计算。

$$\rho_v = \lambda_v \frac{f_c}{f_{yv}} \tag{5.57}$$

图 5.32　剪力墙的约束边缘构件

剪力墙约束边缘构件阴影部分(图 5.32)的竖向钢筋除应满足正截面受压(受拉)承载力要求外,其配筋率一、二、三级时分别不应小于 1.2%,1.0% 和 1.0%,并分别不应少于 8 ϕ16,6 ϕ16 和 6 ϕ14 的钢筋。约束边缘钢筋内箍筋或拉筋沿竖向的间距,一级不宜大于 100 mm,二、三级不宜大于 150 mm;箍筋、拉筋沿水平方向的肢距不宜大于 300 mm,不应大于竖向钢筋间距的 2 倍。

除了要求设置约束边缘构件的各种情况外,在高层建筑中剪力墙墙肢两端要设置构造边缘构件。构造边缘构件沿墙肢的长度按如图 5.33 所示阴影部分确定。构造边缘构件的配筋应满足正截面受压(受拉)承载力的要求,并不少于表 5.17 的构造要求(表中为构造边缘构件的截面面积,即图 5.33 中剪力墙截面的阴影面积)。当端柱承受集中荷载时,其竖向钢筋、箍筋直径和间距应满足框架柱的相应要求。构造边缘构件中的箍筋、拉筋沿水平方向的肢距不宜大于 300 mm,不应大于竖向钢筋间距的 2 倍。

抗震设计时,对连体结构、错层结构以及 B 级高度高层建筑结构中的剪力墙(筒体),其构造边缘构件中,竖向钢筋的最小配筋量应比表5.17中的数值提高0.001A_c;箍筋的配筋范围宜取图5.33中的阴影部分,其配箍特征值λ_v不宜小于0.1。

非抗震设计的剪力墙,墙肢端部应配置不少于4φ12的纵向钢筋,箍筋直径不应小于6 mm,间距不宜大于250 mm。

(a)暗柱   (b)翼柱   (c)端柱

图5.33 剪力墙墙肢构造边缘构件范围

表 5.17 剪力墙构造边缘构件的最小配筋要求

抗震等级	底部加强部位		
	竖向钢筋最小量 (取较大值)	箍筋	
		最小直径/mm	沿竖向最大间距/mm
一	0.010A_c,6φ16	8	100
二	0.008A_c,6φ14	8	150
三	0.006A_c,6φ12	6	150
四	0.005A_c,4φ12	6	200
抗震等级	其他部位		
	竖向钢筋最小量 (取较大值)	拉筋	
		最小直径/mm	沿竖向最大间距/mm
一	0.008A_c,6φ14	8	150
二	0.006A_c,6φ12	8	200
三	0.005A_c,4φ12	6	200
四	0.004A_c,4φ12	6	250

(6)钢筋的锚固和连接

剪力墙内钢筋的锚固长度,非抗震设计时,剪力墙纵向钢筋最小锚固长度应取l_a;抗震设计时,剪力墙纵向钢筋最小锚固长度取l_{aE}。

剪力墙竖向及水平分布钢筋采用搭接连接时,如图5.34所示,接头位置应错开,同一截面连接的钢筋数量不宜超过总数量的50%,错开净距不宜小于500 mm;其他情况剪力墙可在同一截面连接。分布钢筋的搭接长度,非抗震设计时不应小于1.2l_a,抗震设计时不应小于1.2l_{aE}。

暗柱及端柱内纵向钢筋连接和锚固要求宜与框架柱相同。

图 5.34　剪力墙分布钢筋的搭接连接

【例 5.3】　已知某矩形截面剪力墙,混凝土强度等级为 C30,抗震等级为二级,总高度为 42 m,$b_w = 200$ mm,$h_w = 6\,500$ mm。剪力墙的端部设计为约束边缘构件,配置 3B10@100 的箍筋,箍筋采用 HRB335 级。确定该约束边缘构件的范围,并验算箍筋的配置是否满足要求。

解　(1)约束边缘构件沿墙肢方向长度 l_c:

$$\begin{cases} 0.20h_w = 0.20 \times 6\,500 \text{ mm} = 1\,300 \text{ mm} \\ 1.5b_w = 1.5 \times 200 \text{ mm} = 300 \text{ mm} \\ 450 \text{ mm} \end{cases}$$

取三者最大值 1 300 mm。

(2)配箍范围沿墙的方向长度:

$$\begin{cases} b_w = 200 \text{ mm} \\ l_c/2 = 1\,300/2 \text{ mm} = 650 \text{ mm} \\ 400 \text{ mm} \end{cases}$$

取最大值 650 mm。

(3)体积配箍率。约束边缘构件的配箍特征值 $\lambda_v = 0.2$

要求的体积配箍率　　　$\rho_v = \lambda_v \dfrac{f_c}{f_{yv}} = 0.20 \times \dfrac{14.3}{300} = 0.952\%$

实际体积配箍率

$$\rho_v = \frac{n_1 A_{s1} l_1 + n_2 A_{s2} l_2}{A_{cor} s} = \frac{78.5 \times (2 \times 580 + 4 \times 170)}{580 \times 170 \times 100} = 0.0146 = 1.46\% > 0.952\%$$

满足要求。

5.3.3　连梁设计

剪力墙中的连梁通常跨度小而梁高较大,即跨高比较小。住宅、旅馆剪力墙结构中的连梁的跨高比常常小于 2.0,甚至不大于 1.0,在侧向力作用下,连梁与墙肢相互作用产生的约束弯矩与剪力较大,且约束弯矩和剪力在梁两端方向相反,这种反弯作用使梁产生很大的剪切变形,容易出现斜裂缝而导致剪切破坏(图 5.35)。

图 5.35　连梁受力与变形

　　按照延性剪力墙强墙弱梁要求,连梁屈服应先于墙肢屈服,即连梁先形成塑性铰耗散地震能量,此外,连梁还应当强剪弱弯,避免剪切破坏。

　　一般剪力墙中,可采用降低连梁的弯矩设计值的方法,按降低后的弯矩进行配筋,可使连梁先于墙肢屈服和实现弯曲屈服。由于连梁跨高比小,很难避免斜裂缝及剪切破坏,必须采取限制连梁名义剪应力等措施推迟连梁的剪切破坏。对延性要求高的核心筒连梁和框筒裙梁,可采用配置交叉斜筋、集中对角斜筋或对角暗撑等措施,改善连梁受力性能。

5.3.3.1　连梁内力设计值

（1）弯矩设计值

　　为了使连梁弯曲屈服,应降低连梁的弯矩设计值,方法是弯矩调幅。调幅的方法如下：

　　①在小震作用下的内力和位移计算时,通过折减连梁刚度,使连梁的弯矩、剪力值减小。设防烈度为 6 度、7 度时,折减系数不小于 0.7;8 度、9 度时,折减系数不小于 0.5。折减系数不能过小,以保证连梁有足够的承受竖向荷载的能力。

　　②按连梁弹性刚度计算内力和位移,将弯矩组合值乘以折减系数。一般是将中部弯矩最大的一些连梁的弯矩调小（抗震设防烈度为 6 度、7 度时,折减系数不小于 0.8;8 度、9 度时,不小于 0.5）,其余部位的连梁和墙肢弯矩设计值则应相应地提高,如图 5.36 所示,以维持静力平衡。

图 5.36　连梁弯矩调幅

　　实际工程设计中常采用第一种方法,它与一般的弹性计算方法并无区别,且可自动调整（增大）墙肢内力,比较简便。

　　无论哪一种方法,调整后的连梁弯矩比弹性时降低越多,它就越早出现塑性铰,塑性铰转动也会越大,对连梁的延性要求也就越高。应当限制连梁的调幅值,同时应使这些连梁能抵抗正常使用荷载和风荷载作用下的内力。

　　（2）剪力设计值

　　非抗震设计及四级剪力墙的连梁,应分别取考虑水平风荷载、水平地震作用组合的剪力设计值。一、二、三级的剪力墙的连梁,梁端截面组合的剪力设计值应按下式调整：

$$V = \eta_{vb} \frac{M_b^l + M_b^r}{l_n} + V_{Gb} \tag{5.58a}$$

9 度时一级剪力墙的连梁应按下式确定:

$$V = 1.1 \frac{M_{bua}^l + M_{bua}^r}{l_n} + V_{Gb}$$ （5.58b）

式中　M_b^l, M_b^r——连梁左右端截面顺时针或逆时针方向的弯矩设计值;

　　　M_{bua}^l, M_{bua}^r——连梁左右端截面顺时针或逆时针方向实配的抗震受弯承载力所对应的弯矩值,应按实配钢筋面积(计入受压钢筋)和材料强度标准值并考虑承载力抗震调整系数计算;

　　　l_n——连梁的净跨;

　　　V_{Gb}——在重力荷载代表值作用下按简支梁计算的梁端截面剪力设计值;

　　　η_{vb}——连梁剪力增大系数,一级取 1.3,二级取 1.2,三级取 1.1。

5.3.3.2　连梁承载力验算

(1)受弯承载力

连梁可按普通梁的方法计算受弯承载力。

连梁通常都采用对称配筋,此时的验算公式可简化如下:

无地震作用组合时　　　　　　$M_b \leqslant f_y A_s (h_{b0} - a')$ （5.59a）

有地震作用组合时　　　　　　$M_b \leqslant \frac{1}{\gamma_{RE}} f_y A_s (h_{b0} - a')$ （5.59b）

式中　M_b——连梁弯矩设计值;

　　　A_s——受力纵向钢筋面积;

　　　$(h_{b0} - a')$——上、下受力钢筋重心之间的距离。

(2)受剪承载力验算

跨高比较小的连梁斜裂缝扩展到全对角线上,在地震反复作用下,受剪承载力降低。连梁的受剪承载力按下式计算:

无地震作用组合时　　　　　　$V \leqslant 0.7 f_t b_b h_{b0} + f_{yv} \frac{A_{sv}}{s} h_{b0}$ （5.60a）

有地震作用组合时

跨高比大于 2.5 的连梁　　　　$V \leqslant \frac{1}{\gamma_{RE}} \left(0.42 f_t b_b h_{b0} + f_{yv} \frac{A_{sv}}{s} h_{b0} \right)$ （5.60b）

跨高比不大于 2.5 的连梁　　　$V \leqslant \frac{1}{\gamma_{RE}} \left(0.38 f_t b_b h_{b0} + 0.9 f_{yv} \frac{A_{sv}}{s} h_{b0} \right)$ （5.60c）

式中　V——按式(5.58)调整后的连梁截面剪力设计值。

跨高比按 l/h_b 计算。

5.3.3.3　连梁构造要求

(1)最小截面尺寸

为避免过早出现斜裂缝和混凝土过早剪坏,要限制截面名义剪应力,连梁截面的剪力设计值应满足下式要求;

无地震作用组合时　　　　　　$V \leqslant 0.25 \beta_c f_c b_b h_{b0}$ （5.61a）

有地震作用组合时

跨高比大于 2.5 的连梁　　　　$V \leqslant \frac{1}{\gamma_{RE}} (0.20 \beta_c f_c b_b h_{b0})$ （5.61b）

跨高比不大于 2.5 的连梁　　　$V \leqslant \dfrac{1}{\gamma_{RE}}(0.15\beta_c f_c b_b h_{b0})$ ⠀⠀⠀⠀⠀(5.61c)

式中　V——按式(5.58)调整后的连梁截面剪力设计值。

（2）配筋

跨高比不大于 1.5 的连梁,非抗震设计时,其纵向钢筋的最小配筋率可取为 0.2%;抗震设计时,其纵向钢筋的最小配筋率宜符合表 5.18 的要求;跨高比大于 1.5 的连梁,其纵向钢筋的最小配筋率可按框架梁的要求采用。

表 5.18　跨高比不大于 1.5 的连梁纵向钢筋的最小配筋率

跨高比	最小配筋率(采用较大值)
$l/h_b \leqslant 0.5$	$0.20,45f_t/f_y$
$0.5 < l/h_b \leqslant 1.5$	$0.25,55 f_t/f_y$

非抗震设计时,剪力墙连梁顶面及底面单侧纵向钢筋的最大配筋率不宜大于 2.5%;抗震设计时,剪力墙连梁顶面及底面单侧纵向钢筋的最大配筋率宜符合表 5.19 的要求。如不满足,则应按实配钢筋进行连梁强剪弱弯的验算。

表 5.19　连梁单侧纵向钢筋的最大配筋率

跨高比	最大配筋率
$l/h_b \leqslant 1.0$	0.6
$1.0 < l/h_b \leqslant 2.0$	1.2
$2.0 < l/h_b \leqslant 2.5$	1.5

连梁顶面、底面纵向水平钢筋伸入墙肢的长度,抗震设计时不应小于 l_{aE};非抗震设计时不应小于 l_a,且均不应小于 600 mm(图 5.37)。抗震设计时,沿连梁全长箍筋的构造应符合框架梁梁端箍筋加密区的箍筋构造要求;非抗震设计时,沿连梁全长的箍筋直径不应小于 6 mm,间距不应大于 150 mm。顶层连梁纵向水平钢筋伸入墙肢的长度范围内应配置箍筋,箍筋间距不宜大于 150 mm,直径应与该连梁箍筋直径相同。

连梁高度范围内的墙肢水平分布钢筋应在连梁内拉通作为连梁的腰筋。连梁截面高度大于 700 mm 时,其两侧腰筋的直径不应小于 8 mm,间距不应大于 200 mm;跨高比不大于 2.5 的连梁,其两侧腰筋的总面积配筋率不应小于 0.3%。

（3）交叉斜筋、集中对角斜筋或对角暗撑配筋连梁

对一、二级抗震等级的连梁,当跨高比不大于 2.5 时,除普通箍筋外宜另配置斜向交叉钢筋、集中对角斜筋或对角暗撑。试验研究表明,采用斜向交叉钢筋、集中对角斜筋或对角暗撑配筋的连梁,可以有效地改善小跨高比连梁的抗剪性能,获得较好的延性。

当洞口连梁截面宽度不小于 250 mm 时,可采用交叉斜筋配筋(图 5.38),其截面限制条件应满足下式要求:

$$V \leqslant \dfrac{1}{\gamma_{RE}}(0.25\beta_c f_c b_b h_{b0})$$ ⠀⠀⠀⠀⠀(5.62)

斜截面受剪承载力应符合下式要求:

图 5.37 连梁配筋构造示意(非抗震设计时图中 l_{aE} 取 l_a)

$$V \leqslant \frac{1}{\gamma_{RE}}\left[0.4f_t b_b h_{b0} + (2.0 \sin \alpha + 0.6\eta)f_{yd}A_{sd}\right] \tag{5.63a}$$

$$\eta = (f_{sv}A_{sv}h_{b0})/sf_{yd}A_{sd} \tag{5.63b}$$

式中 η——箍筋与对角斜筋的配筋强度比,当小于 0.6 时取 0.6,当大于 1.2 时取 1.2;

α——对角斜筋与梁纵轴的夹角;

A_{sd}——单向对角斜筋的截面面积;

f_{yd}——对角斜筋的抗拉强度设计值;

A_{sv}——同一截面内箍筋各肢的全部截面面积。

图 5.38 交叉斜筋配筋连梁

1—对角斜筋;2—折线筋;3—纵向钢 0 筋

当连梁截面宽度不小于 400 mm 时,可采用集中对角斜筋配筋(图 5.39)或对角暗撑(即用矩形箍筋或螺旋箍筋与斜向交叉钢筋绑在一起,成为交叉斜撑)配筋(图 5.40),其截面限制条件应满足式(5.62)的要求。斜截面受剪承载力应符合下式要求:

$$V \leqslant \frac{2}{\gamma_{RE}} f_{yd} A_{sd} \sin \alpha \tag{5.64}$$

图 5.39　集中对角斜筋配筋连梁
1—对角斜筋;2—拉筋

1—1

图 5.40　对角暗撑配筋连梁
1—对角暗撑

【例 5.4】　某 16 层剪力墙结构,层高 3.0 m,8 度抗震设防,设计基本地震加速度为 0.2 g,设计地震分组第一组,Ⅱ类场地,C30 混凝土,钢筋均采用 HRB400。如图 5.41 所示为该结构的一片剪力墙截面,墙厚 200 mm,墙肢 1 在重力荷载代表值作用下底截面的轴压力设计值为 4 956.4 kN,底截面有两组最不利内力组合:①$M = 2\ 714.1$ kN·m,$N = -562.2$ kN·m,$V = 200.5$ kN;②$M = 2\ 592.1$ kN·m,$N = -6\ 903.5$ kN·m,$V = 198.7$ kN。(1)计算墙肢 1 底部加强部位的配筋,画配筋图。(2)连梁 1 的高度为 1 200 mm,最不利内力组合计算值为:$M_b = 72.6$ kN·m,$V_b = 149.6$ kN。计算连梁 1 的配筋,并绘制配筋图。

解　查表 3.11,该剪力墙抗震等级为二级,底部加强部位的墙体厚度满足不小于 200 mm 的要求。

(1)墙肢 1 底截面的轴压比及边缘构件

轴压比　　　　　$\mu_N = \dfrac{N}{f_c A} = \dfrac{4\ 956.4 \times 10^3}{14.3 \times 200 \times 4\ 500} = 0.385 > 0.3$

底部加强部位墙肢两端应设置约束边缘构件。

图 5.41　某剪力墙墙肢

墙肢左端有翼墙,但其长度为 500 mm $< 3b_w = 600$ mm(图 5.32),视为无翼墙,设计暗柱。$\mu_N = 0.385 < 0.4$,由表 5.16 取 $l_c = 0.15h_w = 0.15 \times 4\,700$ mm $= 705$ mm,以及 $b_w = 200$ mm,和 400 mm 中的较大值,最后取 $l_c = 710$ mm(约束边缘构件的长度),纵向钢筋的配筋范围即阴影部分的长度范围为

$$
\begin{cases}
\dfrac{1}{2}l_c = 355 \text{ mm} \\
b_w = 200 \text{ mm} \\
400 \text{ mm}
\end{cases}
$$

取三者的最大值为 400 mm。

在此长度范围内,抗震等级为二级时,竖向钢筋的配筋率不小于 1.0%。纵向钢筋合力点至截面边缘的距离 $a = 200$ mm, $h_{u0} = (4\,700 - 200)$ mm $= 4\,500$ mm。

(2)墙肢竖向钢筋计算

竖向和水平分布筋都取 C8@200,双层钢筋网,配筋率为

$$
\rho = \frac{A_s}{b_w s} = \frac{2 \times 50.3}{200 \times 200} = 0.25\%
$$

满足二级抗震等级剪力墙中竖向和横向分布钢筋的最小配筋率均不应小于 0.25% 的构造要求。

墙肢 1 竖向分布钢筋的截面面积 $A_{sw} = (4\,700 - 400 - 400) \times 200 \times 0.25\%$ mm$^2 = 1\,950$ mm^2。

从题目中给出的剪力墙内力情况看,其弯矩值较大,估计墙肢 1 为大偏压受压构件,由 M-N 相关曲线(图 5.42),大偏心受压时,M 相同,N 越小,其配筋越多,取第①组内力值进行配筋设计。

考虑地震效应组合,由式(5.38b)

$$
x = \frac{\gamma_{RE}N + f_{yw}A_{sw}}{\alpha_1 f_c b_w + 1.5 f_{yw}\dfrac{A_{sw}}{h_{u0}}} = \frac{0.85 \times 562.2 \times 10^3 + 360 \times 1\,950}{1 \times 14.3 \times 200 + 1.5 \times 360 \times \dfrac{1\,950}{4\,500}} \text{ mm} = 381.3 \text{ mm} > 2a'_s
$$

$$
= 2 \times 170 \text{ mm} = 340 \text{ mm}
$$

$$
\xi = \frac{x}{h_{u0}} = \frac{381.3}{4\,500} = 0.08 < 0.518 = \xi_b \text{ 为大偏压。}
$$

由式(5.40a),竖向分布钢筋抵抗的弯矩为

$$
M_{sw} = \frac{f_{yw}A_{sw}}{2}h_{u0}\left(1 - \frac{x}{h_{u0}}\right)\left(1 + \frac{\gamma_{RE}N}{f_{yw}h_{u0}}\right) = \frac{360 \times 1\,950}{2} \times 4\,500 \times \left(1 - \frac{381.3}{4\,500}\right) \times
$$

$$
\left(1 + \frac{0.85 \times 562.2 \times 10^3}{360 \times 4\,500}\right) \text{ N} \cdot \text{mm} = 1\,872 \text{ kN} \cdot \text{m}
$$

图 5.42　配筋用的 M-N 曲线

由式(5.42),端部钢筋为

$$A_s = \frac{\gamma_{RE}M - M_{sw}}{f_y(h_{w0} - a')} = \frac{(0.85 \times 2\,714.1 - 1\,872) \times 10^6}{360 \times (4\,500 - 200)}\,\text{mm}^2 = 281\,\text{mm}^2,\text{约束边缘构件在阴影}$$

长度范围内,纵向钢筋的配筋率不应小于 1.0% ,即

$A_{s\ \min} = 200 \times 400 \times 1.0\% = 800 \text{ mm}^2 > 281 \text{ mm}^2$，且构造要求同时不应少于 6A16 （$A_s = 1\ 206 \text{ mm}^2$），最后选配钢筋 6C16。

（3）斜截面抗剪承载力计算

水平分布钢筋取 C8@200，双排布置，$A_{sh} = 2 \times 50.5 \text{ mm}^2 = 101 \text{ mm}^2$。

先对墙肢剪力设计值进行调整，由式（5.37a），$V = \eta_{vw} V_w = 1.4 \times 200.5 \text{ kN} = 280.7 \text{ kN}$。

按剪压比校核截面尺寸：

墙肢 1 的剪跨比 $\qquad \lambda = \dfrac{M^c}{V^c h_{w0}} = \dfrac{2\ 714.1 \times 10^3}{200.5 \times 4\ 500} = 3.0 > 2.5$

由式（5.55b）校核截面尺寸：

$\dfrac{1}{\gamma_{RE}}(0.2\beta_c f_c b_w h_{w0}) = \dfrac{1}{0.85} \times (0.2 \times 1 \times 14.3 \times 200 \times 4\ 500) \text{ N} = 3\ 028 \text{ kN} > 280.7 \text{ kN}$

截面尺寸满足要求。

因 $\lambda = 3.0 > 2.2$，取 $\lambda = 2.2$ 代入式（5.52b）作斜截面承载力验算，同时，

$0.2 f_c b_w h_w = 0.2 \times 14.3 \times 200 \times 4\ 700 \text{ N} = 2\ 688.4 \text{ kN} > N = 562.2 \text{ kN}$，故取 $N = 562.2 \text{ kN}$ 计算：

$$\dfrac{1}{\gamma_{RE}}\Big[\dfrac{1}{\lambda - 0.5}\Big(0.4 f_t b_w h_{w0} + 0.1 N \dfrac{A_w}{A}\Big) + 0.8 f_{yh} \dfrac{A_{sh}}{s} h_{w0}\Big]$$

$$= \dfrac{1}{0.85}\Big[\dfrac{1}{2.2 - 0.5} \times (0.4 \times 1.43 \times 200 \times 4\ 500 + 0.1 \times 562.2 \times 10^3) + 0.8 \times 360 \times \dfrac{101}{200} \times 4\ 500\Big] \text{N}$$

$$= 1\ 165.1 \text{ kN} > 280.7 \text{ kN} \quad \text{满足要求。}$$

（4）约束边缘构件配筋

$\mu_N = 0.385 < 0.4$，查表 5.16 得约束边缘构件端部阴影部分 400 mm 长度内的配箍特征值 $\lambda_v = 0.12$，由式（5.57）计算体积配箍率：

$\rho_v = \lambda_v \dfrac{f_c}{f_{yv}} = 0.12 \times \dfrac{16.7}{360} = 0.56\%$（计算体积配箍率时，当混凝土强度等级低于 C35 时，应取 C35 混凝土轴心抗压强度设计值进行计算）

若采用双肢箍 C8@100，取剪力墙保护层厚度为 15 mm，如图 5.43 所示，体积配箍率为

$\dfrac{3 \times 50.5 \times (200 - 30 - 2 \times 8) + 2 \times 50.5 \times (400 - 15)}{154 \times 385 \times 100} \times 100\% = 1.05\% > 0.56\%$

按图 5.43 验算暗柱中非阴影部分箍筋的体积配箍率为

$\dfrac{1 \times 50.5 \times (200 - 30 - 2 \times 8) + 2 \times 50.5 \times (710 - 400)}{(200 - 30 - 2 \times 8) \times (710 - 400) \times 100} \times 100\% = 0.818\% > \dfrac{\rho_v}{2} = 0.28\%$

按图 5.43 配置暗柱箍筋满足要求。

（5）连梁抗弯钢筋（按连梁弯矩不调幅计算）

$$h_b = 1\ 200 \text{ mm}, \quad h_{b0} = (1\ 200 - 40) \text{ mm} = 1\ 160 \text{ mm}$$

$$A_s = \dfrac{\gamma_{RE} M_b}{f_y (h_{b0} - a')} = \dfrac{0.75 \times 72.6 \times 10^6}{360 \times (1\ 160 - 40)} \text{ (mm}^2) = 135 \text{ mm}^2$$

选用 2C12（$A_s = 226 \text{ mm}^2$）。

400　　310

710

图 5.43　暗柱配筋图

连梁两侧应配置腰筋,配筋率不小于 0.3%,则两侧腰筋所需总面积 $A_s = 0.3\% \times 200 \times 1\,200 = 720\ \text{mm}^2$,每侧配 5A10,两侧腰筋总面积为 786 mm^2,间距不大于 200 mm。

(6)连梁抗剪计算

根据式(5.58a)进行强剪弱弯调整(忽略重力荷载代表值产生的剪力):

$$V = \eta_{vb}\frac{M_b^l + M_b^r}{l_n} + V_{Gb} = \left[1.2 \times \frac{(72.6 + 72.6) \times 10^3}{1100} + 0\right]\ \text{kN} = 158.4\ \text{kN} > 149.6\ \text{kN}$$

按剪压比验算截面尺寸:

跨高比 $\dfrac{l}{h_b} = \dfrac{1\,100}{1\,200} = 0.92 < 2.5$,故

$$\frac{1}{\gamma_{RE}}(0.15\beta_c f_c b_b h_{b0}) = \frac{1}{0.85} \times (0.15 \times 1.0 \times 14.3 \times 200 \times 1\,160)\ \text{kN} = 585.5\ \text{kN} > 158.4$$

kN,满足要求。

按式(5.60c)计算箍筋:

$$\frac{A_{sv}}{s} = \frac{\gamma_{RE}V - 0.38f_t b_b h_{b0}}{0.9f_{yv}h_{b0}} = \frac{0.85 \times 158.4 \times 10^3 - 0.38 \times 1.43 \times 200 \times 1\,160}{0.9 \times 360 \times 1\,160} = 0.023$$

配置 A8 双肢箍,$A_{sv} = 101\ \text{mm}^2$,则 $s = \dfrac{101}{0.023}$ mm = 4 391 mm,考虑抗震设计时,沿连梁全长箍筋的构造应符合框架梁端箍筋加密区的箍筋构造要求,连梁箍筋配置为 A8@100。

(7)墙肢 1、连梁 1 配筋图如图 5.44、图 5.45 所示。

图 5.44　墙肢 1 配筋图

图 5.45　连梁 1 配筋图

【例 5.5】　已知某剪力墙结构的底层有一双肢剪力墙,墙厚 180 mm,剪力墙截面尺寸如图 5.46 所示,抗震等级为二级,混凝土采用 C25,墙体竖向分布钢筋采用双排布置,端部纵筋采用 HRB400 级钢筋,箍筋和分布钢筋采用 HPB300 级钢筋,且端部纵向钢筋对称配置。承受的最不利组合内力设计值为:左墙肢地震组合时,$M = 5\ 370.11$ kN·m,$N = 3\ 414.22$ kN(右震),$N = 472.44$ kN(左震),$V = 551.82$ kN;右墙肢地震组合时,$M = 264.84$ kN·m,$N = 2\ 135.82$ kN(右震),$N = -805.96$ kN(左震),$V = 121.12$ kN。连梁承受的最不利内力组合设计值为地震组合,其值为 $M_b = 70.41$ kN·m,$V_b = 97.11$ kN;连梁高 500 mm,洞口高 2 100 mm,洞口宽 1 200 mm;墙高 4 900 mm。试对此剪力墙进行截面设计。

　　解

　　(1)剪力墙设计

　　由已知条件得:$f_c = 11.9$ N/mm²,$f_y = 360$ N/mm²,$f_{yv} = 210$ N/mm²。

图 5.46 剪力墙截面尺寸图(单位:mm)

1)左肢墙

①验算墙体截面尺寸

墙肢端部无翼墙,应设计暗柱,且 $\mu_N = \dfrac{N}{f_c A} = \dfrac{3\,414.22 \times 10^3}{11.9 \times 180 \times 4\,750} = 0.34 > 0.3$,应设置约束边缘构件。又因 $\mu_N = \dfrac{N}{f_c A} = \dfrac{3\,414.22 \times 10^3}{11.9 \times 180 \times 4\,750} = 0.34 < 0.4$ 由表 5.16,取 $l_c = 0.15 h_w = 0.15 \times 4\,750 = 712.5$ mm,$b_w = 180$ mm 和 400 mm 三者中的较大值,并以 5 mm 为模板取值。故取 $l_c = 715$ mm(约束边缘构件的长度),纵向钢筋的配筋范围即阴影部分的长度范围为

$$\begin{cases} \dfrac{1}{2} l_c = 357.5 \text{ mm} \\ b_w = 180 \text{ mm} \\ 400 \text{ mm} \end{cases}$$,取最大值为 400 mm。在此长度范围内,竖向钢筋的配筋率不小于

1.0%。则纵向钢筋合力点至截面边缘的距离 $a = 200$ mm,$h_{w0} = h_w - a_s = 4\,750 - 200 = 4\,550$ mm。

根据底层墙端截面的组合弯矩设计值,对应的截面组合剪力设计值可以计算出截面处的剪跨比为

$$\lambda = \frac{M}{V h_{w0}} = \frac{5\,730.11 \times 10^3}{551.82 \times 4\,570} = 2.27 < 2.5$$

另外,剪力墙底部加强区范围的剪力设计值还需要进行调整,因为抗震等级为二级,所以墙肢底部加强部位截面的剪力计算值需乘以 1.4 的剪力增大系数,即

$$V_w = 1.4V = 1.4 \times 551.82 \text{ kN} = 772.55 \text{ kN}$$

由式(5.55a)校核截面尺寸:

$$\frac{1}{\gamma_{RE}}(0.15 \beta_c f_c b_w h_{w0}) = \frac{1}{0.85}(0.15 \times 1 \times 11.9 \times 180 \times 4\,550) \text{ N} = 1\,719.9 \text{ kN} > 772.55 \text{ kN}$$

截面尺寸满足要求。

②验算轴压比

该剪力墙抗震等级为二级,轴压比限值为 0.6,

轴压比 $\mu_N = \dfrac{N}{f_c A} = \dfrac{3\,414.22 \times 10^3}{11.9 \times 180 \times 4\,750} = 0.34 < 0.6$ 满足要求。

③计算偏心受压正截面承载力

墙体竖向分布钢筋选取双排 2A8@200,竖向分布钢筋的配筋率为

$$\rho_w = \frac{50.3 \times 2}{180 \times 200} = 0.28\% > \rho_{\min} = 0.25\%$$

墙肢1竖向分布钢筋的截面面积 $A_{sw} = (4\,750 - 400 \times 2) \times 180 \times 0.28\% = 1\,990\ \text{mm}^2$。

先选取右震时的内力组合计算截面混凝土受压区高度 x，假设 $\sigma_s = f_y$，则

$$x = \frac{\gamma_{RE}N + f_{yw}A_{sw}}{\alpha_1 f_c b + 1.5\dfrac{f_{yw}A_{sw}}{h_{u0}}} = \frac{0.85 \times 3\,414.22 \times 10^3 + 210 \times 1\,990}{1.0 \times 11.9 \times 180 + 1.5 \times \dfrac{210 \times 1\,990}{4\,550}}\ \text{mm} = 1\,456.3\ \text{mm}$$

$x = 1\,456.3\ \text{mm} < \xi_b h_{u0} = 0.518 \times 4\,550\ \text{mm} = 2\,356.9\ \text{mm}$，属于大偏心受压。

再选取左震时的内力组合计算截面混凝土受压区高度 x，假设 $\sigma_s = f_y$，则

$$x = \frac{\gamma_{RE}N + f_{yw}A_{sw}}{\alpha_1 f_c b + 1.5\dfrac{f_{yw}A_{sw}}{h_{u0}}} = \frac{0.85 \times 472.44 \times 10^3 + 210 \times 1\,990}{1.0 \times 11.9 \times 180 + 1.5 \times \dfrac{210 \times 1\,990}{4\,550}}\ \text{mm} = 359.5\ \text{mm}$$

$x = 359.5\ \text{mm} < \xi_b h_{u0} = 0.518 \times 4\,550\ \text{mm} = 2\,367.26\ \text{mm}$，属于大偏心受压。

大偏心受压时，M 相同，N 越小，其配筋越多，取左震时的内力值组合进行配筋设计。

由式（5.40a），竖向分布钢筋抵抗的弯矩为

$$M_{sw} = \frac{f_{yw}A_{sw}}{2}h_{u0}\left(1 - \frac{x}{h_{u0}}\right)\left(1 + \frac{\gamma_{RE}N}{f_{yw}h_{u0}}\right) = \frac{210 \times 1\,990}{2} \times 4\,550 \times \left(1 - \frac{359.5}{4\,550}\right) \times \left(1 + \frac{0.85 \times 472.44 \times 10^3}{210 \times 4\,550}\right)$$

$$= 1\,243.6\ \text{kN} \cdot \text{m}$$

由式（5.42），端部钢筋为

$$A_s = \frac{\gamma_{RE}M - M_{sw}}{f_y(h_{u0} - a')} = \frac{(0.85 \times 5\,370.11 - 1\,243.6) \times 10^6}{360 \times (4\,550 - 200)}\ \text{m}^2 = 2\,120.7\ \text{mm}^2$$，约束边缘构件在

400 mm 长度范围内，纵向钢筋的配筋率不应小于 1.0%，即 $A_{s\,min} = 180 \times 400 \times 1.0\% = 720\ \text{mm}^2 < 2\,120.7\ \text{mm}^2$，且构造要求同时不应少于 6C16（$A_s = 1\,206\ \text{mm}^2$），最后按计算配筋，选配钢筋 6C22（$A_s = 2\,281\ \text{mm}^2$），箍筋选配 A8@150（体积配箍率验算略）。

④斜截面抗剪承载力验算

先计算墙肢水平钢筋：

水平分布钢筋取 A8@200，双排布置，$A_{sh} = 2 \times 50.5\ \text{m}^2 = 101\ \text{mm}^2$。

先对墙肢剪力设计值进行调整，由式（5.37a），$V = \eta_{vw}V_w = 1.4 \times 551.82 = 772.55\ \text{kN}$。

按剪压比校核截面尺寸：

墙肢1的剪跨比 $\quad\lambda = \dfrac{M^c}{V^c h_{u0}} = \dfrac{5\,730.11 \times 10^3}{551.82 \times 4\,550} = 2.28 < 2.5$

由式（5.55a）校核截面尺寸：

$$\frac{1}{\gamma_{RE}}(0.15\beta_c f_c b_w h_{u0}) = \frac{1}{0.85}(0.15 \times 1 \times 11.9 \times 180 \times 4\,550)\ \text{N} = 1\,719.9\ \text{kN} > 772.55\ \text{kN}$$

截面尺寸满足要求。

因 $\lambda = 2.27 > 2.2$，取 $\lambda = 2.2$ 代入式（5.52b）作斜截面承载力验算，同时，

$0.2f_c b_w h_w = 0.2 \times 11.9 \times 180 \times 4\,750\ \text{N} = 2\,034.9\ \text{kN} > N = 472.44\ \text{kN}$，故取 $N = 472.44\ \text{kN}$ 计算：

$$\frac{1}{\gamma_{RE}}\left[\frac{1}{\lambda - 0.5}\left(0.4f_t b_w h_{u0} + 0.1N\frac{A_w}{A}\right) + 0.8f_{yh}\frac{A_{sh}}{s}h_{u0}\right]$$

$$= \frac{1}{0.85}\left[\frac{1}{2.2 - 0.5} \times (0.4 \times 1.27 \times 180 \times 4\,550 + 0.1 \times 472.44 \times 10^3) + 0.8 \times 210 \times \frac{101}{200} \times 4\,550\right]\text{N}$$

$=774.8 \text{ kN} > 772.55 \text{ kN}$　满足要求。

2）右肢墙

①验算墙体截面尺寸

墙肢端部无翼墙,应设计暗柱,且 $\mu_N = \dfrac{N}{f_c A} = \dfrac{2\,135.82 \times 10^3}{11.9 \times 1\,730 \times 180} = 0.58 > 0.3$,应设置约束

边缘构件。$\mu_N = \dfrac{N}{f_c A} = \dfrac{2\,135.82 \times 10^3}{11.9 \times 1\,730 \times 180} = 0.58 > 0.3$,由表5.16,取 $l_c = 0.2 h_w = 0.2 \times 1\,730 =$

346 mm,且 $l_c \geq \max[b_w, 400] = 400 \text{ mm}$,取 $l_c = 400 \text{ mm}$（约束边缘构件的长度）,纵向钢筋的配
筋范围即阴影部分的长度范围为

$$\begin{cases} \dfrac{1}{2} l_c = 200 \text{ mm} \\ b_w = 180 \text{ mm} \\ 400 \text{ mm} \end{cases}$$,取最大值为 400 mm。在此长度范围内,竖向钢筋的配筋率不小于1.0%,则

纵向钢筋合力点至截面边缘的距离 $a = 200 \text{ mm}$,$h_{w0} = h_w - a_s = (1\,730 - 200) \text{ mm} = 1\,530 \text{ mm}$。

根据底层墙端截面的组合弯矩设计值,对应的截面组合剪力设计值可以计算出截面处的
剪跨比为

$$\lambda = \frac{M}{V h_{w0}} = \frac{264.84 \times 10^3}{121.12 \times 1\,530} = 1.4 < 2.5$$

另外,剪力墙底部加强区范围的剪力设计值还需要进行调整,因为抗震等级为二级,所以
墙肢底部加强部位截面的剪力计算值需乘以1.4的剪力增大系数,即

$$V_w = 1.4V = 1.4 \times 121.12 \text{ kN} = 169.6 \text{ kN}$$

由式(5.55a)校核截面尺寸:

$$\frac{1}{\gamma_{RE}}(0.15\beta_c f_c b_w h_{w0}) = \frac{1}{0.85}(0.15 \times 1 \times 11.9 \times 180 \times 1\,530)\text{ N} = 578.3 \text{ kN} > V_w = 169.6 \text{ kN}$$

截面尺寸满足要求。

②验算轴压比

该剪力墙抗震等级为二级,轴压比限值为0.6,

轴压比　$\mu_N = \dfrac{N}{f_c A} = \dfrac{2\,135.82 \times 10^3}{11.9 \times 1\,730 \times 180} = 0.58 < 0.6$　满足要求。

③计算偏心受压正截面承载力

墙体竖向分布钢筋选取双排2A10@200,竖向分布钢筋的配筋率为

$$\rho_w = \frac{78.5 \times 2}{180 \times 200} = 0.436\% > \rho_{\min} = 0.25\%$$

墙肢1竖向分布钢筋的截面面积 $A_{sw} = (1\,730 - 400 \times 2) \times 180 \times 0.436\% \text{ mm}^2 = 730 \text{ mm}^2$。

先选取右震时的内力组合 $M = 264.84 \text{ kN·m}$,$N = 2\,135.82 \text{ kN}$,计算截面混凝土受压区高
度 x,假设 $\sigma_s = f_y$,则

$$x = \frac{\gamma_{RE}N + f_{yw}A_{sw}}{\alpha_1 f_c b + 1.5\dfrac{f_{yw}A_{sw}}{h_{w0}}} = \frac{0.85 \times 2\,135.82 \times 10^3 + 210 \times 730}{1.0 \times 11.9 \times 180 + 1.5 \times \dfrac{210 \times 730}{1\,530}} \text{ mm} = 729.7 \text{ mm}$$

$x = 858.9 \text{ mm} > \xi_b h_{w0} = 0.518 \times 1\,530 = 792.5 \text{ mm}$,属于小偏心受压。

$$e_0 = \frac{M}{N} = \frac{264.84 \times 10^6}{2\,135.82 \times 10^3} \text{mm} = 124 \text{ mm}$$

$$e_a = \frac{1\,730}{30} \text{mm} = 58 \text{ mm}$$

$$e_i = e_0 + e_a = (124 + 58)\text{mm} = 182 \text{ mm}$$

$$e = e_i + \frac{h_w}{2} - a_s = \left(182 + \frac{1\,730}{2} - 200\right)\text{mm} = 847 \text{ mm}$$

由式(5.44a),得

$$\xi = \frac{\gamma_{RE}N - \xi_b \alpha_1 f_c b_w h_{w0}}{\dfrac{\gamma_{RE}Ne - 0.43\alpha_1 f_c b_w h_{w0}^2}{(\beta_1 - \xi_b)(h_{w0} - a')} + \alpha_1 f_c b_w h_{w0}} + \xi_b$$

$$= \frac{0.85 \times 2\,135.82 \times 10^3 - 0.518 \times 1.0 \times 11.9 \times 180 \times 1\,530}{\dfrac{0.85 \times 2\,135.82 \times 10^3 \times 847 - 0.43 \times 1.0 \times 11.9 \times 180 \times 1\,530^2}{(0.8 - 0.518) \times (1\,530 - 200)} + 1.0 \times 11.9 \times 180 \times 1\,530} + 0.518$$

$$= 0.589$$

由式(5.44b)求出所需端部受力钢筋面积 $A_s = A_s'$,得

$$A_s = A_s' = \frac{\gamma_{RE}Ne - \xi(1 - 0.5\xi)\alpha_1 f_c b_w h_{w0}^2}{f_y(h_{w0} - a')}$$

$$= \frac{0.85 \times 2\,135.82 \times 10^3 \times 847 - 0.589 \times (1 - 0.5 \times 0.589) \times 1.0 \times 11.9 \times 180 \times 1\,530^2}{360 \times (1\,530 - 200)} \text{mm}^2$$

$$= -1\,140 \text{ mm}^2$$

端部纵向钢筋按构造配筋。约束边缘构件在阴影部分400 mm长度范围内,纵向钢筋的配筋率不应小于1.0%,即 $A_{s\,min} = 180 \times 400 \times 1.0\% \text{ mm}^2 = 720 \text{ mm}^2$,且构造要求同时不应少于6C16($A_s = 1\,206 \text{ mm}^2$),最后选配钢筋6C16($A_s = 1\,206 \text{ mm}^2$),箍筋选配A8@150(体积配箍率验算略)。

再选取左震时的内力组合 $M = 264.84 \text{ kN} \cdot \text{m}$,$N = -805.96 \text{ kN}$,计算截面混凝土受压区高度 x。在这组内力作用下属于偏心受拉,取 $A_s = 1\,206 \text{ mm}^2$,则

$$e_0 = \frac{M}{N} = \frac{264.84 \times 10^6}{805.96 \times 10^3} = 328.6 \text{ mm} < \frac{h}{2} - a = \left(\frac{1\,730}{2} - 200\right) \text{mm} = 665 \text{ mm},为小偏心受拉。$$

$$N_{0u} = 2A_s f_y + A_{sw} f_{yw} = (2 \times 1\,206 \times 360 + 730 \times 210) \text{ N} = 1\,021.6 \times 10^3 \text{ N} = 1\,021.6 \text{ kN}$$

$$M_{wu} = A_s f_y(h_{w0} - a') + 0.5 A_{sw} f_{yw}(h_{w0} - a')$$

$$= [1\,206 \times 360 \times (1\,530 - 200) + 0.5 \times 730 \times 210 \times (1\,530 - 200)] \text{ N} \cdot \text{mm}$$

$$= 679.4 \text{ kN} \cdot \text{m}$$

$$\frac{1}{\gamma_{RE}}\left(\frac{1}{\dfrac{1}{N_{0u}} + \dfrac{e_0}{M_{wu}}}\right) = \frac{1}{0.85}\left(\frac{1}{\dfrac{1}{1\,021.6} + \dfrac{328.6}{679.4 \times 10^3}}\right) \text{kN} = 804.4 \text{ kN} \approx N = 805.96 \text{ kN}$$

满足要求。

④斜截面抗剪承载力验算

先计算墙肢水平钢筋:

水平分布钢筋取A8@200,双排布置,$A_{sh} = 2 \times 50.5 \text{ mm}^2 = 101 \text{ mm}^2$。

先对墙肢剪力设计值进行调整,由式(5.37a),$V_w = 1.4V = 1.4 \times 121.12 \text{ kN} = 169.6 \text{ kN}$。

按剪压比校核截面尺寸:

墙肢 1 的剪跨比　　　$\lambda = \dfrac{M}{Vh_{w0}} = \dfrac{264.84 \times 10^3}{121.12 \times 1\,530} = 1.4 < 2.5$

由式(5.55a)校核截面尺寸:

$$\frac{1}{\gamma_{RE}}(0.15\beta_c f_c b_w h_{w0}) = \frac{1}{0.85}(0.15 \times 1 \times 14.3 \times 180 \times 1\,530) \text{ N} = 695 \text{ kN} > 169.6 \text{ kN}$$

截面尺寸满足要求。

先考虑右震时的内力组合 $M = 264.84 \text{ kN} \cdot \text{m}$,$N = 2\,135.82 \text{ kN}$,按偏心受压验算斜截面抗剪承载力。

因 $\lambda = 1.5 < 1.5$,取 $\lambda = 1.5$ 代入式(5.52b)作斜截面承载力验算,同时,$0.2f_c b_w h_w = 0.2 \times 14.3 \times 180 \times 1\,530 \text{ N} = 787.6 \text{ kN} < N = 2\,135.82 \text{ kN}$,故取 $N = 839.1 \text{ kN}$ 计算:

$$\frac{1}{\gamma_{RE}}\left[\frac{1}{\lambda - 0.5}\left(0.4f_t b_w h_{w0} + 0.1N\frac{A_w}{A}\right) + 0.8f_{yh}\frac{A_{sh}}{s}h_{w0}\right]$$

$$= \frac{1}{0.85}\left[\frac{1}{1.5 - 0.5} \times (0.4 \times 1.43 \times 180 \times 1\,530 + 0.1 \times 839.1 \times 10^3) + 0.8 \times 210 \times \frac{101}{200} \times 1\,530\right] \text{ kN}$$

$$= 436.8 \text{ kN} > V_w$$

$$= 169.6 \text{ kN}　满足要求。$$

再考虑左震时的内力组合 $M = 264.84 \text{ kN} \cdot \text{m}$,$N = -805.96 \text{ kN}$,按偏心受拉验算斜截面抗剪承载力。

$$0.4f_t b_w h_{w0} - 0.1N\frac{A_w}{A} = \left(0.4 \times 1.43 \times 180 \times 1\,530 - 0.1 \times 805.96 \times 10^3 \times \frac{180 \times 1\,730}{180 \times 1\,730}\right) \text{ N} = 76.9 \text{ kN}$$

$$0.8f_{yh}\frac{A_{sh}}{s}h_{w0} = 0.8 \times 210 \times \frac{2 \times 50.3}{200} \times 1\,530 \text{ N} = 129.8 \text{ kN} < 76.9 \text{ kN}$$

$$V \leqslant \frac{1}{\gamma_{RE}}\left[\frac{1}{\lambda - 0.5}\left(0.4f_t b_w h_{w0} - 0.1N\frac{A_w}{A}\right) + 0.8f_{yh}\frac{A_{sh}}{s}h_{w0}\right]$$

$$= \frac{1}{0.85}\left[\frac{1}{1.4 - 0.5}\left(0.4 \times 1.43 \times 180 \times 1530 - 0.1 \times 805.96 \times 10^3 \times \frac{180 \times 1\,730}{180 \times 1\,730}\right) + 0.8 \times 210 \times \frac{2 \times 50.3}{200} \times 1\,530\right]$$

$$= 253.2 \text{ kN} > V_w = 169.6 \text{ kN}$$

满足要求。

(2)连梁设计

1)验算截面尺寸

已知该剪力墙的抗震等级为二级,忽略连梁上的重力荷载代表值的作用,连梁的剪力设计值应进行调整,即

$$V_b = 1.2 \times 97.11 \text{ kN} = 116.53 \text{ kN}$$

$$h_{b0} = h_b - a_s = (500 - 35) \text{ mm} = 465 \text{ mm}$$

由于 $\dfrac{l_0}{h_b} = \dfrac{1\,200}{500} = 2.4 < 2.5$,则

$$\frac{1}{\gamma_{RE}}(0.15\beta_c f_c b_b h_{b0}) = \frac{1}{0.85} \times 0.15 \times 1.0 \times 14.3 \times 180 \times 465 \ N = 211.2 \ kN > V_b = 116.53 \ kN$$

截面尺寸满足要求。

2)计算截面受弯承载力

$$A = \frac{\gamma_{RE}M}{f_y(h_{b0} - a'_s)} = \frac{0.85 \times 70.41 \times 10^6}{360 \times (465-35)} \ mm^2 = 386.62 \ mm^2, 选取纵筋为2C16(402.2 \ mm^2)。$$

3)验算斜截面受剪承载力

根据构造要求,选取箍筋为双肢 A8@100,则

$$\frac{1}{\gamma_{RE}}(0.38f_t b_b h_{b0} + 0.9f_{yv}\frac{A_{sv}}{s}h_{b0})$$

$$= \frac{1}{0.85} \times \left(0.38 \times 1.43 \times 180 \times 465 + 0.9 \times 210 \times \frac{101}{100} \times 465\right) \ N = 157.9 \ kN > V_b = 116.53 \ kN$$

满足要求。

综上,此双肢剪力墙配筋计算结果见表 5.20。

表 5.20　剪力墙配筋计算结果

左肢墙		右肢墙		连梁	
水平、纵向分布筋	端柱配筋	水平、纵向分布筋	端柱配筋	纵筋	箍筋
A8@200 双排	纵筋 6C22 箍筋 A8@150	A8@200 双排 A10@200 双排	纵筋 6C16 箍筋 A8@150	2C16	2A8@100

【例5.6】　已知某 12 层剪力墙结构的底层有一双肢剪力墙,墙厚均为 200 mm,剪力墙截面尺寸如图 5.47 所示,该建筑建于 8 度地震区,抗震等级为二级,结构总高 36 m。混凝土采用 C30,墙体竖向分布钢筋采用双排布置,端部纵筋采用 HRB400 级钢筋,箍筋和分布钢筋采用 HPB300 级钢筋,且端部纵向钢筋对称配置,且 $\mu_N = 0.45$。计算墙肢 2 在 T 端约束边缘构件中,纵向钢筋配筋范围的面积最小值。

图 5.47　剪力墙截面尺寸图(单位:mm)

解

墙肢 2 左端有翼墙,其长度为 1 200 mm > $3b_w$ = 600 mm,按有翼墙截面设计。

因 μ_N = 0.45 > 0.4,故该 T 形墙部位的约束边缘构件沿腹板方向的长度

l_c = 0.15h_w = 0.15 × 5 080 = 762 mm,且应不小于 b_w + 300 = (200 + 300) mm = 500 mm,取 l_c = 770 mm。纵向钢筋的配筋范围即阴影部分总长度为 b_f + b_w = (200 + 300) mm = 500 mm(此处 b_w = 200 mm,但计算阴影部分长度时,取值不能小于 300 mm)。

约束边缘构件沿翼缘方向的长度为 $4b_f$ + b_w = (4 × 200 + 200) mm = 1 000 mm。纵向钢筋

的配筋范围即阴影部分在两侧翼缘部分的长度 $b_f = 200$ mm,且不小于 300 mm,取 300 mm。

墙肢 2 在 T 端约束边缘构件中的范围及纵向钢筋的配筋范围(阴影部分)如图5.48 所示。

图 5.48　约束边缘构件(及纵向钢筋配筋)范围

思考题

5.1　剪力墙结构的特点是什么?

5.2　剪力墙结构平面及竖向结构布置的基本要求有哪些?

5.3　剪力墙一般可分为几类? 其内力图的特点如何?

5.4　剪力墙抗震延性设计的原则有哪些? 为什么?

5.5　剪力墙墙肢在轴力、弯矩和剪力作用下可能出现的正截面破坏形态和斜截面破坏形态各有哪些?

5.6　水平施工缝处抗剪承载力如何验算?

5.7　为什么要设置剪力墙底部加强部位? 如何确定剪力墙底部加强部位的高度范围?

5.8　什么情况下的墙肢要设置约束边缘构件? 它有哪些类型? 约束边缘构件沿墙肢的长度及配箍特征值如何确定?

5.9　什么情况下的墙肢要设置构造边缘构件? 它与约束边缘构件有何不同?

5.10　如何计算墙肢剪跨比? 为什么要限制墙肢的剪压比? 为何剪跨比不大于 2.5 的墙肢的剪压比限值要严格一些?

5.11　为什么要限制墙肢的轴压比?

5.12　为什么要对连梁刚度进行折减或对连梁弯矩设计值进行调幅?

5.13　在连梁中配置斜向交叉钢筋、集中对角斜筋或对角暗撑有何作用?

第 **6** 章

框架-剪力墙结构设计

6.1 框架-剪力墙结构的受力特点和计算简图

当高层建筑层数较多且高度较高时,如采用框架结构,则其在水平力作用下,截面内力增加很快。这时,框架梁柱截面增加很大,并且还产生过大的水平侧移。如采用剪力墙结构,剪力墙会降低建筑使用空间的灵活利用性,增加建筑的整体造价。为解决上述矛盾,通常在框架体系中,增设一些刚度较大的钢筋混凝土剪力墙,以代替框架来承担水平荷载,这就构成了框架-剪力墙结构体系。这种布置方式,既有灵活自由的使用空间,满足不同建筑功能的要求,同时又具有足够的水平刚度,克服了纯框架结构水平刚度不足的弱点。

在框架-剪力墙结构中,框架主要用以承受竖向荷载,而剪力墙主要用以承受水平荷载,两者分工明确,受力合理,取长补短,能更有效地抵抗水平外荷载的作用。这种结构是一种比较理想的高层体系。

6.1.1 框架-剪力墙结构的受力特点

(1)框架-剪力墙结构的形式

框架-剪力墙结构可采用下列形式(图 6.1):

①框架与剪力墙(单片墙、联肢墙或较小井筒)分开布置。

②在框架结构的若干跨内嵌入剪力墙(带边框剪力墙)。

③在单片抗侧力结构内连续分别布置框架和剪力墙。

④上述两种或 3 种形式的混合。

(2)框架-剪力墙结构的受力特点

框架结构由杆件组成,杆件稀疏且截面尺寸小,侧向刚度不大,在侧向荷载作用下,一般呈剪切型变形,高度中下段的层间位移较大,如图 6.2(b)所示,适用高度受到限制。剪力墙结构的抗侧刚度大,在水平荷载下,一般呈弯曲型变形,顶部附近楼层的层间位移较大,其他部位位移较小,如图 6.2(a)所示,可用于较高的高层建筑,但当墙的间距较大时,水平承重结构尺寸较大,难以形成较大的使用空间,且墙的抗剪强度弱于抗弯强度,易出现剪切造成的脆性破坏。

(a)框架与剪力墙分开布置　　　　(b)框架结构中嵌入剪力墙

(c)单片抗侧力内连续分布框架和剪力墙

图 6.1　框架-剪力墙结构形式

(a)　　　　　　　　　　(b)

图 6.2　剪力墙、框架的侧移

　　框架-剪力墙结构既有框架又有剪力墙,它们之间通过平面内刚度无限大的楼板连接在一起。在水平力作用下,它们的水平位移协调一致,不能各自自由变形,在不考虑扭转影响的情况下,在同一楼层的水平位移必须相同,从而出现在下部楼层,剪力墙位移小,剪力墙拉着框架按弯曲型曲线变形,剪力墙承担了大部分水平力;在上部楼层则相反,剪力墙的水平位移越来越大,而框架的水平位移反而小,框架拉剪力墙按剪切型曲线变形,如图 6.3(a)所示中的虚线表示了各自的变形曲线,实线表示共同变形曲线。框架除了承担外荷载产生的水平力外,还要承担将剪力墙拉回来的附加水平力,即使上部楼层外荷载产生的楼层剪力较小,框架中出现了相当大的水平剪力。如图 6.3(b)所示反映了框架与剪力墙之间的相互作用关系。

图6.3 框架-剪力墙结构的变形及受力特征

6.1.2 框架-剪力墙结构的计算简图

1)基本假定

框架-剪力墙结构体系作为平面结构来计算,在结构分析中一般采用以下假设:

①楼板在自身平面内的刚度为无限大。这保证了楼板将整个结构单元内的所有框架和剪力墙连为整体,不产生相对变形。现浇楼板和装配整体式楼板均可采用刚性楼板的假定。此外,横向剪力墙的间距满足一定要求时,采用这一假设,当结构体系沿主轴方向产生平移变形时,同一层楼面上各点的水平位移相同。

②房屋的刚度中心与作用在结构上的水平荷载(风荷载或水平地震作用)的合力作用点重合,在水平荷载作用下房屋不产生绕竖轴的扭转。当结构体型规整、剪力墙布置对称均匀时,结构在水平荷载作用下可不计扭转的影响。

③不考虑剪力墙和框架柱的轴向变形及基础转动的影响。

④假定所有结构参数沿建筑物高度不变。如有不大的改变,则参数可取沿高度的加权平均值仍近似地按参数沿高度不变来计算。

2)框架-剪力墙结构的计算简图

在以上基本假定的前提下,计算区段内结构在水平荷载作用时,处于同一楼面标高处各片剪力墙和框架的水平位移相同。此时,可将结构单元内所有剪力墙综合在一起,形成一片假想的总剪力墙,总剪力墙的弯曲刚度等于各片剪力墙弯曲刚度之和;把结构单元内所有框架综合起来,形成一榀假想的总框架,总框架的剪切刚度等于各榀框架剪切刚度之和。

按照剪力墙之间和剪力墙与框架之间有无连梁,或者是否考虑这些连梁对剪力墙转动的约束作用,框架-剪力墙结构可分为以下两类:

(1)框架-剪力墙铰接体系

对如图6.4(a)所示的结构单元平面,框架和剪力墙是通过楼板的作用连接在一起的。楼板在平面外的转动约束作用很小可以忽略,可以把楼板简化为铰接连杆,则总框架与总剪力墙之间可按铰接考虑,其横向计算简图如图6.4(b)所示。在总框架与总剪力墙之间的每个楼层标高处,有1根两端铰接的连杆。这一列铰接连杆代表各层楼板,把各榀框架和剪力墙连成整体,共同抗御水平荷载的作用。如图6.4所示中总剪力墙包含2片剪力墙,总框架包含了5榀框架,连杆代表刚性楼盖的作用,它将剪力墙与框架连在一起,同一楼层标高处,有相同的水平位移。这种连接方式或计算简图称为框架-剪力墙铰接体系。

图6.4 框架-剪力墙铰接体系

(2)框架-剪力墙刚接体系

当墙肢之间有连梁或墙肢与框架柱之间有连系梁相连时,如图6.5(a)所示,连系梁对剪力墙有明显的约束作用,可视为刚接,框架与总连杆间用铰接,表示楼盖连杆的作用。连系梁对柱也有约束作用,若此约束作用已反映在柱的抗侧刚度 D 中,则应采用如图6.5(b)所示的计算简图,这种连接方式或计算简图称为框架-剪力墙刚接体系。

图6.5 框架-剪力墙刚接体系

该体系包含总剪力墙、总框架和总刚性连杆。此连杆连接剪力墙和框架,图6.5中的总连梁刚度为所有连梁和连系梁刚度之和。

在图6.5中,被连接的总剪力墙包含4片墙,总框架包含5榀框架;总连杆中包含2根连梁,每根梁有两端与墙相连,即2根连梁的4个刚接端对墙肢有约束弯矩的作用。

计算地震作用对结构的影响时,纵、横两个方向均需考虑。计算横向地震作用时,考虑沿横向的剪力墙和横向框架;计算纵向地震作用时,考虑沿纵向布置的剪力墙和纵向框架。取主截面时,另一方向的墙可作为翼缘,取一部分有效宽度。

6.2 框架-剪力墙结构的内力和位移的近似计算

框架-剪力墙结构在竖向荷载作用下,可假定各竖向承重结构之间为简支联系,将竖向荷载按简支梁板简单地分配给框架和剪力墙,再将各框架和各剪力墙按平面结构进行内力计算。

框架-剪力墙结构在水平荷载作用下,内力的计算方法有两种:一是计算机借助单元矩阵位移法;二是简化的手算近似法。这两种方法的共同点在于:一是基于楼板在平面内刚度无限大的假定;二是基于平面结构的假定;三是解决问题的目标都是解决结构共同工作后,框架与剪力墙之间的剪力分配。这两种方法的不同点在于:计算机借助单元矩阵位移法进行求解,求解中将剪力墙简化为杆件或化为带刚域的平面壁式框架,同时考虑杆件的轴向、剪切及弯曲等变形影响,计算结果较准确;手算的近似方法将所有剪力墙合并成总剪力墙,所有框架合并成总框架,将连系框架和剪力墙间的连杆切开后用力法进行求解,从而求得连杆的未知力。根据总剪力墙和总框架的刚度求得各自的水平荷载后,再根据各片剪力墙的等效抗弯刚度进行内力分配和根据框架柱的水平刚度 D 进行柱水平剪力分配。本节主要阐述手算简化近似方法。

由于结构平面布置的不同,框架与剪力墙联系的方式分为两种:一是通过刚性楼板联系,它保证各榀抗侧力结构具有相同的水平位移,由于楼板平面外刚度为零,它对各平面结构无约束作用,因此在框架-剪力墙结构协同工作时,联系两者的连杆可看成铰接杆,这种体系称为铰接体系;二是通过连系梁将框架和剪力墙联系(连系梁简称连梁,是指一端或两端与剪力墙相连的梁),这种体系称为刚接体系。

刚接体系和铰接体系的根本区别在于连梁对剪力墙墙肢有无约束作用。当连梁尺寸较小时,尽管剪力墙与框架的联系是通过连梁,但连梁对墙肢约束很弱,可将其看成铰接体系,忽略连梁对墙肢的约束作用。另外,在此的连梁就是楼板,由前述假定可知,可忽略其轴向变形,即连梁轴向刚度无穷大。

6.2.1 铰接体系的框架-剪力墙结构的内力和位移计算

框架-剪力墙结构在水平荷载作用下,外荷载由框架和剪力墙共同承担,外力在框架和剪力墙之间的分配由协同工作计算确定,协同工作计算采用连续连杆法。如图 6.6 所示为框架-剪力墙结构铰接体系的计算简图,将连杆切断后,在各楼层标高处框架和剪力墙之间存在相互作用的集中力 P_{fi},为简化计算,将集中力 P_{fi} 简化为连续分布力 $p_f(x)$。当楼层层数较多时,将集中力简化为分布力,不会给计算结果带来太大误差。将连梁切开后,框架和剪力墙之间的相互作用相当于一个弹性地基梁之间的相互作用。总剪力墙相当于置于弹性地基上的梁,同时承受外荷载 $p(x)$ 和"弹性地基"——总框架对它的弹性反力 $p_f(x)$。总框架相当于一个弹性地基,承受着总剪力墙传给它们的力 $p_f(x)$。

将铰接体系中的连杆切开,建立协同工作微分方程,取总剪力墙为脱离体,计算简图如图 6.7 所示。

连杆切开后,对于剪力墙而言,可视为底部固定的静定悬臂结构,承受外荷载 $p(x)$ 和总框架对它的弹性反力 $p_f(x)$;对于框架而言,它承受了总剪力墙施加于它的弹性力 $p_f(x)$。剪力墙上任一截面的转角、弯矩及剪力的正负号仍采用梁中通用的规定,如图 6.7 中所示方向均为正方向。

由材料力学可知,悬臂剪力墙内力和变形关系为

$$M_W = EI_W \frac{\mathrm{d}^2 y}{\mathrm{d}x^2} \tag{6.1}$$

$$V_W = -EI_W \frac{\mathrm{d}^3 y}{\mathrm{d}x^3} \tag{6.2}$$

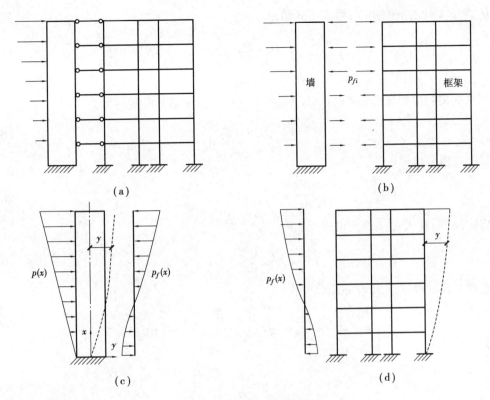

（a）　　　　　　　　　　　　　　（b）

（c）　　　　　　　　　　　　　　（d）

图 6.6　铰接体系计算简图

图 6.7　总剪力墙计算简图

$$p_W = p(x) - p_f(x) = EI_W \frac{\mathrm{d}^4 y}{\mathrm{d}x^4} \tag{6.3}$$

式中　EI_W——总剪力墙抗弯刚度,它等于各片剪力墙抗弯刚度的总和,其值为 $EI_W = \sum_{j=1}^{k}(EI_{eq})_j$,$(EI_{eq})_j$ 为第 j 片剪力墙的等效刚度,k 为剪力墙总片数,剪力墙的等效刚度 EI_{eq} 计算方法参阅第 5 章相应内容。

对于框架结构而言,设 C_F 为总框架的抗侧刚度,框架的抗侧刚度是指产生单位层间变形角所需的水平剪力,它可由柱的抗剪刚度计算。楼层总框架的抗侧刚度 C_F 为

$$C_F = h \sum D_j \tag{6.4}$$

D_j 为单个柱的抗侧刚度,可由下式给出

$$D_j = 12\alpha \frac{i_c}{h^2} \qquad (6.5)$$

式(6.5)中各符号意义参阅第4章相应内容。

当总框架的层间变形角 $\theta = dy/dx$ 时,由定义可得总框架的层间剪力为

$$V_F = C_F\theta = C_F \frac{dy}{dx} \qquad (6.6)$$

对上式微分可得

$$\frac{dV_F}{dx} = -p_f(x) = C_F \frac{d^2y}{dx^2} \qquad (6.7)$$

将式(6.7)代入式(6.3),可得

$$p(x) + C_F \frac{d^2y}{dx^2} = EI_W \frac{d^4y}{dx^4} \qquad (6.8)$$

整理上式后得侧移 $y(x)$ 的微分方程

$$\frac{d^4y}{dx^4} - \frac{C_F}{EI_W}\frac{d^2y}{dx^2} = \frac{p(x)}{EI_W} \qquad (6.9)$$

令

$$\xi = \frac{x}{H} \qquad (6.10)$$

$$\lambda = H\sqrt{C_F/EI_W} \qquad (6.11)$$

则微分方程可写成

$$\frac{d^4y}{d\xi^4} - \lambda^2 \frac{d^2y}{d\xi^2} = \frac{H^4}{EI_W}p(\xi) \qquad (6.12)$$

式中　ξ——相对坐标,坐标原点取在固定端处;

　　　λ——框架-剪力墙结构刚度特征值,反映总框架和总剪力墙刚度之比的一个参数,对框架结构的受力状态和变形状态及外力的分配有很大的影响;

　　　H——建筑物总高;

　　　y——结构侧移,为 $x(\xi)$ 的函数。

式(6.12)为一个四阶非齐次常系数线性微分方程,其一般解为

$$y = C_1 + C_2\xi + A\mathrm{sh}(\lambda\xi) + B\mathrm{ch}(\lambda\xi) + y_1 \qquad (6.13)$$

式中　y_1——微分方程的特解,由荷载形式 $p(\xi)$ 确定;

　　　C_1, C_2, A, B——待定系数,由边界条件确定。

对剪力墙脱离体,其4个边界条件如下:

①在顶部,即 $\xi = 1$ 时,在倒三角形荷载和均布水平荷载作用下,结构顶部处的总剪力为 0, $V_W + V_F = 0$,即

$$-EI_W \frac{d^3y}{dx^3} + C_F \frac{dy}{dx} = 0 \qquad (6.14)$$

在顶部集中水平力 F 作用下,结构顶部处的总剪力为 F, $V_W + V_F = F$,即

$$-EI_W \frac{\mathrm{d}^3 y}{\mathrm{d}x^3} + C_F \frac{\mathrm{d}y}{\mathrm{d}x} = F \tag{6.15}$$

②在顶部,即 $\xi = 1$ 时,总剪力墙顶部的弯矩为 0,$M_W = 0$,即

$$\frac{\mathrm{d}^2 y}{\mathrm{d}x^2} = 0 \tag{6.16}$$

③在底部,即 $\xi = 0$ 时,结构底部的位移为 0,即

$$y = 0 \tag{6.17}$$

④在底部,即 $\xi = 0$ 时,结构底部的转角为 0,$\theta = 0$,即

$$\frac{\mathrm{d}y}{\mathrm{d}x} = 0 \tag{6.18}$$

在确定的荷载形式下,根据上述 4 个边界条件,可求得 4 个待定系数。

求得待定系数 C_1,C_2,A,B 及给定外荷载的形式,可以求出侧移的微分方程的一般解式,求出了位移曲线 $y(\xi)$ 后,内力就容易求出。

对总剪力墙,由式(6.1)对 y 求二阶导数可求出弯矩 M_W,由式(6.2)对 y 求三阶导数可求出剪力 V_W。

对总框架,由式(6.6)对 y 求一阶导数可求出层间剪力 V_F。层间剪力 V_F 也可以由平衡条件(总框架的剪力为总剪力减去剪力墙的剪力)直接求出,即 $V_F = V_P - V_W$。

经求解,在外荷载下,总框架和总剪力墙的内力和位移的计算公式如下:

倒三角形分布荷载作用下

$$\begin{cases} y = \dfrac{qH^4}{EI_W \lambda^2} \left\{ \dfrac{\mathrm{ch}(\lambda\xi) - 1}{\mathrm{ch}\lambda} \left(\dfrac{\mathrm{sh}\lambda}{2\lambda} - \dfrac{\mathrm{sh}\lambda}{\lambda^3} + \dfrac{1}{\lambda^2} \right) + \left[\xi - \dfrac{\mathrm{sh}(\lambda\xi)}{\lambda} \right] \left(\dfrac{1}{2} - \dfrac{1}{\lambda^2} \right) - \dfrac{\xi^3}{6} \right\} \\[3mm] M_W = \dfrac{qH^2}{\lambda^2} \left[\left(1 + \dfrac{\lambda\,\mathrm{sh}\lambda}{2\lambda} - \dfrac{\mathrm{sh}\lambda}{\lambda} \right) \dfrac{\mathrm{ch}(\lambda\xi)}{\mathrm{ch}\lambda} - \left(\dfrac{\lambda}{2} - \dfrac{1}{\lambda} \right) \mathrm{sh}(\lambda\xi) - \xi \right] \\[3mm] V_W = \dfrac{qH}{\lambda^2} \left[\left(1 + \dfrac{\lambda\,\mathrm{sh}\lambda}{2} - \dfrac{\mathrm{sh}\lambda}{\lambda} \right) \dfrac{\lambda\,\mathrm{sh}(\lambda\xi)}{\mathrm{ch}\lambda} - \left(\dfrac{\lambda}{2} - \dfrac{1}{\lambda} \right) \lambda\,\mathrm{ch}(\lambda\xi) - 1 \right] \\[3mm] V_F = \dfrac{qH}{2} (1 - \xi^2) - V_W \end{cases} \tag{6.19}$$

均布荷载作用下

$$\begin{cases} y = \dfrac{qH^4}{EI_W \lambda^4} \left\{ \dfrac{1 + \lambda\,\mathrm{sh}\lambda}{\mathrm{ch}\lambda} [\,\mathrm{ch}(\lambda\xi) - 1\,] - \lambda\,\mathrm{sh}(\lambda\xi) + \lambda^2 \xi \left(1 - \dfrac{\xi}{2} \right) \right\} \\[3mm] M_W = \dfrac{qH^2}{\lambda^2} \left[\dfrac{1 + \lambda\,\mathrm{sh}\lambda}{\mathrm{ch}\lambda} \mathrm{ch}(\lambda\xi) - \lambda\,\mathrm{sh}(\lambda\xi) - 1 \right] \\[3mm] V_W = \dfrac{qH}{\lambda} \left[\lambda\,\mathrm{ch}(\lambda\xi) - \dfrac{1 + \lambda\,\mathrm{sh}\lambda}{\mathrm{ch}\lambda} \mathrm{sh}(\lambda\xi) \right] \\[3mm] V_F = qH(1 - \xi) - V_W \end{cases} \tag{6.20}$$

顶点集中荷载作用下

$$\begin{cases} y = \dfrac{PH^3}{EI_W\lambda^3}\left\{\dfrac{\mathrm{sh}\lambda}{\mathrm{ch}\lambda}[\,\mathrm{ch}(\lambda\xi)-1\,]-\mathrm{sh}(\lambda\xi)+\lambda\xi\right\} \\[2mm] M_W = PH\left[\dfrac{\mathrm{sh}\lambda}{\lambda\,\mathrm{ch}\lambda}\mathrm{ch}(\lambda\xi)-\dfrac{1}{\lambda}\mathrm{sh}(\lambda\xi)\right] \\[2mm] V_W = P\left[\mathrm{ch}(\lambda\xi)-\dfrac{\mathrm{sh}\lambda}{\mathrm{ch}\lambda}\mathrm{sh}(\lambda\xi)\right] \\[2mm] V_F = P - V_W \end{cases} \tag{6.21}$$

由式(6.19)、式(6.20)、式(6.21)可知,y,M_W,V_w,V_F 中的自变量只有 λ 和 ξ,但是计算起来比较烦琐。为了计算方便,可制成表,以供设计直接查用。图 6.8 ~ 图 6.16 给出了 3 种典型水平荷载下的位移、弯矩及剪力的计算图表,设计时可直接查用。

图表中的值并没有直接给出位移 y,内力 M_W,V_w 的值,而是给出的位移系数 $y(\xi)/f_H$、弯矩系数 $M_W(\xi)/M_0$、剪力系数 $V(\xi)/V_0$。这里 f_H 是剪力墙单独承受水平荷载时在顶点产生的侧移,M_0 是水平荷载在剪力墙底部产生的总弯矩,V_0 是水平荷载在剪力墙底部产生的总剪力。在 3 种不同水平外荷载作用下有各自的 f_H,M_0,V_0 值,均分别表示于相应的图中。

计算时首先根据结构刚度特征值 λ 以及所求截面的相对坐标 ξ 从对应的图表中查出相应的系数,然后根据下列式子可求得结构在该截面处的内力以及同一位置处的侧移。

$$\begin{cases} y = \left[\dfrac{y(\xi)}{f_H}\right]f_H \\[2mm] M_W = \left[\dfrac{M_W(\xi)}{M_0}\right]M_0 \\[2mm] V_W = \left[\dfrac{V_W(\xi)}{V_0}\right]V_0 \end{cases} \tag{6.22}$$

框架剪力可由总剪力减去剪力墙剪力求得,总剪力 $V_P(\xi)$ 由外荷载直接计算而得

$$V_F = V_P(\xi) - V_W(\xi) \tag{6.23}$$

图 6.8 均布荷载作用下剪力墙的位移系数

图 6.9　均布荷载作用下剪力墙的弯矩系数

图 6.10　均布荷载作用下剪力墙的剪力系数

图 6.11 倒三角形荷载下剪力墙的位移系数

图 6.12 倒三角形荷载下剪力墙的弯矩系数

图 6.13　倒三角形荷载下剪力墙的剪力系数

图 6.14　集中荷载作用下剪力墙的位移系数

图 6.15　集中荷载下剪力墙的弯矩系数

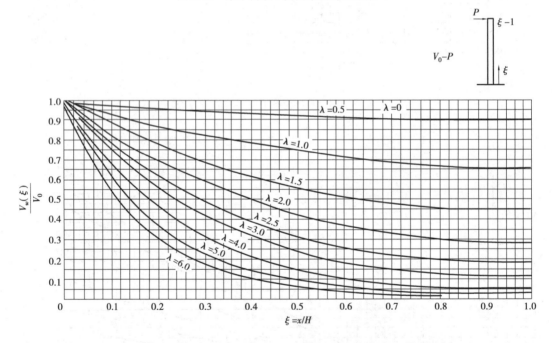

图 6.16　集中荷载下剪力墙的剪力系数

求出总剪力墙的内力 M_W 及 V_W 后,各片剪力墙的内力按等效抗弯刚度进行分配而得到,总框架的总剪力按各榀框架的抗侧刚度分配到各榀框架,再按各柱的 D 值分配到各柱,也可以将总剪力按楼层所有柱的 D 值直接分配到各柱,并假定柱的反弯点位于柱中,进而容易求出各杆件的内力。

6.2.2　刚接体系的框架-剪力墙结构的内力和位移计算

刚接体系与铰接体系的区别在于联系总剪力墙和总框架的连杆对剪力墙墙肢有无约束弯矩作用。在铰接体系中,连杆只承受轴力,且无轴向变形,但在刚接体系中,连杆除承受轴力外,还要承受剪力,将此剪力对墙肢形心取矩,就形成对墙肢的约束弯矩,如图 6.17 所示。

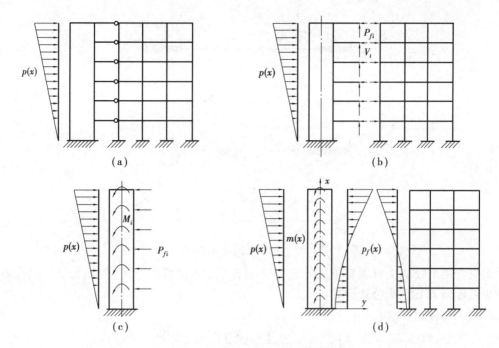

图 6.17　刚接体系的计算简图

在框架-剪力墙刚接体系中,将连杆切开后,连杆中除有轴向力外还有剪力和弯矩。将剪力和弯矩对总剪力墙墙肢的截面形心轴取矩,就得到对墙肢的约束弯矩 M_i。连杆轴向力 P_{fi} 和约束弯矩 M_i 都是集中力,作用在楼层处,计算时需将其在层高内连续化,这样便得到如图 6.17(d)所示的计算简图。框架部分与铰接体系完全相同,剪力墙部分增加了约束弯矩。

如图 6.18 所示,根据连杆位置的不同,连杆对剪力墙墙肢的约束有两种情况:一种是连接墙肢与框架的连梁;另一种是连接墙肢与墙肢的连梁。前者连杆为一端固接(与墙肢),另一端铰接(与框架);后者为两端固接。这两种连梁都可以简化为带刚域的梁,如图 6.19 所示。刚域长度可以取为从墙肢的形心轴到连梁边的距离减去 1/4 连梁高度。

(a)剪力墙与框架之间连梁　　　(b)剪力墙之间连梁

图 6.18　两种连梁

图 6.19　带刚域连梁

约束弯矩系数 m 为杆端有单位转角 $\theta = 1$ 时杆端的约束弯矩。根据结构力学知识可知,约束弯矩系数 m 可用下列公式计算:

两端有刚域时

$$\begin{cases} m_{12} = \dfrac{1+a-b}{(1+\beta)(1-a-b)^3} \cdot \dfrac{6EI}{l} \\[3mm] m_{21} = \dfrac{1-a+b}{(1+\beta)(1-a-b)^3} \cdot \dfrac{6EI}{l} \end{cases} \tag{6.24}$$

式中　β——考虑剪切变形时的影响系数,$\beta = \dfrac{12\mu EI}{GAl^2}$,如果不考虑剪切变形的影响,可令 $\beta = 0$。

一端有刚域时,式(6.24)中令 $b = 0$,即得到一端有刚域梁的梁端的约束弯矩系数为

$$\begin{cases} m_{12} = \dfrac{1+a}{(1+\beta)(1-a)^3} \cdot \dfrac{6EI}{l} \\[3mm] m_{21} = \dfrac{1-a}{(1+\beta)(1-a)^3} \cdot \dfrac{6EI}{l} \end{cases} \tag{6.25}$$

连梁刚度相对墙体而言较小,计算表明,按此方法求得的连梁弯矩及剪力都较大,梁截面配筋多,甚至配筋设计困难。多次震害表明,连梁破坏较为严重。设计时允许其适当开裂以降低刚度,将内力转移到墙体上,刚度折减系数不宜小于 0.5。设防烈度较低时(6 度、7 度),刚度折减系数可大一些,取 0.7;设防烈度较高时(8 度、9 度),刚度折减系数可小一些,取 0.5。但对一端与柱相连,另一端与墙相连的连梁,如跨高比较大(如大于 5),重力作用效应较水平风载或水平地震作用效应更加明显,须认真对待刚度折减,必要时可以不进行连梁刚度折减,以控制正常使用阶段梁裂缝的发生和发展。

已知梁端约束弯矩系数 m 后,即可求出梁端转角为 θ 时梁端约束弯矩为

$$\begin{cases} M_{12} = m_{12}\theta \\ M_{21} = m_{21}\theta \end{cases} \tag{6.26}$$

上式给出的梁端约束弯矩为集中约束弯矩,为便于微分方程求解,要把它简化为沿层高均布的分布弯矩,则可得到在高度 x 处第 i 个梁端单位高度上的约束弯矩为

$$m_i(x) = \frac{M_{abi}}{h} = \frac{m_{abi}}{h}\theta(x) \tag{6.27}$$

当同一层中有 n 个刚性结点时(指连梁与墙肢相交的结点),总约束弯矩为

$$m(x) = \sum_{i=1}^{n} \frac{m_{abi}}{h} \theta(x) \tag{6.28}$$

式中　$\displaystyle\sum_{i=1}^{n} \frac{m_{abi}}{h}$ ——连梁总约束刚度。

n 个结点的统计方法是:每根两端刚域连系梁有 2 个节点,m_{ab} 是指 m_{12} 或 m_{21};一端刚域的梁只有 1 个节点,m_{ab} 是指 m_{12}。

由于本方法假定该框架结构从底层到顶层层高及杆件截面都不变,因此沿高度连杆的约束刚度是常数。当实际结构中各层 m_{ab} 有改变时,应取各层约束刚度的加权平均值作为连系梁约束刚度。

由图 6.17(d)所示的刚接体系计算简图,类似铰接体系,可建立微分关系如下:

$$\begin{cases} M_W = EI_W \dfrac{d^2 y}{dx^2} \\[2mm] V_W = -\dfrac{dM_W}{dx} + m(x) = -EI_W \dfrac{d^3 y}{dx^3} + m(x) \\[2mm] p_W = p(x) - p_f(x) = -\dfrac{dV_W}{dx} = -EI_W \dfrac{d^4 y}{dx^4} + \dfrac{dm(x)}{dx} \end{cases} \tag{6.29}$$

因总框架受力仍与铰接体系相同,故有

$$\frac{dV_F}{dx} = -p_f(x) = C_F \frac{d^2 y}{dx^2} \tag{6.30}$$

将式(6.30)代入式(6.29),整理后,可得微分方程如下:

$$\frac{d^4 y}{dx^4} - \frac{C_F + \sum \dfrac{m_{abi}}{h}}{EI_W} \cdot \frac{d^2 y}{dx^2} = \frac{p(x)}{EI_W} \tag{6.31}$$

令

$$\begin{cases} \lambda = H \sqrt{\dfrac{C_F + \sum \dfrac{m_{abi}}{h}}{EI_W}} \\[4mm] \xi = \dfrac{x}{H} \end{cases} \tag{6.32}$$

则微分方程可写成

$$\frac{d^4 y}{d\xi^4} - \lambda^2 \frac{d^2 y}{d\xi^2} = \frac{p(\xi)H^4}{EI_W} \tag{6.33}$$

上式方程与铰接体系的微分方程式(6.12)完全相同,且 4 个边界条件及外荷载两者都完全相同,铰接体系中所有的微分方程解对刚接体系都适用,所有图标曲线也可以应用。但要注意刚接体系与铰接体系有以下区别:

①框架-剪力墙结构的刚度特征值 λ 的计算式不同。铰接体系按式(6.11)计算,刚接体系按式(6.32)计算。

②内力计算的表达方式不同,这体现在水平剪力方面。由式(6.19)、式(6.20)、式(6.21)中计算的 V_W 或由图 6.8—图 6.16 中查出系数后由式(6.22)计算的 V_W 值不是总剪力墙的剪

力。在刚接体系中,任意高度 ξ 处,总剪力墙的剪力 V'_W 与总框架的剪力 V_F 之和应与外荷载下的总剪力 V_P 相等,即

$$\begin{cases} V_P = V'_W + m + V_F = V'_W + \overline{V}_F \\ V_W = V'_W + m \\ \overline{V}_F = m + V_F = V_P - V'_W \end{cases} \tag{6.34}$$

式中　V_W——铰接体系中图表查得的剪力墙剪力;

　　　　V_F——铰接体系中图表查得的框架剪力;

　　　　$\overline{V}_F$——框架广义剪力;

　　　　V'_W——刚接体系中总剪力墙的总剪力。

由式(6.34)可归纳出刚接体系中总剪力在总剪力墙和总框架中的分配计算步骤如下:

①由刚接体系的刚度特征值 λ 及某一截面处的无量纲量 ξ 值,查铰接体系图6.8—图6.16求得 y, M_W, V'_W, V_F。

②按式(6.34)求出总框架广义剪力 $\overline{V}_F$。

③按总框架的抗侧刚度 C_F 和连梁总约束刚度成比例进行分配,得出总框架的总剪力和连梁总约束弯矩。

$$\begin{cases} V_F = \dfrac{C_F}{C_F + \sum \dfrac{m_{abi}}{h}} \overline{V}_F \\[4mm] m = \dfrac{\sum \dfrac{m_{abi}}{h}}{C_F + \sum \dfrac{m_{abi}}{h}} \overline{V}_F \end{cases} \tag{6.35}$$

④由式(6.34)计算总剪力墙的剪力 V_W。

6.2.3　各剪力墙、框架和连梁的内力计算

通过连梁连续化求得框剪结构的位移、总剪力墙的弯矩和剪力、总框架的剪力及连梁的总约束弯矩后,接下来就是如何分配这些内力到单片的墙、框架梁、柱及连系梁上。

1)剪力墙的内力

剪力墙内力的最大值一般发生在各层底部,即楼面标高处,越往上越小。在选择 ξ 时,选在楼面标高处较为方便。求出总剪力墙的总剪力及总弯矩后,各片墙肢内力按等效刚度分配即可。第 i 层第 j 个墙肢的内力可表达为

$$M_{Wij} = \frac{EI_{Wj}}{\sum\limits_{k=1}^{n} EI_{Wk}} M_{Wi} \tag{6.36}$$

$$V_{Wij} = \frac{EI_{Wj}}{\sum\limits_{k=1}^{n} EI_{Wk}} V_{Wi} \tag{6.37}$$

式中　M_{Wij}, V_{Wij}——第 i 层第 j 个墙肢分配到的弯矩和剪力;

　　　　n——墙肢总数。

2）框架梁、柱内力计算

由框架-剪力墙协同工作关系确定出框架总剪力后,可按各柱的 D 值的比例把剪力分配到柱上。严格地说,应当取各柱反弯点位置的坐标计算剪力,但这样计算太烦琐,在近似方法中也无必要。求出框架结构的柱的最大内力在上、下部,为简化计算,可以假定框架柱反弯点在每层柱中点。在求得各楼层水平总剪力后,按各柱刚度 D 成比例分配到各柱剪力。用各楼层上、下两层楼面柱高处的剪力取中间值作为该层柱中点剪力。第 i 层第 j 根柱的剪力为

$$V_{cij} = \frac{D_j}{\sum\limits_{k=1}^{m} D_k} \cdot \frac{V_{Pi} + V_{P(i-1)}}{2} \tag{6.38}$$

式中　$V_{Pi}, V_{P(i-1)}$——第 i 层第 j 根柱柱顶与柱底楼板标高处框架的总剪力;

　　　　m——第 i 层中柱子的总数。

求得各柱剪力后,取楼层及上下各 1/2 柱作为脱离体,由静力平衡方法,即可求得框架梁的内力及柱的内力。

3）刚接连梁的内力计算

这里有两个步骤:一是将层高范围内的约束弯矩集合成连梁的总弯矩,按连梁刚度成比例分配到各连梁;二是由各连梁的弯矩值,算出连梁在墙肢边的内力。

要注意,凡是与墙肢相连的梁端都应分配到弯矩。对连梁弯矩的分配计算式如下:

设 j 层共有 n 个刚结点,则第 i 个结点弯矩为

$$M_{jiab} = \frac{m_{iab}}{\sum\limits_{k=1}^{n} m_{kab}} \cdot m_j \left(\frac{h_j + h_{j+1}}{2} \right) \tag{6.39}$$

式中　j——第 j 层;

　　　　h_j, h_{j+1}——第 j 层和第 $j+1$ 层的层高;

　　　　m_{ab}——m_{12} 或 m_{21}。

求出的 M_{jiab} 是剪力墙轴线处的连杆弯矩,算出墙边处的弯矩才是连梁截面的设计弯矩。

由图 6.20 可得,连梁设计弯矩

$$\begin{cases} M_{b12} = \dfrac{x - cl}{x} M_{12} \\[2mm] M_{b21} = \dfrac{l - x - dl}{x} M_{12} \end{cases} \tag{6.40}$$

$$x = \frac{m_{12}}{m_{12} + m_{21}} l \tag{6.41}$$

连梁的剪力设计值为

$$V_b = \frac{M_{b12} + M_{b21}}{l'} \tag{6.42}$$

或

$$V_b = \frac{M_{12} + M_{21}}{l} \tag{6.43}$$

4）刚度特征值 λ 对框架-剪力墙结构内力与位移特性的影响

刚度特征值 λ 定义为

图 6.20　连梁与剪力墙边界处弯矩的计算

$$\lambda = H \sqrt{C_F / EI_W} \tag{6.44}$$

或

$$\lambda = H \sqrt{\dfrac{C_F + \sum \dfrac{m_{abi}}{h}}{EI_W}} \tag{6.45}$$

它是框架的抗侧刚度(或广义的抗侧刚度,其中包括连系梁约束刚度)与剪力墙的抗侧刚度的比值。当框架的抗侧刚度较小,剪力墙抗侧刚度较大时,λ 值较小,随着 λ 的减小,结构性能体现为以剪力墙为主,当 $\lambda \to 0$ 时,$C_F \to 0$,即相当于纯剪力墙结构;相反,随着框架抗侧刚度加大,剪力墙抗侧刚度减小,λ 值较大,随着 λ 的增大,结构性能体现为以框架为主,当 $\lambda \to \infty$ 时,$EI_W \to 0$,即相当于纯框架结构。由此可知,λ 值的大小对框架-剪力墙结构的受力、变形性能影响较大。

(1)λ 对位移曲线的影响

框架-剪力墙结构的侧向位移曲线,与结构刚度特征值 λ 有很大关系。当 $\lambda = 0$ 时,框架-剪力墙结构就变成无框架的纯剪力墙结构,其侧移曲线与悬臂梁的变形曲线相同,呈弯曲型变形;当 $\lambda = \infty$,即 $EI_W = 0$ 时,结构转变为纯框架结构,其侧移曲线呈剪切型变形;当 λ 介于 0 与 ∞ 时,框架-剪力墙结构的侧移曲线介于弯曲和剪切变形之间,属弯剪型变形,如图 6.21 所示。

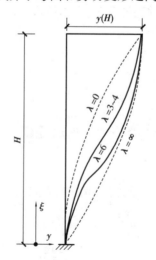

图 6.21　框架-剪力墙结构变形曲线

由图 6.21 可知,如果框架刚度与剪力墙刚度之比较小,即 λ 较小($\lambda \leqslant 1$)时,框架的作用已经很小,框架-剪力墙结构基本上为弯曲型变形。如果框架刚度与剪力墙刚度之比较大,即

λ 较大时,侧移曲线呈以剪切型为主的弯剪型变形,当 $\lambda > 6$ 时,剪力墙的作用已经很小,框架的作用越来越大,框架-剪力墙结构基本上为剪切型变形。当 $\lambda = 1 \sim 6$ 时,位移曲线介于两者之间,下部略带弯曲型,而上部略带剪切型,称为弯剪型变形。此时上下层间变形较为均匀。

(2)λ 对水平剪力分配的影响

以承受水平均布荷载为例来说明框架-剪力墙结构的剪力分配特性。图 6.22 给出了均布荷载作用下总框架与总剪力墙之间的剪力分配关系。如果外荷载产生的总剪力为 V_P(见图 6.22),则两者之间剪力分配关系随 λ 而变。当 λ 很小时,剪力墙承担大部分剪力,当 λ 很大时,框架承担大部分剪力。

(a)荷载图　　(b)V_P图　　(c)V_W荷载图　　(d)V_F荷载图

图 6.22　框架-剪力墙结构的剪力分配

由图 6.22 可知,框架和剪力墙之间剪力分配在各层是不相同的。剪力墙下部承受大部分剪力,而框架底部剪力很小,框架底截面计算剪力为零,这是计算方法近似性造成的,并不符合实际。在上部剪力墙出现负剪力,而框架却担负了较大的正剪力。在顶部,框架和剪力墙的剪力都不是零,它们的和等于零(在倒三角形分布及均布荷载作用时,外荷载产生的总剪力为零)。

框架结构的总剪力最大值发生在房屋沿高度方向的中偏下位置,ξ 值为 $0.3 \sim 0.6$,此部分是对框架起控制作用的楼层。随着 λ 值的增大,最大剪力层向下移动。

此外,正是由于协同工作,框架与剪力墙之间的剪力传递变得尤为重要。剪力传递是通过楼板实现的,框架-剪力墙结构中的楼板应能传递剪力。楼板整体性要求较高,特别是屋顶层要传递相互作用的集中剪力,设计时要注意保证楼板的整体性。

(3)λ 对外荷载分配的影响

如图 6.23 所示为框架-剪力墙结构的框架与剪力墙两者之间的水平荷载分配情况(剪力 V_W 和 V_F 微分后可得到荷载 p_W 和 p_F),可以清楚地看到框剪结构协同工作的特点。

(a)外荷载 p 图　　(b)剪力墙承受的　　(c)框架承受的荷载 p_F 图
荷载 p_W 图

图 6.23　框架-剪力墙结构荷载分配图

剪力墙下部承受的外荷载 p_w 较大,大于外荷载 p,随着高度的增加,承受的外荷载逐渐减小,但高度继续上升,承受的外荷载有所增加,并在顶部作用有反向的集中力。框架下部作用着负荷载,随着高度的增加,负荷载减小,待出现零点后,上部变为正荷载,顶部有正集中力。由变形协调产生的相互作用的顶部集中力使得剪力墙及框架顶部剪力不为零。协同工作造成了这样的荷载和剪力分配特征,使得结构从底到顶各层框架层剪力趋于均匀。这对框架柱的设计十分有利。通常由最大剪力值控制柱断面的配筋。框架-剪力墙结构中的框架柱和梁的断面尺寸和配筋可能做到上下比较均匀。

通过总结大量的工程实例得出,为使框架-剪力墙结构能很好地协同工作,各自发挥自己的特性,刚度特征值控制在 1.1 ~ 2.2 为宜,计算得到的基底剪力以 $(0.03 \sim 0.06)G$(G 为建筑物的总质量)为宜。

5)框架地震倾覆力矩计算

对竖向布置比较规则的框架-剪力墙结构,框架部分承担的地震倾覆力矩可按下式计算:

$$M_c = \sum_{i=1}^{n} \sum_{j=1}^{m} V_{ij} h_i \tag{6.46}$$

式中　M_c——框架承担的在基本振型地震作用下的地震倾覆力矩;

　　　n——房屋层数;

　　　m——框架第 i 层柱的根数;

　　　V_{ij}——第 i 层第 j 根框架柱的计算地震剪力;

　　　h_i——第 i 层层高。

抗震设计的框架-剪力墙结构,在基本振型地震作用下,框架部分承受的地震倾覆力矩大于结构总地震倾覆力矩的 50% 时,其框架部分的抗震等级应按框架结构采用,柱轴压比限值宜按框架结构的规定采用。其最大适用高度和高宽比限值可比框架结构适当增加。

6.3　框架-剪力墙结构延性设计

6.3.1　框架-剪力墙结构中剪力墙的布置

(1)框架-剪力墙结构布置

框架-剪力墙结构布置包括结构平面布置、结构竖向布置及楼盖结构布置。结构布置的一般原则在前面章节中已有较为详细说明,框架-剪力墙结构除应遵守这些结构布置原则外,还应符合以下一些特殊的要求:

①框架-剪力墙结构应设计成双向抗侧力体系,且在抗震设计时,结构两主轴方向均应布置剪力墙,并使结构各主轴方向的侧向刚度接近。

②在框架-剪力墙结构中,主体结构构件之间除个别节点外不应采用铰接,梁与柱或柱与剪力墙的中线宜重合,框架梁、柱中心线之间有偏离时,应符合框架结构布置的相应规定。

③在框架-剪力墙结构中,剪力墙布置须满足下列要求:

a. 剪力墙宜均匀布置在建筑物的周边附近、楼梯间、电梯间、平面形状变化及恒载较大的部位,剪力墙间距不宜过大。

　　b.平面形状凹凸较大时,宜在凸出部分的端部附近布置剪力墙。

　　c.纵、横剪力墙宜组成 L 形、T 形和[形等形式。

　　d.单片剪力墙底部承担的水平剪力不应超过结构底部总水平剪力的30%,以免受力过分集中。

　　e.剪力墙宜贯通建筑物的全高,并宜避免刚度突变。剪力墙开洞时,洞口宜上下对齐。

　　f.楼、电梯间等竖井宜尽量与靠近的抗侧力结构结合布置。

　　g.抗震设计时,剪力墙的布置宜使结构各主轴方向的侧向刚度接近。

　　剪力墙布置在建筑物的周边附近,目的是使它既发挥抗扭作用又减小位于周边而受室外温度变化的不利影响;布置在楼电梯间、平面形状变化处和凸出较大处是为了弥补平面的薄弱部位;把纵、横剪力墙组成 L 形、T 形等非一字形是为了发挥剪力墙自身刚度的作用;单片剪力墙承担的水平剪力不应超过结构底部总水平剪力的30%,是避免该片剪力墙对刚心位置影响过大,并一旦破坏对整体结构不利,以及使基础承担过大的水平力等。

　　④当建筑平面为长矩形或平面有一部分为长条形(平面长宽比较大)时,在该部位布置的剪力墙除应有足够的总体刚度外,各片剪力墙之间的距离不宜过大,宜满足表6.1的要求。

表 6.1　剪力墙间距 单位:m

楼盖形式	非抗震设计（取较小值）	抗震设防烈度		
		6度、7度（取较小值）	8度（取较小值）	9度（取较小值）
现浇	$5.0B,60$	$4.0B,50$	$3.0B,40$	$2.0B,30$
装配整体	$3.5B,50$	$3.0B,40$	$2.5B,30$	—

注:①表中 B 为剪力墙之间的楼盖宽度(m)。

　　②装配整体式楼盖的现浇层应符合相关规程的有关规定。

　　③现浇层厚度大于60 mm 的叠合楼板可作为现浇板考虑。

　　④当房屋端部未布置剪力墙时,第一片剪力墙与房屋端部的距离,不宜大于表中剪力墙间距的1/2。

　　长矩形平面或平面有一方向较长(如 L 形平面中有一肢较长)时,如横向剪力墙间距过大,在侧向力作用下,因不能保证楼盖平面的刚性而会增加框架的负担,故对剪力墙的最大间距作了规定。当剪力墙之间的楼板有较大开洞时,对楼盖平面刚度有所削弱,此时剪力墙的间距宜再减小。

　　纵向剪力墙布置在平面的尽端时,会造成对楼盖两端的约束作用,楼盖中部的梁板容易因混凝土收缩和温度变化而出现裂缝,这种现象工程中常常见到,应予以重视,宜避免。同时考虑在设计中有剪力墙布置在建筑中部,而端部无剪力墙的情况,规定了第一片剪力墙与房屋端部的距离,可防止布置框架的楼面伸出太长,不利于地震作用传递。

　　(2)板柱-剪力墙结构布置

　　板柱结构的楼盖基本没有梁,可以减小楼层高度,对使用和管道安装都较方便,在工程中时有采用。板柱结构抵抗水平力的能力差,特别是板与柱的连接点是非常薄弱的部位,对抗震尤为不利。为此,规定抗震设计时,高层建筑不能单独使用板柱结构,必须设置剪力墙(或剪力墙生成的筒体)来承担水平力。

209

板柱-剪力墙结构除了满足适用高度及高宽比严格控制外,在结构布置上应符合下列要求:

①应同时布置筒体或两主轴方向的剪力墙以形成双向抗侧力体系,并应避免结构刚度偏心,其中剪力墙或筒体应分别符合有关规定,且宜在对应剪力墙或筒体的各楼层处设置暗梁。

②抗震设计时,房屋的周边应设置边梁形成周边框架,房屋的顶层及地下室顶板宜采用梁板结构。

③有楼、电梯间等较大开洞时,洞口周围宜设置框架梁或边梁。

④无梁板可根据承载力和变形要求采用无柱帽(柱托)板或有柱帽(柱托)板形式。柱托板的长度和厚度应按计算确定,且每个方向长度不宜小于板跨度的1/6,其厚度不宜小于板厚度的1/4。7度时宜采用有柱托板,8度时应采用有柱托板,此时托板每个方向长度尚不宜小于同方向柱截面宽度和4倍板厚之和,托板总厚度尚不应小于柱纵向钢筋直径的16倍。当无柱托板且无梁板受冲切承载力不足时,可采用型钢剪力架(键),此时板的厚度不应小于200 mm。

⑤双向无梁板厚度与长跨之比,不宜小于表6.2的规定。

表6.2 双向无梁板厚度与长跨的最小比值

非预应力楼板		预应力楼板	
无柱托板	有柱托板	无柱托板	有柱托板
1/30	1/35	1/40	1/45

抗风设计时,板柱-剪力墙结构中各层筒体或剪力墙应能承担不小于80%相应方向该层承担的风荷载作用下的剪力。

抗震设计时,按多道设防的原则,规定板柱-剪力墙结构中各层筒体或剪力墙应能承担各层全部相应方向该层承担的地震剪力,但各层板柱部分除应符合计算要求外,仍应能承担不少于该层相应方向20%的地震剪力,且应符合抗震构造要求。

(3)框架-剪力墙的设计方法

抗震设计的框架-剪力墙结构,应根据在规定的水平力作用下结构底层框架部分承受的地震倾覆力矩与结构总地震倾覆力矩的比值,确定相应的设计方法,并应符合下列规定:

①框架部分承受的地震倾覆力矩不大于结构总地震倾覆力矩的10%时,按剪力墙结构进行设计,其中的框架部分应按框架-剪力墙结构的框架进行设计。

②当框架部分承受的地震倾覆力矩大于结构总地震倾覆力矩的10%但不大于50%时,按框架-剪力墙结构进行设计。

③当框架部分承受的地震倾覆力矩大于结构总地震倾覆力矩的50%但不大于80%时,按框架-剪力墙结构进行设计,其最大适用高度可比框架结构适当增加,框架部分的抗震等级和轴压比限值宜按框架结构的规定采用。

④当框架部分承受的地震倾覆力矩大于结构总地震倾覆力矩的80%时,按框架-剪力墙结构进行设计,但其最大适用高度宜按框架结构采用,框架部分的抗震等级和轴压比限值应按框架结构的规定采用。当结构的层间位移角不满足框架-剪力墙结构的规定时,可按有关规定进行结构抗震性能分析和论证。

6.3.2　框架-剪力墙结构中框架内力的调整

（1）连系梁弯矩调幅

高层建筑结构构件均采用弹性刚度参与整体分析。抗震设计的框架-剪力墙结构或剪力墙结构中的剪力墙刚度很大，与之相连的梁（剪力墙之间的连梁、框架与剪力墙之间的连系梁）承受的弯矩和剪力很大，配筋设计困难。为了便于施工，不影响安全，可考虑在不影响承受竖向荷载能力的前提下，允许连系梁适当开裂（降低刚度）把内力转移到墙体上，即使梁先出现塑性铰。我国设计规范允许这些梁作塑性内力重分布（图 6.24）。

图 6.24　框架与剪力墙之间的连系梁

塑性内力重分布的方法是在内力计算前降低需要调幅构件的刚度，使它减少内力。《高层规程》规定：在内力和位移计算中，抗震设计的框架-剪力墙结构中的连梁刚度可予以折减，折减系数不宜小于 0.5。通常，设防烈度低时可少折减一些（6 度、7 度时可取 0.7），设防烈度高时可多折减一些（8 度、9 度时可取 0.5）。折减系数不宜小于 0.5，以保证连梁承受竖向荷载的能力。

对框架-剪力墙结构中一端与柱连接，一端与墙连接的梁以及剪力墙结构中的某些连梁，如果跨高比较大（如大于 5），重力作用效应比水平风或水平地震作用效应更为明显，此时应慎重考虑梁刚度的折减问题，必要时可不进行梁刚度折减，以控制正常使用阶段梁裂缝的发生和发展。

注意，仅在计算地震作用效应时可以对连梁刚度进行折减，对如重力荷载、风荷载作用效应计算不宜考虑连梁刚度折减。有地震作用效应组合工况，均可按考虑连梁刚度折减后计算的地震作用效应参与组合。

抗震结构需要调幅，在非抗震结构中，为了减少连系梁的负筋（一般情况下，负弯矩很大）也可调幅。

（2）框架剪力的调整

框架-剪力墙结构在水平地震作用下，框架部分计算所得的剪力一般都较小。按多道防线的概念设计要求，墙体是第一道防线，在设防烈度、罕遇地震下先于框架破坏，由于塑性内力重分布，框架部分按侧向刚度分配到的剪力会比多遇地震下加大，为了保证作为第二道防线的框架具有一定的抗侧力能力，需要对框架承担的剪力予以适当的调整。

另外，在结构计算中，假定楼板在其自身平面内的刚度无限大，不发生变形。然而，在实际的框架-剪力墙结构中,楼板或多或少要产生变形,变形的结果会使框架部分的水平位移大于剪力墙的水平位移,相应地,框架实际承受的水平力大于采用刚性楼板假定的计算结果。

鉴于以上原因,在地震作用下应对框架-剪力墙结构中的框架剪力作适当的调整。

抗震设计时,框架-剪力墙结构对应于地震作用标准值的各层框架总剪力应符合下列规定:

①抗震设计的框架-剪力墙结构中,框架部分承担的地震剪力满足式(6.47)要求的楼层,其框架总剪力不必调整;不满足式(6.47)要求的楼层,其框架总剪力应按 $0.2V_0$ 和 $1.5V_{f,max}$ 两者的较小值采用。

$$V_f \geqslant 0.2V_0 \tag{6.47}$$

式中 V_0——对框架柱数量从下至上基本不变的结构,应取对应于地震作用标准值的结构底层总剪力;对框架柱数量从下至上分段有规律变化的结构,应取每段底层结构对应于地震作用标准值的总剪力。

V_f——对应于地震作用标准值且未经调整的各层(或某一段内各层)框架承担的地震总剪力。

$V_{f,max}$——对框架柱的数量从下至上基本不变的结构,应取对应于地震作用标准值且未经调整的各层框架承担的地震总剪力中的最大值;对框架柱的数量从下至上分段有规律变化的结构,应取每段中对应于地震作用标准值且未经调整的各层框架承担的地震总剪力中的最大值。

随着建筑形式的多样化,框架柱的数量沿竖向有时会有较大的变化,根据框架柱的数量沿竖向有规律分段变化时可分段调整的规定,对框架柱数量沿竖向变化更复杂的情况,设计时应专门研究框架柱剪力的调整方法。

对有加强层的结构,框架承担的最大剪力不包含加强层及相邻上下层的剪力。

②各层框架所承担的地震总剪力按上述方法进行调整后,应按调整前、后总剪力的比值调整每根框架柱和与之相连框架梁的剪力及端部弯矩标准值,框架柱的轴力标准值可不予调整。

③按振型分解反应谱法计算地震作用时,应针对振型组合之后的剪力进行调整,并在满足楼层最小地震剪力系数(剪重比)的前提下进行。

6.3.3 框架-剪力墙结构截面设计及构造

框架-剪力墙结构的截面设计是在框架-剪力墙结构协同工作并进行相应的内力调整之后进行的,原则上框剪结构的框架部分截面设计(包括控制截面选取,最不利内力计算,框架柱轴压比校核,梁、柱和节点内力设计值抗震调整)以及框架梁、柱和节点的构造与纯框架结构相同。框剪结构的剪力墙部分的截面设计,连梁和节点的截面设计以及剪力墙、连梁和节点的相应构造与剪力墙结构相同,这里仅对属于框架-剪力墙结构所特有截面设计和构造的有关规定作一些简单介绍。

(1)框架-剪力墙结构、板柱-剪力墙结构中的剪力墙

框架-剪力墙结构、板柱-剪力墙结构中的剪力墙是承担水平风荷载或水平地震作用的主要受力构件,必须保证其安全可靠。剪力墙竖向和水平分布钢筋的配筋率,抗震设计时均不应小于0.25%,非抗震设计时均不应小于0.20%,并应至少双排布置。各排分布钢筋之间应设置拉筋,拉筋直径不应小于6 mm,间距不应大于600 mm。

这是剪力墙设计的最基本构造,使剪力墙具有了最低限度的强度和延性保证。实际工程中,应根据实际情况确定不低于该项要求的、适当的构造设计。

(2)带边框剪力墙的构造

①带边框剪力墙的截面厚度应符合墙体稳定计算要求,且应符合下列规定:

a.抗震设计时,一、二级剪力墙的底部加强部位不应小于 200 mm。

b.除第 a 项以外的其他情况下不应小于 160 mm。

②剪力墙的水平钢筋应全部锚入边框柱内,锚固长度不应小于 l_a(非抗震设计)或 l_{aE}(抗震设计)。

③与剪力墙重合的框架梁可保留,也可做成宽度与墙厚相同的暗梁,暗梁截面高度可取墙厚的两倍或与该榀框架梁截面等高,暗梁的配筋可按构造配置且应符合一般框架梁相应抗震等级的最小配筋要求。

④剪力墙截面宜按工字形设计,其端部的纵向受力钢筋应配置在边框柱截面内。

⑤边框柱截面宜与该榀框架其他柱的截面相同,边框柱应符合框架结构中有关框架柱构造配筋规定;剪力墙底部加强部位边框柱的箍筋宜沿全高加密;当带边框剪力墙上的洞口紧邻边框柱时,边框柱的箍筋宜沿全高加密。

(3)板柱-剪力墙结构设计应符合下列规定

①结构分析中规则的板柱结构可用等代框架法,其等代梁的宽度宜采用垂直于等代框架方向两侧柱距各 1/4,宜采用连续体有限元空间模型进行更准确的计算分析。

②楼板在柱周边临界截面的冲切应力,不宜超过 $0.7f_t$,超过时应配置抗冲切钢筋或抗剪栓钉,当地震作用导致柱上板带支座弯矩反号时还应对反向作复核。板柱节点冲切承载力可按现行国家标准《混凝土规范》的相关规定进行验算,并应考虑节点不平衡弯矩作用下产生的剪力影响。

③沿两个主轴方向均应布置通过柱截面的板底连续钢筋,且钢筋的总截面面积应符合下式要求:

$$A_s \geqslant N_G/f_y \qquad (6.48)$$

式中　A_s——通过柱截面的板底连续钢筋的总截面面积;

N_G——该层楼面重力荷载代表值作用下的柱轴向压力设计值,8 度时尚宜计入竖向地震影响;

f_y——通过柱截面的板底连续钢筋的抗拉强度设计值。

(4)板柱-剪力墙结构中,板的构造设计应符合下列规定

①抗震设计时,应在柱上板带中设置构造暗梁,暗梁宽度取柱宽及两侧各 1.5 倍板厚之和,暗梁支座上部钢筋截面积不宜小于柱上板带钢筋截面积的 50%,并应全跨拉通,暗梁下部钢筋应不小于上部钢筋的 1/2。暗梁箍筋的布置,当计算不需要时,直径不应小于 8 mm,间距不宜大于 $3h_0/4$,肢距不宜大于 $2h_0$;当计算需要时应按计算确定,且直径不应小于 10 mm,间距不宜大于 $h_0/2$,肢距不宜大于 $1.5h_0$。

②设置柱托板时,非抗震设计时托板底部宜布置构造钢筋;抗震设计时托板底部钢筋应按计算确定,并应满足抗震锚固要求。计算柱上板带的支座钢筋时,可考虑托板厚度的有利影响。

③无梁楼板开局部洞口时,应验算承载力及刚度要求。当未作专门分析时,在板的不同部

位开单个洞的大小应符合图 6.25 所示的要求。若在同一部位开多个洞时,则在同一截面上各个洞宽之和不应大于该部位单个洞的允许宽度。所有洞边均应设置补强钢筋。

图 6.25　无梁楼板开洞要求

注:

洞 1:$a \leqslant a_c/4$ 且 $a \leqslant t/2$,$b \leqslant b_c/4$ 且 $b \leqslant t/2$,其中,a 为洞口短边尺寸,b 为洞口长边尺寸,a_c 为相应于洞口短边方向的柱宽,b_c 为相应于洞口长边方向的柱宽,t 为板厚。

洞 2:$a \leqslant A_2/4$ 且 $b \leqslant B_1/4$。

洞 3:$a \leqslant A_2/4$ 且 $b \leqslant B_2/4$。

思考题

6.1　什么是框架-剪力墙结构?为什么框架和剪力墙两者能协同工作?

6.2　框架-剪力墙结构应如何布置?

6.3　铰接体系和刚接体系在计算方法和计算步骤上有什么不同?

6.4　框架-剪力墙结构在竖向荷载下的内力如何计算?

6.5　框架-剪力墙结构在水平荷载下的内力如何计算?

6.6　什么是刚度特征值?它对结构有哪些影响?

6.7　对框架-剪力墙结构进行抗震设计时,如何对各层框架总剪力进行调整?

6.8　框架-剪力墙结构的延性通过什么措施保证?

6.9　刚接体系中连梁的计算简图如何确定?如何计算连梁的内力?

6.10　什么是板柱-剪力墙结构?板柱-剪力墙结构的布置应符合什么规定?

第 **7** 章
筒体结构设计简介

7.1 筒体结构概念设计

当建筑采用框架或剪力墙构件组成结构抗侧力体系,如果层数或高度增加到一定程度时(如高度为 100 ~ 140 m,层数为 30 ~ 40 层),对其按平面工作状态进行设计和计算的结果已经不合理、不经济,甚至不能满足刚度或强度的要求,这时可采取两种方案:一是针对建筑周边的框架,通过减小柱间距形成密排柱、加大框架梁的截面高度形成深梁,以提高刚度,构成空间整体受力的非实腹筒体——框架筒体,如图 7.1(a)所示;二是将剪力墙围成筒状,构成空间薄壁实腹筒体,如图 7.1(b)所示。这种筒状结构体系如同一根竖立在地面上的悬臂箱型梁,表现出明显的空间整截面工作状态。它由一个或多个这样的实腹筒体或非实腹筒体组成的结构体系,称为筒体结构体系。此外,四周由竖杆和斜杆形成的桁架组成的筒体称为桁架筒。与剪力墙结构体系或框架-剪力墙结构体系相比,筒体结构体系具有较好的空间受力性能,具有更高的强度和刚度,能满足建筑的高度和层数较多的要求。

7.1.1 筒体结构的类型

筒体结构的类型有很多,按筒的形式和数目的不同,可分为单筒、筒中筒及成束筒等,如图 7.2 所示。

筒中筒结构是最常用的形式,它由中央核心筒和周边框筒组成,如图 7.2(a)所示。

当建筑功能要求外围设置大柱距的框架柱,结构只剩下一个核心筒,则成为框架-核心筒,如图 7.2(b)所示。

内部为了产生一个很大的自由灵活空间,在外围布置框筒,内部柱子主要承担竖向荷载,由此形成了单一的框筒结构,如图 7.2(c)所示。

可以根据建筑和结构的要求,布置多个筒套共同工作,形成多重筒体,如图 7.2(d)所示;或若干个框筒并联共同工作,形成束筒,如图 7.2(e)所示。

也可根据需要,布置多个筒体,如图 7.2(f)所示。

(a)框架筒体　　　　　(b)空间薄壁实腹筒体

图7.1　筒体结构体系

(a)筒中筒结构　　(b)框架-核心筒结构　　(c)框筒结构　　(d)多重筒结构　　(e)束筒结构　　(f)多筒体结构

图7.2　筒体结构的类型

（1）框筒结构

　　框筒结构是在建筑物的外周边布置密柱、窗裙梁而组成的框架筒体,框架筒体作为其抗侧力构件,可以同时承受侧向力和楼盖传来的竖向荷载。根据实际需要,内部还可以布置梁、柱框架,主要承受楼盖传来的竖向荷载,如图7.2(c)所示。其主要特点是可提供很大的内部空间,但对于钢筋混凝土结构来说,在建筑物内部总会布置实腹墙体或筒体,框筒结构实际应用很少。

　　（2）框架-核心筒结构

　　框架-核心筒结构是利用建筑功能的需要(如楼梯间、电梯井或管道井等)在内部组成实腹筒体作为主要抗侧力构件,在内筒外布置梁柱框架,可以认为是一种剪力墙集中布置的框架-剪力墙结构,如图7.2(b)所示。其结构受力特征与框架-剪力墙结构类似。这种结构体可以实现规则性的平面布置,再加上内部核心筒的稳定性及其抗侧力作用的空间有效性,其力学性能与抗震性能一般都优于普通框架-剪力墙结构,是目前我国高层建筑中广泛应用的结构体系之一。

（3）筒中筒结构

筒中筒结构由外部的框筒与内部的核心筒组成,即利用楼梯间、电梯间的剪力墙形成的薄壁筒。外筒由外周边间距为 3 ~4 m 的密柱和跨高比较小的裙梁组成,具有很大的抗侧力刚度和承载力,如图 7.2（a）所示。在侧向力的作用下,外框筒以承受轴向力为主,并提供相应的抗倾覆力矩。内筒承受由较大的侧向力所产生的剪力作用,同时提供一定比例的抗倾覆力矩。

7.1.2　筒体结构的受力特点及变形特点

1）实腹筒的受力特点及变形特点

（1）实腹筒的受力特点

实腹筒是个封闭的箱形截面空间结构,由于各层楼面结构的支撑作用,整个结构呈现很强的整体工作性能。理论分析和试验研究表明,实腹筒的整个截面变形基本符合平截面假定。在水平荷载作用下,不仅平行于水平力方向的腹板参与工作,与水平力相垂直的翼缘也完全参与了工作。

如图 7.3 所示为单片剪力墙和实腹筒在水平荷载作用下的截面的正应力分布。设剪力墙的宽度为 B,则内力臂为 $2B/3$,筒体的内力臂接近腹板宽度 B。内力臂越大,抗弯承载力越大,实腹筒比剪力墙具有更高的抗弯承载力。在单片剪力墙中,剪力墙既承受弯矩又承受剪力作用;而筒体的弯矩主要由翼缘承担,剪力主要由腹板来承担。

（2）实腹筒的变形特点

当结构的高宽比小于 1 时,结构在水平荷载作用下的侧移以剪切变形为主;当结构的高宽比大于 4 时,结构在水平荷载作用下的侧移以弯曲变形为主;当结构的高宽比为 1 ~4 时,结构在水平荷载作用下的侧移以弯曲和剪切变形为主。筒体结构高宽比一般大于 4,筒体在水平荷载作用下的侧移以弯曲变形为主,如图 7.4 所示。

图 7.3　实腹筒和单片剪力墙抗弯能力的比较

图 7.4　水平荷载下实腹筒的侧移曲线

（3）实腹筒体的破坏机理

试验表明：地震作用下，高层建筑核心筒可能发生的破坏形式有：①斜向受拉破坏；②剪力引起的斜向受压破坏；③薄壁墙截面的压屈失稳或受压主筋压曲；④施工缝截面上剪切滑移破坏；⑤墙体底部受弯钢筋屈服破坏；⑥连梁弯曲剪切破坏等。前4种破坏形式均为脆性破坏，破坏发生时，结构的强度和能量急剧下降，而后两种是比较理论的破坏形式，即当塑性铰发生在连梁端头和墙体根部时，结构能够以比较稳定的形式耗散地震能力。筒体的弯曲强度和弯曲破坏的位置直接影响筒体的破坏形式。

2）框筒的受力特点及变形特点

（1）框筒的受力特点

框筒由密排柱和高跨比很大的裙梁构成密柱深梁框架（图7.5），它与普通框架结构的受力有很大的不同。普通框架是平面结构，仅考虑平面内的承载能力和刚度，而忽略平面外的作用；框筒结构在水平荷载作用下，除了与水平力平行的腹板框架参与工作外，与水平力垂直的翼缘框架也参与工作，其中，水平剪力主要由腹板框架承担，整体弯矩则主要由一侧受拉、另一侧受压的翼缘框架来重担。框筒中平行于侧向力方向的框架起主要作用，可称为主框架（腹板框架），与其相交的框架是依附于主框架而起抗侧力作用的框架，称为次框架（翼缘框架）。

框筒的受力特点与实腹筒有区别。在水平荷载作用下，框筒水平截面的竖向应变不再符合平截面假定，如图7.5所示，图中的实线表示框筒实际竖向应力分布，虚线表示实腹筒的竖向应力分布。

由图7.5可知，框筒的腹板框架和翼缘框架在角区附近的应力大于实腹筒体，而在中间部分的应力均小于实腹筒体，这种现象称为剪力滞后。

图7.5 框筒的受力特点

在水平力作用下，主框架（腹板框架）受力，角柱产生轴力、剪力和弯矩。角柱的轴向变形使与角柱相连的次框架的梁端产生剪力，这个剪力使相连的次框架的柱子产生轴力，又使相连的梁柱产生剪力和轴力，依次作用下去，使整个次框架的梁柱产生内力，其中包括轴力、剪力和弯矩。显然次框架中的梁柱离角柱越远，其内力数值越小，这种次框架中的内力传递称为剪力传递。

剪力滞后使部分中柱的承载能力得不到发挥，结构的空间作用减弱。裙梁的刚度越大，剪力滞后效应越小；框筒的宽度越大，剪力滞后效应越明显。为减小剪力滞后效应，应限制框筒的柱距,控制框筒的长宽比。束筒相当于增加了腹板框架的数量,剪力滞后效应大大缓和,其抗侧刚度比框筒结构和筒中筒结构大。

(2)框筒的变形特点

框筒结构的变形由腹板框架变形和翼缘框架变形综合组成,其中,腹板由梁柱弯曲及剪切变形产生的层间变形沿高度依次减小,与一般框架类似,呈剪切型;而翼缘框架中主要由柱轴向变形抵抗力矩,翼缘框架的拉、压轴向变形使结构侧移表现出弯曲型性质。作为一个整体,腹板框架和翼缘框架在角柱部位变形协调,使得框筒结构的总变形综合了弯曲型和剪切型,再考虑各层楼板的因素,大多数情况下框筒总变形仍略偏向于剪切型。

楼板必须满足承受竖向荷载的要求,同时它又是保证框筒空间作用的一个重要构件。在楼板布置和设计时必须考虑这两个方面的要求:①框筒各个柱承受的轴力不同,轴向变形也不同,角柱轴力及轴向变形最大(拉伸或压缩);②中部柱子轴向应力及轴向变形减小,这使得楼板产生翘曲,底部楼层翘曲严重,向上逐渐减小,在楼板截面设计时需采取加强板角构造的措施。

7.1.3 筒体结构布置

框筒、筒中筒、框架-核心筒、束筒结构的布置应符合高层建筑的一般布置原则,同时要考虑如何合理布置来减小剪力滞后,以便高效而充分发挥所有柱子的作用。了解剪力滞后的现象及筒体结构的变形规律后,需要在筒体结构设计时选用合理的结构方案,以减小剪力滞后的影响,并充分发挥材料的作用。

①框筒宜做成密柱深梁,一般情况下,柱距为 1~3 m,不宜超过 4 m,深梁净跨度与截面高度之比不大于 3。一般窗洞面积不超过墙面面积的 60%。如果做成密柱深梁还不能有效消除剪力滞后影响,可以沿结构高度选择适当楼层设置环向桁架加强层以减小剪力滞后。

②框筒两个方向的抗侧刚度应相近,平面宜接近方形、圆形或正多边形,如为矩形平面,则长短边的比值不宜超过 2。如果建筑平面与上述要求不符,或边长过大时,可在中部增设横向加劲框架,按束筒结构设计。束筒的平面可以由方形、短矩形、三角形、多边形等组成。当平面由一些规则的几何图形组成时,应用束筒的概念可以得到理想的结构布置。

③结构高宽比大于 3 才能充分发挥框筒的作用。在高度低于 60 m,且高宽比小于 3 的矮而粗的结构中不宜也不必采用各种筒体结构体系。

④筒中筒结构的内筒不宜过小,较为合理的内筒边长为外筒相应边长的 1/3~1/2,内筒的高宽比不宜太大,一般为 12 左右,不宜超过 15。

⑤框筒结构中楼盖构件的截面高度不宜太大,要采取措施尽量减小楼盖构件与柱子之间的弯矩传递。采用钢结构楼盖时梁与柱可设计成铰接,在钢筋混凝土筒中筒结构中,可采用平板或密肋楼盖。没有内筒的框筒或束筒结构可设置内柱,以减小楼盖梁的跨度,内柱只承受竖向荷载而不参与抵抗水平荷载,但由于楼盖的协同作用,设计内柱时应考虑侧移对它的影响。筒中筒结构内外筒间距通常取 10~12 m,间距再大时宜增设内柱或采用预应力楼盖等适用于大跨度而梁高度不增加的楼盖体系。

为了使框筒柱在框架平面外减小弯矩,避免柱成为双向受弯构件,一般尽可能不设大梁,使框筒结构的空间传力体系更加明确。筒中筒结构的抗侧刚度已经很大,设置大梁对增加刚度的作用较小。此外,两端刚接的楼板大梁会使内筒剪力墙平面外受到较大弯矩,此时梁端弯矩可能会对剪力墙产生不利影响。

⑥框筒的柱截面根据具体情况可采用正方形、扁形或 T 形。框筒空间作用产生的梁、柱弯矩主要是在腹板框架和翼缘框架的平面内,当内外筒通过平板或小梁联系时,框架平面外的柱弯矩较小,矩形柱截面的长边应沿外框架的平面方向布置。当内外筒之间有较大的梁时,柱在两个方向受弯,可做成正方形或 T 形柱。

⑦角柱截面要适当增大,可减少压缩变形,但角柱截面过大也不利,它会导致过大的柱轴力,特别是当重力荷载不足以抵消拉力时,柱将承受拉力。一般情况下,角柱面积宜取中柱面积的 1.5 倍左右。

⑧筒中筒结构中,框筒结构的各柱已经承受了较大轴力,可抵抗较大的倾覆弯矩,没有必要再在内外筒之间设置伸臂。在筒中筒结构中设置伸臂层的效果并不明显,反而会带来柱受力突变的不利因素。

7.2 筒体结构设计计算方法

7.2.1 筒体结构内力及侧移分析计算方法

在框架结构、剪力墙结构以及框架-剪力墙结构中,根据基本假定(平面抗侧力结构的假定),可按协同工作原理的计算图和计算方法进行计算,但筒体结构在水平力作用下表现为空间受力状态,基于平面假定的协同工作原理已不能直接适用,需按空间结构计算,以求反映结构的实际受力和变形特征。

空间结构计算方法通常是按空间杆系(含薄壁杆),用矩阵位移法求解,通过程序由计算机实现计算。框筒和筒中筒属于空间结构,设计中按空间结构可采用等效弹性连续体能量法或连续化用计算机计算。

在初步设计阶段,为了选择结构的截面尺寸,需要进行简单的估算。以矩形或规则筒体结构的简化近似计算方法为例。

1)框筒结构等效槽形截面法

(1)内力简化计算

矩形框筒的翼缘框架存在剪力滞后效应,在水平荷载作用下,中间翼缘柱子的轴力较小。为了简化计算,将矩形框筒简化为两个槽形竖向结构,如图 7.6 所示,槽形的翼缘宽度取值一

图 7.6 框筒结构的等效槽形截面

般不大于腹板宽度的1/2,也不大于建筑高度的1/10。将双槽形作为等效截面,利用材料力学公式可以求出整体弯曲应力和剪切应力。单根柱子范围内的弯曲正应力合成柱的轴力,层高范围内的剪切应力构成裙梁的剪力,其第 i 根柱内轴力及第 j 根梁内剪力可由下式作初步估算:

$$N_{ci} = \frac{M_P y_i}{I_c} A_{ci} \tag{7.1}$$

$$V_{bj} = \frac{V_P S_j}{I_c} h \tag{7.2}$$

式中　M_P,V_P——水平外荷载产生的总弯矩和总剪力;

　　　y_i——所求轴力的柱子距中和轴的距离;

　　　I_c——框筒简化槽形截面对框筒中和轴的惯性矩;

　　　A_{ci}——第 i 根柱的横截面面积;

　　　S_j——第 j 根梁中心线以外的平面面积对中和轴的面积矩;

　　　h——楼层层高。

各柱子受到的剪力 V_{ci} 可近似按壁式框架的抗侧刚度 D 进行分配得

$$V_{ci} = \frac{D_i}{\sum D_i} V \tag{7.3}$$

柱子的局部弯矩 M_{cj} 近似按下式确定:

$$M_{cj} = \frac{h}{2} V_{ci} \tag{7.4}$$

(2)位移的近似计算

位移计算只考虑弯曲变形,则框筒顶点位移可近似按以下公式计算

$$\begin{cases} \Delta = \frac{11}{60} \frac{V_0 H^3}{EI_c} (倒三角形分布荷载) \\ \\ \Delta = \frac{1}{8} \frac{V_0 H^3}{EI_c} (均布荷载) \\ \\ \Delta = \frac{1}{3} \frac{V_0 H^3}{EI_c} (顶部集中荷载) \end{cases} \tag{7.5}$$

式中　V_0——底部截面的剪力。

2)框筒结构的翼缘展开法

矩形框筒结构的内力近似计算方法除了上面介绍的等效槽形截面法外,还有翼缘展开法,即将空间框架结构简化为平面框架结构。

荷载使框筒产生两种主要变形:背面翼缘框架主要受轴力,产生轴向变形;两侧腹板框架受剪力和弯矩,产生剪切和弯曲变形。翼缘框架与腹板框架之间的整体作用,主要通过角柱传递的竖向力及角柱处竖向位移的协调来实现。各框架平面外的刚度很小,可忽略不计。

根据这些特点,计算时可用等效的平面框架代替此空间框架。如图7.7所示有两个对称轴,可取1/4框筒进行分析,把翼缘框架在腹板框架平面内展开,水平荷载可视为作用在腹板框架上。腹板框架和翼缘框架之间通过虚拟剪切梁相连,此虚拟梁只能传递腹板框架和翼缘框架间通过角柱传递的竖向作用力,并保证腹板框架和翼缘框架在角柱处的竖向位移的协调。

此虚拟梁可通过以下处理实现:取其剪切刚度为一个非常大的有限值,轴向刚度为零。角柱分别属于腹板框架和翼缘框架。在两片框架中,计算角柱的轴向刚度时,截面面积可各取真实角柱面积的1/2;当计算弯曲刚度时,惯性矩可取各自方向上的值。

(a)   (b)

图7.7　框筒计算的翼缘展开法

3)框架-核心筒结构简化计算

图7.8　框架-核心筒

框架-核心筒结构如图7.8所示,其筒体具有很大的抗侧刚度和抗水平推力的能力。核心筒体部位的实腹筒作为结构的主要抗水平作用的结构,承受大部分水平荷载,框架则主要承受竖向荷载。

框架-核心筒结构中,筒体在水平荷载作用下的侧移曲线为弯曲型,其层间位移自下而上逐渐增大,在结构顶部达到最大值。框架在水平荷载作用下主要以剪切变形为主,其层间位移自下而上逐渐减小,在结构底部达到最大。框架-核心筒结构受到楼板的刚性约束,迫使两者层间位移趋于一致。筒体顶部和框架底部的最大层间位移相应均减少,整体结构各层的层间位移数值趋于均匀,如图7.9所示。

(a)   (b)   (c)

图7.9　框架-核心筒结构构件间的相互作用

框架-核心筒结构的工作性质近似于框架-剪力墙结构,可以按框架-剪力墙的方法进行内力和位移计算。

4)筒中筒结构粗略计算

对筒中筒结构,在水平荷载作用下,结构体系的变形性质类似于框架-剪力墙结构体系,框筒相当于框架,实腹墙筒相当于剪力墙,通过楼板的作用,筒中筒结构的位移趋于一致,如图7.10所示。

(a)框筒的变形　　(b)实腹墙筒体的变形　　(c)框筒与实腹墙筒体的变形协调

图7.10　筒中筒结构的变形协调

筒中筒结构的框筒具有较大的结构宽度和较小的高宽比,由于翼缘框架参加整体抗弯,框筒结构具有很大的抗弯承载力,这是框筒结构的长处;框筒结构仅依靠腹板框架中的柱承受水平剪力,抗剪承载力较弱,这是框筒结构的短处。而筒中筒结构中的实腹墙筒体则具有很高的抗剪承载力和相对较弱的抗弯承载力,它与框筒结构的长处和短处恰好相反,两者互补,筒中筒结构成为适合地震区高层建筑中一种较强的结构体系。筒体结构各自发挥其特长,在整个结构体系中取长补短,使结构体系具有较大的整体抗弯和抗剪承载力。

根据适当假定,得出外框筒和薄壁核心内筒所分担的弯矩和剪力之后,可按上述近似方法进行计算,分别计算外框筒梁柱和薄壁筒中各片墙的内力。

最简单的方法是假定弯矩和剪力按外框筒和薄壁内筒墙的惯性矩和弹性模量的乘积来分担。

设外框筒简化为双槽形截面,惯性矩为 I_c,弹性模量为 E_f;薄壁内筒惯性矩 $I_w = \sum I_{wi}$,弹性模量为 E_w,则外框筒和薄壁筒可按下式计算:

外框筒
$$M_f = \frac{E_f I_f}{E_f I_f + E_w I_w} M$$

$$V_f = \frac{E_f I_f}{E_f I_f + E_w I_w} V \tag{7.6}$$

薄壁筒
$$M_w = \frac{E_w I_w}{E_f I_f + E_w I_w} M$$

$$V_W = \frac{E_w I_W}{E_f I_f + E_w I_w} V \tag{7.7}$$

式中　M,V——筒中筒结构由水平荷载引起的弯矩和剪力。

本方法极为粗略,可作为初步设计时估算截面尺寸用。

7.2.2　筒体结构截面设计和构造要求

(1)一般规定

本规定用于钢筋混凝土框架-核心筒结构和筒中筒结构,其他类型的筒体结构可参照使用。筒体结构各种构件的截面设计和构造措施除应遵守下列规定外,尚应符合框架结构、剪力墙结构、框架-剪力墙结构相应部分的要求规定。

①筒中筒结构的高度不宜低于 80 m,高宽比不宜小于 3。对高度不超过 60 m 的框架-核心筒结构,可按框架-剪力墙结构设计。

②当相邻层的柱不贯通时,应设置转换梁等构件。转换构件的结构设计应符合复杂高层建筑结构设计的有关规定。

③筒体结构的楼盖外角宜设置双层双向钢筋,如图 7.11 所示,单层单向配筋率不宜小于 0.3%,钢筋的直径不应小于 8 mm,间距不应大于 150 mm,配筋范围不宜小于外框架(或外筒)至内筒外墙中距的 1/3 和 3 m。

图 7.11　板角配筋示意

④核心筒或内筒的外墙与外框柱间的中距,非抗震设计大于 15 m、抗震设计大于 12 m 时,宜采取增设内柱等措施。

⑤核心筒或内筒中剪力墙截面形状宜简单;截面形状复杂的墙体可按应力进行截面设计校核。

⑥筒体结构核心筒或内筒设计应符合下列规定:

a.墙肢宜均匀、对称布置。

b.筒体角部附近不宜开洞,当不可避免时,筒角内壁至洞口的距离不应小于 500 mm 和开洞墙截面厚度的较大值。

c.筒体墙应按本要求验算墙体稳定,且外墙厚度不应小于 200 mm,内墙厚度不应小于 160 mm,必要时可设置扶壁柱或扶壁墙。

d.筒体墙的水平、竖向配筋不应少于两排,其最小配筋率,一、二、三级时均不应小于 0.25%,四级和非抗震设计时均不应小于 0.20%。

e.抗震设计时,核心筒、内筒的连梁宜配置对角斜向钢筋或交叉暗撑。

f.筒体墙的加强部位高度、轴压比限值、边缘构件设置以及截面设计,应符合剪力墙结构的有关规定。

⑦核心筒或内筒的外墙不宜在水平方向连续开洞,洞间墙肢的截面高度不宜小于 1.2 m;

当洞间墙肢的截面高度与厚度之比小于 4 时,宜按框架柱进行截面设计。

⑧抗震设计时,框筒柱和框架柱的轴压比限值可按框架-剪力墙结构的规定采用。

⑨楼盖主梁不宜搁置在核心筒或内筒的连梁上。

⑩抗震设计时,筒体结构的框架部分按侧向刚度分配的楼层地震剪力标准值应符合下列规定:

a. 框架部分分配的楼层地震剪力标准值的最大值不宜小于结构底部总地震剪力标准值的 10%。

b. 当框架部分分配的地震剪力标准值的最大值小于结构底部总地震剪力标准值的 10% 时,各层框架部分承担的地震剪力标准值应增大到结构底部总地震剪力标准值的 15%,各层核心筒墙体的地震剪力标准值宜乘以增大系数 1.1,但可不大于结构底部总地震剪力标准值。墙体的抗震构造措施应按抗震等级提高一级后采用,已为特一级的可不再提高。

c. 当框架部分分配的地震剪力标准值小于结构底部总地震剪力标准值的 20%,但其最大值不小于结构底部总地震剪力标准值的 10% 时,应按结构底部总地震剪力标准值的 20% 和框架部分楼层地震剪力标准值中最大值的 1.5 倍两者的较小值进行调整。

调整框架柱的地震剪力后,框架柱端弯矩及与之相连的框架梁端弯矩、剪力应进行相应调整。

有加强层时,框架部分分配的楼层地震剪力标准值的最大值不应包括加强层及其上下层的框架剪力。

(2)框架-核心筒结构

①核心筒宜贯通建筑物全高。核心筒的宽度不宜小于筒体总高的 1/12,当筒体结构设置角筒、剪力墙或增强结构整体刚度的构件时,核心筒的宽度可适当减小。

②抗震设计时,核心筒墙体设计尚应符合下列规定:

a. 底部加强部位主要墙体的水平和竖向分布钢筋的配筋率均不宜小于 0.30%。

b. 底部加强部位约束边缘构件沿墙肢的长度宜取墙肢截面高度的 1/4,约束边缘构件范围内应主要采用箍筋。

c. 底部加强部位以上宜按剪力墙的有关规定设置约束边缘构件。

③框架-核心筒结构的周边柱间必须设置框架梁。

④核心筒连梁的受剪截面应符合有关的截面尺寸的要求,其构造设计应符合有关规定。

⑤对内筒偏置的框架-核心筒结构,应控制结构在考虑偶然偏心影响的规定地震作用下,最大楼层水平位移和层间位移不应大于该楼层平均值的 1.4 倍,结构扭转为主的第一自振周期 T_t 与平动为主的第一自振周期 T_1 之比不应大于 0.85,且 T_1 的扭转成分不宜大于 30%。

⑥当内筒偏置、长宽比大于 2 时,宜采用框架-双筒结构。

⑦当框架-双筒结构的双筒间楼板开洞时,其有效楼板宽度不宜小于楼板典型宽度的 50%,洞口附近楼板应加厚,并应采用双层双向配筋,每层单向配筋率不应小于 0.25%,双筒间楼板宜按弹性板进行细化分析。

(3)筒中筒结构

①筒中筒结构的平面外形宜选用圆形、正多边形、椭圆形或矩形等,内筒宜居中。

②矩形平面的长宽比不宜大于 2。

③内筒的宽度可为高度的 1/15 ~ 1/12,如有另外的角筒或剪力墙时,内筒平面尺寸可适

当减小。内筒宜贯通建筑物全高,竖向刚度宜均匀变化。

④三角形平面宜切角,外筒的切角长度不宜小于相应边长的 1/8,其角部可设置刚度较大的角柱或角筒;内筒的切角长度不宜小于相应边长的 1/10,切角处的筒壁宜适当加厚。

⑤外框筒应符合下列规定:

a. 柱距不宜大于 4 m,框筒柱的截面长边应沿筒壁方向布置,必要时可采用 T 形截面。

b. 洞口面积不宜大于墙面面积的 60%,洞口高宽比宜与层高和柱距之比值相近。

c. 外框筒梁的截面高度可取柱净距的 1/4。

d. 角柱截面面积可取中柱的 1~2 倍。

⑥外框筒梁和内筒连梁的截面尺寸应符合下列规定:

A. 持久、短暂设计状况

$$V_b \leq 0.25\beta_c f_c b_b h_{b0} \tag{7.8}$$

B. 地震设计状况

a. 跨高比大于 2.5 时

$$V_b \leq \frac{1}{\gamma_{RE}}(0.20\beta_c f_c b_b h_{b0}) \tag{7.9}$$

b. 跨高比不大于 2.5 时

$$V_b \leq \frac{1}{\gamma_{RE}}(0.15\beta_c f_c b_b h_{b0}) \tag{7.10}$$

式中　V_b——外框筒梁或内筒连梁剪力设计值;

　　　b_b——外框筒梁或内筒连梁截面宽度;

　　　h_{b0}——外框筒梁或内筒连梁截面的有效高度;

　　　β_c——混凝土强度影响系数。

⑦外框筒梁和内筒连梁的构造配筋应符合下列要求:

a. 非抗震设计时,箍筋直径不应小于 8 mm;抗震设计时,箍筋直径不应小于 10 mm。

b. 非抗震设计时,箍筋间距不应大于 150 mm;抗震设计时,箍筋间距沿梁长不变,且不应大于 100 mm,当梁内设置交叉暗撑时,箍筋间距不应大于 200 mm。

c. 框筒梁上、下纵向钢筋的直径均不应小于 16 mm,腰筋的直径不应小于 10 mm,腰筋间距不应大于 200 mm。

⑧跨高比不大于 2 的外框筒梁和内筒连梁宜增配对角斜向钢筋。跨高比不大于 1 的外框筒梁和内筒连梁宜采用交叉暗撑(图 7.12),且应符合下列规定:

A. 梁的截面宽度不宜小于 400 mm。

B. 全部剪力应由暗撑承担,每根暗撑应由不少于 4 根纵向钢筋组成,纵筋直径不应小于 14 mm,其总面积 A_s 应按下列公式计算:

a. 持久、短暂设计状况

$$A_s \geq \frac{V_b}{2f_y \sin \alpha} \tag{7.11}$$

b. 地震设计状况

$$A_s \geq \frac{\gamma_{RE}V_b}{2f_y \sin \alpha} \tag{7.12}$$

式中　α——暗撑与水平线的夹角。

图 7.12　梁内交叉暗撑的配筋

C. 两个方向暗撑的纵向钢筋应采用矩形箍筋或螺旋箍筋绑成一体,箍筋直径不应小于 8 mm,箍筋间距不应大于 150 mm。

D. 纵筋伸入竖向构件的长度不应小于 l_{a1},非抗震设计时 l_{a1} 可取 l_a,抗震设计时 l_{a1} 宜取 1.15l_a。

E. 梁内普通箍筋的配置应符合第⑦条的构造要求。

思考题

7.1　筒体结构有哪些类型? 结构布置有什么特点?

7.2　框筒结构受力有什么特点?

7.3　什么是剪力滞后现象? 对筒体结构有什么影响? 如何减小这种影响?

7.4　筒体结构中楼板布置有哪些要求?

7.5　筒中筒结构受力有什么特点?

7.6　筒体结构中连梁的构造要求有哪些?

第 **8** 章
高层钢结构设计

钢材具有匀质、拉压等强、延性好、易于加工、强重比高、连接节点整体性好等特点,是建造高层建筑结构的理想材料。20 世纪 80 年代末以来,我国新建了大量的全钢结构、钢-混凝土混合结构、型钢混凝土结构和钢管混凝土结构。在高层钢结构设计和施工方面积累了一定经验,为高层钢结构在我国的发展奠定了基础。

随着经济发展及技术进步,高层钢结构的优点日益显露出来,从用钢量、面积利用系数、基础费用、工期等多方面的综合经济效益来看,高层钢结构与高层钢筋混凝土结构的差距越来越小,尤其在高烈度地区,高层钢结构更具有良好的优势。

8.1　高层钢结构的性能特点

8.1.1　高层钢结构的结构性能

（1）延性好

与钢筋混凝土结构相比,钢结构的延性大,耐震性能好,特别适用于地震区的高层建筑。在 1976 年我国唐山地震、1995 年墨西哥地震和 1995 年日本阪神地震中,钢结构房屋的破坏率和破坏程度均远低于钢筋混凝土结构房屋。

（2）柱网大

钢结构的承载能力大,强重比高,在相同的梁截面高度下,钢结构的柱网尺寸可以比钢筋混凝土结构大 50%左右,大大提高了建筑布置的灵活性。

（3）自重轻

高层钢结构的自重约为钢筋混凝土结构的 60%,更容易采用调频质量阻尼器等消能装置,以减小地震作用引起的结构振动,提高房屋的抗震性能。同时,更低的自重还有利于降低基础费用等,提高结构的综合经济效益。

8.1.2　高层钢结构的综合经济效益

工程实践表明,单就房屋的上部结构造价而言,型钢价格较高,纯钢结构的造价约为钢筋混凝土结构造价的两倍,但一栋房屋的整体造价还包括基础、装修、设备等,上部结构造价约占整个结构造价的60%,而结构造价则仅占包括装修、设备在内的工程造价的30%。在工程总投资(含土地、动迁)中,工程造价又仅占50%,据此,上部结构造价约占工程总投资的9%,这样钢结构与钢筋混凝土结构的差价则仅有4.5%左右。

若再考虑钢结构的自重轻、地震作用小、结构面积小、基础造价低、工期短、能提前投入运营使用等优点,其综合经济效益使高层钢结构房屋与高层钢筋混凝土结构房屋的结构差价在工程总投资中的比例进一步下降。

综上,高层钢结构房屋与钢筋混凝土房屋相比,具有以下优势:

(1)自重轻

高层钢结构房屋的自重为 $8 \sim 11$ kN/m^2,高层钢筋混凝土结构房屋的自重为 $15 \sim 18$ kN/m^2,前者比后者减轻自重约40%。表8.1给出了43层希尔顿酒店3种结构类型方案的比较。

表8.1　43层希尔顿酒店3种结构类型方案比较

结构类型	建筑总重 /kN	单位面积自重 /(kN·m^{-2})		基底压力 /(kN·m^{-2})	结构面积/m^2	结构面积 建筑总面积
钢筋混凝土结构	941 000	18	100%	770	4 700	9%
钢-混凝土结构	664 000	12.8	71%	550	1 730	3.3%
钢结构	546 000	10.5	58%	450	1 320	2.5%

结构自重的降低使得地震作用减小,构件内力进一步减小。此外,对软弱地基,上部结构减轻40%还能使基础造价大幅降低。

(2)结构面积小

钢结构强度高,钢柱截面的外轮廓面积仅为钢筋混凝土柱的1/3(表8.1),据工程实践统计,钢柱和钢筋混凝土柱的结构面积分别约占建筑面积的3%和7%,以10万 m^2 的楼房为例,若采用钢结构,可增加有效使用面积4 000 m^2。

(3)工期短

钢结构加工制作的工厂化程度高,施工速度比钢筋混凝土结构约快1.5倍。对一般的钢结构房屋,约每4 d完成一层,而钢筋混凝土结构房屋,约每6 d完成一层。一栋40层的房屋,若采用钢结构,工期可缩短3个月。高档办公楼一般需3年左右收回投资,若提前3个月使用,节省的贷款利息相当于减少8%的投资。

(4)降低层高

高层建筑内部管道较多,混凝土梁一般不能开洞,设计时必须考虑管道通过所需要的部分层高,而钢梁允许在腹板上开洞,以使管道通过,从而降低层高。在建筑总高度相同的情况下,采用钢结构,可以多出两三层建筑面积。

综合以上各方面因素,并根据我国某些高层建筑的经济分析,对50层左右的高层房屋建筑,考虑综合效益后,采用钢结构与采用钢筋混凝土结构,两者的工程投资基本持平。层数多于50层的,采用钢结构更加经济。

8.1.3　高层钢结构设计计算特点

民用建筑高层钢结构在竖向及水平荷载作用下的内力和位移的弹性计算,其力学模型、数

学方法等与其他结构类似或相同,但需要注意以下几点:

(1)阻尼比

钢结构抗震计算的阻尼比宜符合下列规定:①多遇地震下的计算,高度不大于50 m时可取0.04;高度大于50 m且小于200 m时,可取0.03;高度不小于200 m时,宜取0.02。②当偏心支撑框架部分承担的地震倾覆力矩大于结构总地震倾覆力矩的50%时,其阻尼比可比①中规定值相应增加0.005。③在罕遇地震下的弹塑性分析,阻尼比可取0.05。

(2)基本周期

初步设计时,可以用底部剪力法估算地震基底剪力,结构的基本周期可用经验公式计算。根据对国内外36栋高层建筑钢结构的实测周期和计算周期的统计,民用建筑钢结构基本周期T_1可按$0.1N$计算,N为建筑物地面以上的层数,不包括出屋面的电梯间、水箱等。

(3)梁柱节点域剪切变形对侧移的影响

对工字形截面柱,宜计入梁柱节点域剪切变形对结构侧移的影响;对箱形截面柱框架、中心支撑框架和不超过50 m的钢结构,其层间位移计算可不计入梁柱节点域剪切变形的影响,近似按框架轴线进行分析。

钢框架考虑节点域剪切变形对侧移的影响时,可将节点域作为一个单独的剪切单元进行结构分析,也可按下述方法作近似计算:H形截面柱钢框架,可按框架轴线尺寸进行分析;箱形柱框架,可将节点域作为刚域进行分析,刚域尺寸取节点域的一半。将上述分析得到的层间位移角与该楼层节点域在弯矩设计值作用下的剪切变形角平均值相加,得到考虑节点域剪切变形影响的层间位移角。楼层节点域在弯矩设计值作用下的剪切变形角的计算,可按现行《高钢规》中第6章的相关规定计算。

(4)混凝土楼板对钢梁刚度和承载力的影响

民用建筑钢结构采用压型钢板混凝土组合楼盖或现浇钢筋混凝土楼板。楼板与钢梁之间有可靠连接时,结构弹性计算可考虑钢梁与钢筋混凝土楼板共同工作,取部分楼板宽度作为钢梁的翼缘计算梁的惯性矩。两侧有楼板的梁可取钢梁惯性矩的1.5倍,一侧有楼板的梁可取钢梁惯性矩的1.2倍。大震作用下弹塑性计算时,不考虑楼板对钢梁刚度的增大作用。

在与柱连接的框架梁端部,即框架梁的负弯矩区,一般不计入钢筋混凝土楼板对梁的承载力的增大作用;在简支梁及框架梁的跨中,可以计入钢筋混凝土楼板对梁受弯承载力的增大作用。

8.1.4 常用高层钢结构体系

当前常用的结构抗侧力体系的变形属性主要有剪切型、弯曲型及弯剪型3类。部分结构体系是由单一类型的抗侧力变形构件组成结构体系,如框架体系、框筒体系等,可称为单一结构体系或单一抗侧力体系;另一些结构是由两种类型侧向变形属性的抗侧力构件共同组成的结构体系,如框架-抗震墙体系、框架-支撑体系、芯筒-框架体系等,可称为双重结构体系或双重抗侧力体系。高层民用建筑钢结构常采用以下结构体系:

①框架结构。

②框架-支撑结构,包括框架-中心支撑、框架-偏心支撑和框架-屈曲约束支撑结构。

③框架-延性墙板结构。

④筒体结构,包括框筒、筒中筒、桁架筒和束筒结构。

⑤巨型框架结构。

本章主要介绍在高层钢结构中常用的钢框架结构、框架-支撑结构、钢框架-墙板结构等。

8.2　钢框架结构

8.2.1　钢框架结构的组成及受力特点

钢框架结构是由沿房屋纵向和横向布置的钢梁(水平杆件)、钢柱(竖向杆件)组成的框架作为承重和抗侧力的主要构件所形成的结构体系。钢框架结构在水平力作用下的变形主要是由梁、柱的弯曲变形所产生的剪切型位移变形为主。在钢框架结构中,钢梁与钢柱一般正交且刚性连接,并且在地震区,纵、横向的钢梁及钢柱一般均采用刚性连接,以增强其抗侧刚度。在某些情况下,为加大结构延性,或防止梁与柱连接焊缝的脆断,也有采用半刚性连接构造的情况。

高层钢框架结构除了本书第 4 章所介绍的框架结构的普遍特点外,还具有以下特点:

①钢框架结构中的抗侧力体系为钢梁、钢柱组成的弯曲杆系,由于弯曲杆系不是很有效的抗侧力构件,当房屋层数较多、水平荷载较大时,梁、柱截面尺寸将大到超出经济、合理的截面尺寸范围,因此,钢框架结构体系一般仅适用于 30 层以下的高层建筑,高度不超过 110 m。

②节点域变形较大。在水平荷载作用下,框架因梁-柱节点域的腹板较薄,节点域将产生较大的剪切变形(图 8.1),从而使框架的侧移增大。如图 8.2

图 8.1　钢框架节点域的剪切变形

所示为某 10 层三跨钢框架在水平荷载下的计算结果。其中,虚线为节点域采用刚性假定的计算结果,实线为考虑了节点域变形的计算结果。可以看出,两者计算误差高达 15%。

(a)框架侧移曲线　　　　(b)层间侧移曲线

图 8.2　钢框架节点域变形对框架侧移的影响

图 8.3　10 层钢框架的荷载-侧移曲线

③P-Δ 效应较钢筋混凝土框架结构大。在水平荷载作用下,钢框架的截面尺寸较小,侧移值较大,同时较大的重力等竖向荷载作用在发生了较大水平侧移的结构上,使杆件内力和结构侧移进一步增大。研究结果表明,P-Δ 效应的大小,主要取决于房屋的总层数、柱的轴压比和杆件的长细比。工程实践表明,P-Δ 效应严重时,会危及框架的总体稳定。我国现行《钢结构设计标准》(GB 50017—2017)(以下简称《钢标》)规定:结构稳定性设计应在结构分析或构件设计中考虑二阶效应。如图 8.3 所示为某 10 层钢框架的荷载-侧移曲线,虚线表示未考虑 P-Δ 效应的一阶弹塑性分析结果,实线表示考虑了 P-Δ 效应的二阶协调分析结果。从图中可知,P-Δ 效应使高层钢框架的极限承载能力降低 10% ~ 40%。

我国现行《建筑抗震设计规范》(GB 50011—2010)(2016 年版)规定:当结构在地震作用下的重力附加弯矩大于初始弯矩的 10% 时,应计入重力二阶效应的影响。《钢标》中规定,当结构各层最大二级效应系数 $0.1 < \theta_{i,\max}^{\mathrm{II}} < 0.25$ 时,宜采用二级弹性分析或采用直接分析。规则框架结构的二阶效应系数可按下式计算:

$$\theta_i^{\mathrm{II}} = \frac{\sum N_{ki} \cdot \Delta u_i}{\sum H_{ki} \cdot h_i} \tag{8.1}$$

式中　$\sum N_{ki}$——所计算楼层各柱轴心压力标准值之和,N;

　　　$\sum H_{ki}$——产生层间侧移 Δu 的计算楼层及以上各层的水平力标准值之和,N;

　　　h_i——所计算 i 楼层的层高,mm;

　　　Δu_i——$\sum H_{ki}$ 作用下按一阶弹性分析求得的计算楼层的层间位移,mm。

④钢框架结构的底层塑性变形更为集中。钢框架结构中上部各楼层抗侧刚度大致均匀,但相对于地下室或基础的巨大抗侧刚度,框架底层的抗侧刚度较弱,从地下结构到底层框架,形成了一个刚度突变,易在底层产生较大的塑性变形。在地震区,为缓解强烈地震时框架底层产生较大的塑性变形,底部或底部两层宜采取加强措施或设计成型钢混凝土结构过渡层。

【工程实例】台北荣民医院大楼

台北市的荣民总医院医疗大楼,其中心塔楼,地下 3 层,地上 23 层,出屋面的屋顶间两层,总高度 112 m。典型楼层的层高为 4.3 m,最大楼层的高度为 5.5 m。裙房为 5 层,整个建筑属于大底盘塔楼,总建筑面积 22 万 m²。

该结构的地下室采用钢筋混凝土剪力墙和型钢混凝土框架柱;地上部分采用钢框架体系,双向柱距均为 8 m。底层结构平面和塔楼典型层结构平面如图 8.4 所示,结构横剖面如图 8.5 所示。地面以上各层钢框架的大梁均采用焊接工字形截面;框架柱、裙房部分采用焊接 H 形截面,塔楼部分采用焊接方形钢管,少数柱的钢板厚度超过 50 mm。地下结构的型钢混凝土柱,其型钢芯柱采用 H 形或十字形截面。

结构采用 ETABS 程序进行重力荷载、水平地震作用及风荷载作用下的结构内力和变形计算。梁与柱连接的最大受弯承载力,大于梁截面母材全塑性受弯承载力。大楼的横向和纵向基本自振周期分别为 2.83 s 和 2.78 s。在水平地震作用下,各楼层的层间侧移角数值大致为:①地下 3 层为 0.02% ~ 0.03%;②2 层为 0.21%;③2 ~ 8 层,由 0.36% 逐渐增大到 0.48%;④9 ~ 22 层,由 0.47% 逐渐减小到 0.32%。

图 8.4　医疗大楼结构平面

图 8.5　医疗大楼结构横剖面

8.2.2　钢框架结构设计要点

(1)结构布置要点

①钢框架结构房屋的最大适用高度及高宽比限值见本书第 2 章相关内容。

②采用钢框架体系的结构,应沿结构纵、横向布置刚接框架。抗震设计的民用钢结构建筑尽可能采用简单的建筑形体(平面和立面)和规则的结构布置(平面布置对称、均匀,竖向布置连续、均匀等)。对不规则和特别不规则的钢结构房屋建筑,要采取有效的措施,如加强结构间的连接;加强结构的整体性;提高关键构件或薄弱部位的承载力,使其在中震或大震时处于弹性;形成合理的屈服机制;从上到下设置能起"脊椎"作用的抗侧力结构或构件;设置多道抗震防线等,以避免或减轻由不规则引起的可能的地震破坏。

233

③高层民用建筑钢结构不应采用单跨框架结构。

④民用建筑钢结构宜采用压型钢板现浇钢筋混凝土组合楼板或钢筋混凝土楼板,楼板与钢梁应有可靠连接。6 度、7 度时,高度不大于 50 m 的钢结构房屋,可采用装配整体式钢筋混凝土楼板,也可采用装配式楼板或其他轻型楼盖,应采取措施保证楼盖整体性。

⑤高度大于 50 m 的钢结构房屋应设置地下室。其基础埋深,当采用天然地基时不宜小于房屋总高度的 1/15;当采用桩基础时,桩承台埋深不宜小于房屋总高度的 1/20。

(2)验算原则

①钢框架由钢梁、钢柱和节点域 3 种构件组成。钢构件长细比较大,除了要进行梁柱构件的强度(承载力)验算外,还要进行稳定性验算,节点域要进行抗剪验算。抗震设计的钢框架,还需要考虑罕遇地震时的屈服机制,进行强柱弱梁和节点域的验算。

②构件强度和稳定性验算时,采用组合的最不利内力值(组合类型和验算要求见本书第 3 章)。注意框架梁取梁端内力而不是轴线处的内力。

③罕遇地震下,梁和柱弯曲屈服,节点域可能达到其受剪承载力,钢筋混凝土框架强柱弱梁的抗震设计原则也适用于钢框架。一方面,当某一层所有框架柱的上下端都屈服形成薄弱层的弱柱框架可能使结构倒塌;另一方面,在实际工程中,除底层柱的柱脚外,很难实现其他柱都不屈服的机制。研究表明,钢框架柱在比较大的塑性转角的情况下,仍能保持其承载能力。此外,钢框架的梁柱节点域与混凝土框架梁柱节点核心区的受力性能也有所不同。在往复荷载作用下,钢框架节点域板件即使多次达到其抗剪强度,仍具有很好的耗能能力并仍能保持其承载能力,不会发生脆性破坏。钢框架的屈服耗能机制是以梁屈服耗能和节点域板件耗能为主,允许部分柱屈服,是混合塑性铰机制。构件屈服的先后次序应是节点域首先达到其抗剪强度,然后梁屈服,最后部分柱屈服,不同于钢筋混凝土框架避免核心区剪切破坏的屈服机制。

④有抗震设防要求的结构,纵向框架与横向框架的共用柱,应考虑两个正交方向地震动分量的同时作用,按双向受弯进行截面设计。此外,房屋外转角处的框架柱,即角柱,在竖向荷载下,会受到横向框架梁和纵向框架梁刚接引起的双向弯矩;在横向或纵向水平力作用下,倾覆力矩对角柱产生的轴向压力或拉力,均为最大值。围护墙刚度引起的较大倾覆力矩进一步加大角柱的轴向压(拉)力,地震时,此现象尤为严重。

(3)杆件截面选择

①钢框架的一般柱,通常采用热轧或焊接的宽翼缘 H 形钢,并使强轴对应于柱弯矩较大或柱计算长度较大的方向;纵、横向钢框架的共用柱,特别是角柱,宜采用热轧或焊接的矩形(含方形)钢管。抗震设防结构,为抵抗纵、横向大致相等的水平地震作用,宜采用方形钢管柱。若因条件限制必须采用 H 形钢柱时,可将柱的强轴方向一半对应于房屋纵向,一半对应于房屋横向;对角柱和纵、横向框架的共用柱,宜采用由一个 H 形钢和两个部分 T 形钢拼焊成的带翼缘的十字形截面。

②钢框架梁,一般情况下宜采用热轧窄翼缘 H 型钢或焊接工字形截面,不宜采用热轧工字钢,因为其曲线形变厚度翼缘不适应焊接坡口的加工及焊接垫板的设置。大跨度梁、承担扭矩的梁,以及要求具有很大抗弯刚度的框架梁,宜采用焊接箱形截面。

(4)梁-柱节点域

①一般情况下,钢框架的梁-柱节点宜采用"柱贯通型"。当钢梁采用箱形截面、柱采用矩形钢管时,可采用"梁贯通型"。

②钢梁与钢柱的连接,宜采用栓-焊混合型连接,即梁上、下翼缘与柱采用焊接连接,梁腹板与柱采用高强度螺栓摩擦型连接。

③当钢框架因梁-柱节点域腹板的剪切变形使框架侧移超出规定限值时,宜采取措施加厚节点域的腹板。

④对抗震设防钢框架,为防止梁端焊缝开裂的常见震害,宜采取措施削减梁端焊缝热影响区以外的梁上、下翼缘的截面面积(弧形变宽度),以实现"强连接、弱杆件"的抗震设计准则。

8.2.3　钢框架梁、柱强度及稳定性验算

钢框架梁应验算其抗弯强度和抗剪强度,当梁受集中荷载且该荷载处又未设置支承加劲肋时,还应验算腹板计算高度上边缘的局部承压强度。钢框架柱一般按拉弯或压弯构件验算其抗弯强度。

当铺板密铺在梁的受压翼缘上并与其牢固相连,能阻止梁受压翼缘的侧向位移时,可不计算梁的整体稳定性,否则应验算其整体稳定性。

钢框架柱应分别验算弯矩作用平面内及弯矩作用平面外的稳定性。《钢标》中规定:结构稳定性设计应在结构分析或构件设计中考虑二阶效应。在对框架柱进行稳定性验算时,应符合下述规定:

①结构内力分析可采用一阶线弹性分析或二阶线弹性分析。当二阶效应系数小于 0.1 时,可采用一阶弹性分析;二阶效应系数大于 0.1 时,宜采用 P-Δ 二阶弹性分析或直接分析。高层民用钢结构房屋中,二阶效应系数不应大于 0.2。框架结构的二阶效应系数应按式(8.1)确定。

②当采用二阶线弹性分析时,应在各楼层的楼盖处加上假想水平力,此时框架柱的计算长度系数取 1.0。

a. 假想水平力 H_{ni} 应按下式确定:

$$H_{ni} = \frac{Q_i}{250} \sqrt{\frac{f_y}{235}} \sqrt{0.2 + \frac{1}{n}} \tag{8.2}$$

式中　Q_i——第 i 楼层的总重力荷载设计值,kN;

n——框架总层数,当 $\sqrt{0.2 + \dfrac{1}{n}} > 1$ 时,取此根号值为 1.0。

b. 内力采用放大系数法近似考虑二阶效应时,允许采用叠加原理进行内力组合。放大系数的计算应采用下列荷载组合下的重力:

$$1.2G + 1.4[\psi L + 0.5(1 - \psi)L] = 1.2G + 1.4 \times 0.5(1 + \psi)L \tag{8.3}$$

式中　G——永久荷载;

L——活荷载;

ψ——活荷载的准永久值系数。

二阶 P-Δ 效应按近似的二阶理论对一阶弯矩进行放大来考虑时,对无支撑框架结构,杆件杆端的弯矩 M_Δ^{II} 也可采用下列近似公式进行计算:

$$M_\Delta^{\mathrm{II}} = M_q + \alpha_i^{\mathrm{II}} M_H \tag{8.4a}$$

$$\alpha_i^{\mathrm{II}} = \frac{1}{1 - \theta_i^{\mathrm{II}}} \tag{8.4b}$$

式中　M_q——结构在竖向荷载作用下的一阶弹性弯矩,N·mm;

M_Δ^{II}——仅考虑 $P\text{-}\Delta$ 效应的二阶弯矩,N·mm;

M_H——结构在水平荷载作用下的一阶弹性弯矩,N·mm;

θ_i^{II}——二阶效应系数,可按以下规定采用;

α_i^{II}——第 i 层杆件的弯矩增大系数,当 $\alpha_i^{\text{II}}>1.33$ 时,宜增大结构的侧移刚度。

③当采用一阶线弹性分析时,框架结构柱的计算长度系数应符合下列规定:

a. 框架柱的计算长度系数可按下式确定:

$$\mu = \sqrt{\frac{7.5K_1K_2 + 4(K_1 + K_2) + 1.6}{7.5K_1K_2 + K_1 + K_2}} \tag{8.5a}$$

式中 K_1,K_2——交于柱上、下端的横梁线刚度之和与柱线刚度之和的比值。当梁的远端铰接时,梁的线刚度应乘以 0.5;当梁的远端固接时,梁的线刚度应乘以 2/3;当梁近端与柱铰接时,梁的线刚度为零。

b. 对底层框架柱:当柱下端铰接且具有明确转动可能时,$K_2=0$;柱下端采用平板式铰支座时,$K_2=0.1$;柱下端刚接时,$K_2=10$。

c. 当与柱刚接的横梁承受的轴力很大时,横梁线刚度应乘以按下列公式计算的折减系数。

当横梁远端与柱刚接时

$$\alpha = 1 - \frac{N_b}{4N_{Eb}} \tag{8.5b}$$

当横梁远端与柱铰接时

$$\alpha = 1 - \frac{N_b}{N_{Eb}} \tag{8.5c}$$

当横梁远端嵌固时

$$\alpha = 1 - \frac{N_b}{2N_{Eb}} \tag{8.5d}$$

$$N_{Eb} = \frac{\pi^2 EI_b}{l_b^2} \tag{8.5e}$$

式中 α——横梁线刚度折减系数;

N_b——横梁承受的轴力,N;

I_b——横梁的截面惯性矩,mm⁴;

l_b——横梁的长度,mm。

d. 框架结构当设有摇摆柱时,由式(8.5a)计算得到的计算长度系数应乘以按下式计算的放大系数,摇摆柱本身的计算长度系数可取 1.0。

$$\eta = \sqrt{1 + \frac{\sum P_k}{\sum N_j}} \tag{8.6}$$

式中 η——摇摆柱计算长度放大系数;

$\sum P_k$——本层所有摇摆柱的轴力之和,kN;

$\sum N_j$——本层所有框架柱的轴力之和,kN。

④当框架按无侧移失稳模式设计时,应符合下列规定:

a. 框架柱的计算长度系数可按下式确定:

$$\mu = \sqrt{\frac{(1 + 0.41K_1) + (1 + 0.41K_2)}{(1 + 0.82K_1) + (1 + 0.82K_2)}} \tag{8.7}$$

式中　K_1，K_2——交于柱上、下端的横梁线刚度之和与柱线刚度之和的比值。

当梁的远端铰接时，梁的线刚度应乘以 1.5；当梁的远端固接时，梁的线刚度应乘以 2；当梁近端与柱铰接时，梁的线刚度为零。

b. 对底层框架柱：当柱下端铰接且具有明确转动可能时，$K_2 = 0$；柱下端采用平板式铰支座时，$K_2 = 0.1$；柱下端刚接时，$K_2 = 10$。

c. 当与柱刚接的横梁承受的轴力很大时，横梁线刚度应乘以折减系数。当横梁远端与柱刚接和横梁远端铰接时，折减系数应按式(8.5a)和式(8.5b)计算；当横梁远端嵌固时，折减系数应按式(8.5c)计算。

对非型钢梁和柱还应该验算板件的局部稳定，或设置加劲肋后，验算其屈曲后强度。

钢框架梁、柱的强度及稳定性验算的相关要求及公式在钢结构原理课程中有详细说明，也可参看《钢标》第 6 章和第 8 章的相关内容，本书不再赘述。

8.2.4　强柱弱梁验算

为了使梁屈服先于柱屈服，实现强柱弱梁，节点左右梁端和上下柱端的全塑性承载力应符合：

等截面梁

$$\sum W_{pc}\left(f_{yc} - \frac{N}{A_c}\right) \geqslant \eta \sum W_{pb}f_{yb} \tag{8.8a}$$

端部翼缘变截面的梁

$$\sum W_{pc}\left(f_{yc} - \frac{N}{A_c}\right) \geqslant \sum \left(\eta W_{pb1}f_{yb} + V_{pb}s\right) \tag{8.8b}$$

式中　W_{pc}，W_{pb}——交汇于节点的柱和梁的塑性截面模量；

W_{pb1}——梁塑性铰所在截面的梁塑性截面模量；

f_{yc}，f_{yb}——柱和梁的钢材屈服强度；

N——地震组合的柱轴向压力设计值；

A_c——框架柱的截面面积；

η——强柱系数，一级取 1.15，二级取 1.10，三级取 1.05，四级取 1.0；

V_{pb}——梁塑性铰剪力；

s——塑性铰至柱面的距离，塑性铰可取梁端部变截面翼缘的最小处。

下列情况之一时，钢框架可不验算强柱弱梁：

①当柱所在楼层的受剪承载力比相邻上一层的受剪承载力高出 25 %。由于所在层受剪承载力高，地震作用下，该楼层的柱不容易屈服。

②当柱轴压比不超过 0.4（即 $N \leqslant 0.4A_c f_{yc}$）。符合这一条件的钢柱，由于轴压比小，其屈曲后的变形能力大。

③当 $N_2 \leqslant \varphi A_c f$（$N_2$ 为 2 倍地震作用下的组合轴力设计值，φ 为柱作为轴心受压构件时的稳定系数）。满足该条件时，作为轴心受压柱的稳定性得到了保证。

④与支撑斜杆相连的节点。

⑤框筒结构的框架、筒中筒结构的外框筒框架。

8.2.5 框架杆件刚度验算

（1）钢柱长细比

根据规定，钢框架柱的长细比 λ，一级不应大于 $60\varepsilon_k$，二级不应大于 $70\varepsilon_k$，三级不应大于 $80\varepsilon_k$，四级及非抗震设计不应大于 $100\varepsilon_k$。其中 ε_k 为钢号修正系数，其值为235与钢材牌号中屈服点数值的比值的平方根。

（2）钢梁的长细比

根据《建筑抗震设计规范》（GB 50011—2010）（2016年版）的要求，钢梁长细比应符合下列要求：

①钢梁的受压翼缘应根据需要设置侧向支承。当梁上翼缘与楼板有可靠连接时，简支梁可不设置侧向支承；固端梁下翼缘在梁端0.15倍梁跨附近宜设置隔撑。梁端采用梁端扩大形、梁端加盖板或骨形连接时，应在塑性区外设置竖向加劲肋，隔撑与偏置的竖向加劲肋相连。梁端翼缘宽度较大，对梁下翼缘侧向约束较强时，也可不设隔撑。

②钢梁在地震作用下出现塑性铰的截面，上、下翼缘均应设置侧向支承。

③当钢梁的上翼缘没有通长的刚性铺板或防止侧向弯扭屈曲的构件时，在构件出现塑性铰的截面处应设置侧向支承。该支承点与其相邻支承点间构件的长细比 λ_y 应符合下列规定：

$$当 -1 \leqslant \frac{M_1}{\gamma_x W_x f} \leqslant 0.5 \text{ 时}, \lambda_y \leqslant \left(60 - 40\frac{M_1}{\gamma_x W_x f}\right)\varepsilon_k \tag{8.9a}$$

$$当 0.5 \leqslant \frac{M_1}{\gamma_x W_x f} \leqslant 1 \text{ 时}, \lambda_y \leqslant \left(45 - 10\frac{M_1}{\gamma_x W_x f}\right)\varepsilon_k \tag{8.9b}$$

$$\lambda_y = \frac{l_1}{i_y} \tag{8.9c}$$

式中 λ_y——弯矩作用平面外的长细比；

l_1——侧向支承点间距离，mm；对不出现塑性铰的构件区段，其侧向支承点间距应由本标准第6章和第8章内有关弯矩作用平面外的整体稳定计算确定；

i_y——截面绕弱轴的回转半径，mm；

M_1——与塑性铰距离为 l_1 的侧向支承点处的弯矩，N·mm；当长度 l_1 内为同向曲率时，$M_1/(\gamma_x W_x f)$ 为正；当长度 l_1 内为反向曲率时，$M_1/(\gamma_x W_x f)$ 为负。

8.2.6 框架梁-柱节点设计

1）梁-柱节点类型

（1）柱贯通型

钢框架的楼层梁-柱节点处，下层柱整根通过节点，伸至上层柱底部的接头，节点四边的梁分别与柱相连接，如图8.6(a)所示，称为"柱贯通型"梁-柱节点。一般情况下，为简化构造和方便施工，框架的梁-柱节点宜采用柱贯通型。

（2）梁贯通型

钢框架的楼层梁-柱节点处，主梁整根通过节点，上层柱的底端和下层柱的顶端分别与主梁的上翼缘和下翼缘相连接，另一方向的节点两侧钢梁，分别与该主梁的两侧变相连接，如图8.6(b)所示，称为"梁贯通型"梁-柱节点。当主梁采用箱型截面时，钢框架的梁-柱节点宜采用梁贯通型。其他情况,有必要时,也可以采用"梁贯通型"梁-柱节点。

（a）柱贯通型　　　　　　　　　　　（b）梁贯通型

图 8.6　钢框架的梁-柱节点

2）节点域强度验算

节点域应合理设计,使其既具备一定的耗能能力,又不会引起过大的侧移。在小震作用下,框架梁-柱节点域应满足抗剪强度要求;在罕遇地震作用下,节点域达到抗剪强度,剪切变形耗能。节点域的板件不能太厚,也不能太薄。若节点域板件太厚,则其抗剪强度比框架梁的屈服承载力低得不多,节点域的塑性变形小,吸收能量少,而且用钢量大;若节点域板件太薄,节点域剪切变形太大会导致框架的层间位移过大,而且可能引起节点域板件达到抗剪强度后局部失稳破坏。节点域的抗震验算包括 3 个方面:承载力验算、避免节点域板件局部失稳破坏的板件厚度验算以及抗剪强度验算。节点域的受力状态如图 8.7(c)所示。

（a）重力下节点内力　　　（b）水平力下梁-柱反弯点内力　　　（c）水平力下节点域剪力

图 8.7　节点域的受力状态

（1）节点域柱腹板剪力验算

在重力荷载作用下,框架楼层节点两侧的梁端弯矩同为负弯矩,大体上能相互平衡,对节点域腹板基本不产生水平剪力[图 8.7(a)]。水平力(风荷载、水平地震作用)作用下[图 8.7(b)],为平衡上、下柱端顺时针方向的弯矩,梁-柱节点两侧的梁端弯矩同为逆时针方向[图 8.7(c)],左、右梁端的较大同方向不平衡弯矩,使节点域的柱腹板承受较大的水平剪力。对 H 形柱和管形柱的"柱贯通形"梁-柱节点、梁与柱连接处,无论节点内有无水平加劲肋[图 8.7(a)、图 8.7(c)],节点域的柱腹板均应按下列规定验算其受剪强度和稳定性。

由柱翼缘与水平加劲肋包围的柱腹板节点域,应按下列公式验算其抗剪强度。

工字形截面柱和箱形截面柱的节点域,略去节点上、下柱端水平剪力的影响,节点域在左、

239

右两侧梁端不平衡弯矩作用下(图8.7)所产生的剪应力 τ 应符合下式要求:

抗风设计

$$\tau = \frac{M_{b1} + M_{b2}}{V_p} \leqslant \frac{4}{3} \cdot \frac{f_v}{\gamma_0} \tag{8.10a}$$

抗震设计

$$\tau = \frac{M_{b1} + M_{b2}}{V_p} \leqslant \frac{4}{3} \cdot \frac{f_v}{\gamma_{RE}} \tag{8.10b}$$

为使地震作用下的钢框架节点域首先屈服,以消耗一部分地震能量,然后是梁端出现塑性铰,进一步消耗地震能,最后才是柱屈服,令节点域的屈服承载力等于该节点两侧梁端总屈服承载力的0.7倍是恰当的。要求当节点两侧梁端弯矩达到全塑性弯矩的0.6~0.7倍、节点域即将进入塑性状态时,节点域的剪应力不应超过钢材的抗剪强度设计值,即对抗震设防框架,节点域的剪应力除满足式(8.10)外,节点域的屈服承载力应还应符合下式要求:

$$\psi \frac{M_{pb1} + M_{pb2}}{V_p} \leqslant \frac{4f_{yv}}{3} \tag{8.10c}$$

式中　M_{b1}, M_{b2}——框架楼层节点两侧的梁端弯矩设计值,弯矩绕节点顺时针为正,逆时针为负;

　　　M_{pb1}, M_{pb2}——节点域两侧梁的全塑性受弯承载力;

　　　系数4/3——考虑公式左侧略去了剪力引起的剪力项,柱轴力、剪力以及节点域周边板件约束对节点域抗剪屈服强度的影响,根据结构试验确定的抗剪强度提高系数;

　　　V_p——节点域的体积,

　　　　　对工字形截面柱(绕强轴) $V_p = h_{b1}h_{c1}t_w$

　　　　　对工字形截面柱(绕弱轴) $V_p = 2h_{b1}bt_f$

　　　　　对箱形截面柱 $V_p = 1.8h_{b1}h_{c1}t_w$(系数1.8是腹板受力不均匀系数0.9乘以2)

　　　　　对圆管截面柱 $V_p = (\pi/2)h_{b1}h_{c1}t_w$;

　　　h_{b1}, h_{c1}——梁翼缘厚度中点间的距离和柱翼缘(或钢管直径线上管壁)厚度中点间的距离;

　　　t_w——节点域范围内柱腹板厚度;

　　　t_f——柱的翼缘厚度,mm;

　　　b——柱的翼缘宽度,mm;

　　　f_{yv}——钢材的屈服抗剪强度,取钢材屈服强度的0.58倍;

　　　ψ——折减系数;三、四级取0.6,一、二级取0.7;

　　　F_{yv}——钢材的抗剪强度设计值;

　　　γ_{RE}——节点域承载力抗震调整系数,取0.75。

节点域的体积 V_p 对十字形截面柱(图8.8),

$$V_p = \varphi h_{b1}(h_{c1}t_w + 2bt_f) \tag{8.11a}$$

$$\varphi = \frac{\alpha^2 + 2.6(1 + 2\beta)}{\alpha^2 + 2.6} \tag{8.11b}$$

$$\alpha = h_{b1}/b \tag{8.11c}$$

$$\beta = A_f/A_w \tag{8.11d}$$

$$A_f = bt_f \tag{8.11e}$$

$$A_w = h_{c1}t_w \qquad (8.11f)$$

（2）节点域的稳定性验算

为保证工字形截面柱和箱形截面柱节点域的稳定，防止节点域柱腹板受剪时发生局部失稳和屈曲，H 形或管形截面柱的节点域柱腹板的厚度（对管形柱，仍取一块腹板的厚度）应满足式（8.12）的要求：

$$t_w \geqslant \frac{h_{b1} + h_{c1}}{90} \qquad (8.12)$$

图 8.8　十字形截面柱节点域体积

式中　h_{b1}，h_{c1}——梁翼缘厚度中点间的距离和柱翼缘（或钢管直径线上管壁）厚度中点间的距离。

当节点域内柱腹板厚度不小于梁、柱截面高度之和的 1/70 时，可不验算节点域的稳定性。

（3）节点域的补强

若节点域不满足式（8.10a）、式（8.10b）、式（8.10c）和式（8.12）的要求，可以采取下列方法对节点域腹板进行加厚或补强：

图 8.9　节点域腹板的加厚

①对焊接 H 形组合柱，宜将柱腹板在节点域范围内更换为较厚的板件。加厚板件应伸出柱上、下横向加劲肋之外各 150 mm，并采用对接焊缝将其与上、下柱腹板相连，如图 8.9 所示。

②对扎制 H 形钢截面柱，可采用配置斜向加劲肋或在节点域贴焊补强板等方式补强。当节点域板厚不足部分小于腹板厚度时，可采用单面补强板，若大于腹板厚度时，则应采用双面补强板。补强板上下边缘应伸出柱上下横向加劲肋以外不小于 150 mm，并采用不小于 5 mm 的连续角焊缝将其上下边与柱腹板焊接，加劲肋仅与补强板焊接，此焊缝能将加劲肋传来的力传递给补强板，补强板的厚度及其焊缝应按传递该力的要求进行设计。补强板侧边可采用角焊缝或填充对接焊缝与柱翼缘相连，如图 8.10 所示。

（a）补强板上、下端伸过柱水平加劲肋

（b）补强板只在节点域范围内

图 8.10　节点域腹板贴焊补强板

当在节点域腹板的垂直方向有竖向连接板时,补强板的板面尚应采用塞焊缝与柱腹板连成整体[图8.10(a)]。塞焊孔径应不小于16 mm,塞焊点之间的水平和竖向距离,均不应大于相连板件中较薄板件厚度的$21\sqrt{235/f_{ay}}$倍,也不应大于200 mm。

③当补强板限制在框架节点域范围内,即不伸过水平加劲肋时,补强板的周边与柱翼缘和水平加劲肋之间应采用填充对接焊缝或角焊缝,实现围焊连接[图8.10(b)]。

④当补强板不伸出水平加劲肋时,加劲肋应与柱腹板焊接;补强板与加劲肋之间的角焊缝,应能传递补强板所分担的剪力,且厚度不应小于5 mm。

⑤当采用斜向加劲肋来提高节点域的受剪承载力时,斜向加劲肋及其连接,应能传递柱腹板所能承担剪力之余的剪力。

3)梁-柱刚性连接的极限承载力验算

抗震设防的民用建筑钢结构构件的连接验算,包括小震作用下按组合的内力设计值的弹性验算,以及为实现强连接弱构件的极限承载力验算。

梁与柱的刚性连接应按下列公式验算:

$$M_u^j \geqslant \alpha M_p \tag{8.13}$$

梁截面通常由弯矩控制,梁的极限受剪承载力取与极限受弯承载力对应的剪力加竖向荷载产生的剪力。

$$V_u^j = \alpha \left(\sum M_p / l_n \right) + V_{Gb} \tag{8.14}$$

式中 M_u^j——梁与柱连接的极限受弯承载力,kN·m;

M_p——梁的全塑性受弯承载力,kN·m(加强型连接按未扩大的原截面计算);

$\sum M_p$——梁两端截面的塑性受弯承载力之和,kN·m;

V_u^j——梁与柱连接的极限受剪承载力,kN;

V_{Gb}——梁在重力荷载代表值(9度尚应包括竖向地震作用标准值)作用下,按简支梁分析的梁端截面剪力设计值,kN;

l_n——梁的净跨,m;

α——连接系数,按表8.2的规定采用。

表8.2 钢构件连接的连接系数

母材牌号	梁柱连接		支撑连接、构件拼接		柱脚	
	母材破坏	高强螺栓连接	母材或连接板破坏	高强螺栓破坏		
Q235	1.40	1.45	1.25	1.30	埋入式	1.2(1.0)
Q345	1.35	1.40	1.20	1.25	外包式	1.2(1.0)
Q345GJ	1.25	1.30	1.10	1.15	外露式	1.0

注:①屈服强度高于Q345的钢材,按Q345的规定采用。

②屈服强度高于Q345GJ的GJ钢材,按Q345GJ的规定采用。

③括号内的数字用于箱型柱和圆管柱。

抗震设计时,梁与柱连接的梁端极限受弯承载力M_u^j为梁翼缘连接的极限受弯承载力和梁腹板连接的极限受弯承载力之和,应按下列规定计算(图8.11):

图 8.11　梁柱连接

$$M_u^j = M_{uf}^j + M_{uw}^j \tag{8.15a}$$

$$M_{uf}^j = A_f(h_b - t_{fb})f_{ub} \tag{8.15b}$$

$$M_{uw}^j = mW_{wpe}f_{yw} \tag{8.15c}$$

$$W_{wpe} = \frac{1}{4}(h_b - 2t_{fb} - 2S_r)2t_{wb} \tag{8.15d}$$

梁腹板连接的极限受弯承载力系数 m 按下式计算:

H 形截面柱(绕强轴)　　$m = 1$ $\qquad\qquad$ (8.15e)

箱形截面柱　$m = \min\left\{1, 4\dfrac{t_{fc}}{d_j}\sqrt{\dfrac{b_j \cdot f_{yc}}{t_{wb} \cdot f_{yw}}}\right\}$ $\qquad$ (8.15f)

式中　W_{wpe}——梁腹板有效截面的塑性截面模量,mm^3;

$\qquad$ f_{yw}——梁腹板钢材的屈服强度,N/mm^2;

$\qquad$ h_b——梁截面高度,mm;

$\qquad$ d_j——柱上下水平加劲肋(横隔板)内侧之间的距离,mm;

$\qquad$ b_j——箱形柱壁板内侧的宽度或圆管柱内直径,mm,$b_j = b_c - 2t_{fc}$;

$\qquad$ r——圆钢管上下横隔板之间的距离与钢管内径的比值,$r = d_j/b_j$;

$\qquad$ t_{fc}——箱形柱或圆管柱壁板的厚度,mm;

$\qquad$ f_{yc}——柱钢材屈服强度,N/mm^2;

$\qquad$ f_{yf},f_{yw}——梁翼缘和梁腹板钢材的屈服强度,N/mm^2;

$\qquad$ t_{fb},t_{wb}——梁翼缘和梁腹板的厚度,mm;

$\qquad$ f_{ub}——梁翼缘钢材抗拉强度最小值,N/mm^2。

4)梁-柱刚性连接的构造要求

(1)连接方式

钢框架梁柱的刚性连接宜采用"柱贯通形"节点,根据受力与安装条件,可选用下列连接方式:

①全焊连接。钢梁的翼缘和腹板与钢柱的连接全部采用焊缝连接,如图 8.12(a)所示,它通常用于框架节点处悬臂梁段与柱的连接。全焊连接适用于工厂的杆件组装,不宜用于工地

的杆件组装。实践经验表明,利用焊于柱上的悬臂梁段进行钢框架的组装,抗震性能较好,若对钢构件制作精度的要求较高,则应根据具体情况选用。若因抗震设计需要,在现场采用框架梁直接与柱进行全焊连接时,宜采用双片连接板将梁腹板与柱焊接,如图8.12(b)所示。

②全栓连接。钢梁通过端板与钢柱进行高强度螺栓摩擦型连接,或利用T形连接件与钢柱连接,如图8.12(c)所示。全栓连接的费用较高,仅在必要时使用。

③栓焊连接。钢梁翼缘与柱翼缘或水平加劲肋之间采用焊缝连接;梁腹板与焊于柱翼缘或腹板上的竖向连接板之间采用高强度螺栓摩擦型连接,如图8.12(d)所示。此时,梁-柱节点是通过梁翼缘焊缝抗弯、腹板螺栓连接抗剪来实现梁与柱的内力传递。

施工时,先用螺栓将腹板安装定位,然后对翼缘施焊。试验表明,梁翼缘焊接将使腹板螺栓预拉力平均降低约10%。在我国钢结构工程中,梁与柱的现场连接多采用这种连接方式。

美国北岭地震和日本阪神地震经验表明,梁与柱全焊连接的受弯承载力和塑性变形能力均优于栓焊连接。采用坡口全熔透焊缝将梁腹板直接焊在柱翼缘上,或通过较厚连接板焊接,使腹板参与抗弯,从而减小梁翼缘焊缝的应力。对高烈度地震区的钢框架,已出现优先考虑全焊连接的趋向。

图8.12　梁与柱刚性连接方式

(2)基本构造要求

①钢柱在两个互相垂直的方向均与钢梁刚接时,宜采用管形截面(方形或矩形钢管)。当仅在一个方向刚接时,宜采用H形截面,并将柱腹板置于刚接框架平面内。

②对焊接H形钢柱和管形钢柱,当梁与柱刚性连接时,柱在梁上、下翼缘以上和以下各500 mm的节点区范围内,H形钢柱翼缘与腹板间或管形钢柱壁板间的拼装焊缝应采用坡口全熔透焊接。管形钢柱节点区范围内的拼装焊缝如图8.13所示。

图 8.13　梁柱节点区段内箱形柱的壁板拼装焊缝

③管形柱或 H 形钢柱(强轴方向)与钢梁刚性连接时,应符合下列要求:

a. 钢梁翼缘与钢柱翼缘之间应采用坡口全熔透焊缝。

b. 钢柱在钢梁上、下翼缘对应位置设置横向(水平)隔板或加劲肋,且其厚度不应小于钢梁翼缘厚度,6 度抗震设防时,加劲肋厚度可适当减小,但应通过承载力计算确定,且不得小于钢梁翼缘厚度的一半。

c. 钢管柱的壁板厚度不大于 16 mm 时,不宜采用内隔板和电渣焊,宜采用贯通式隔板。

d. 钢梁腹板宜采用高强度螺栓与柱上连接板进行摩擦型连接。

④腹板连接板与柱翼缘板的焊接,当连接板厚度不大于 16 mm 时,应采用双面角焊缝,焊缝有效厚度应满足"等强度"要求,且不小于 5 mm;板厚大于 16 mm 时,应采用 K 形坡口对接焊缝。该焊缝宜采用气体保护焊,且板端应绕焊。

(3)抗震附加要求

①焊缝金属冲击韧性。1994 年,美国北岭地震时,钢框架的梁与柱的连接部位,焊缝金属的冲击韧性低(夏比冲击韧性为 10 ~ 15 J),发生脆性破坏,导致节点失效。结合工程震害经验,我国现行《建筑抗震设计规范》(GB 50011—2010)(2016 年版)规定:梁翼缘与柱翼缘间应采用全熔透坡口焊缝;一、二级时,应检验焊缝的 V 形切口冲击韧性,其夏比冲击韧性在 −20 ℃时不低于 27 J。

②腹板连接螺栓。常用的工字形截面钢梁,当处于弹性阶段时,翼缘和腹板分别承担全截面受弯承载力的 85% 和 15% ,如果再考虑现场焊缝强度的折减系数 0.9,翼缘焊缝连接的受弯承载力仅是梁全截面受弯承载力的 77% 。该情况说明:首先,对梁-柱的栓焊连接,通常采用的"翼缘焊缝抗弯,腹板螺栓受剪"设计假定不使用于抗震结构;其次,腹板螺栓除承受竖向剪力外,还要承受腹板部分弯矩引起的水平剪力,当螺栓不足以承受合成剪力而产生较大变形时,就会使翼缘焊缝中点附近产生超应力而开裂,美国框架震害也证实了这一点。

我国现行《建筑抗震设计规范》(GB 50011—2010)(2016 年版)规定:钢梁与钢柱的栓焊连接,腹板的连接螺栓除应能承受梁端受弯屈服时的竖向剪力外,当梁翼缘的塑性截面模量小于梁全截面模量的 70% 时,应考虑腹板参与受弯,梁腹板与柱上连接板的连接螺栓不得少于二列;当计算仅需一列时,仍应布置二列,且此时螺栓总数不得少于计算值的 1.5 倍。美国的一种做法是,除螺栓连接外,还在连接板的角部用角焊缝与梁腹板相连,以承受腹板分担的弯矩。

（4）细部构造

对钢框架梁与柱的刚性连接,为设置焊接衬板和方便焊接,应在钢梁腹板端头上角作扇形切口,其半径 r 宜取 35 mm（图 8.14 详图 A）；扇形切口与钢梁翼缘交接处,应做成半径为 $10\sim15$ mm 的圆弧,圆弧起点与衬板外侧之间保持 $10\sim15$ mm 的间隔,以减小焊接热影响区的叠加效应。腹板端部下角扇形切口的构造要求如图 8.14 详图 B 所示,使切口具有较大高度,确保钢梁下翼缘焊缝施焊时焊条能顺利穿过,实现不间断施焊。

图 8.14　框架梁与柱的现场连接

美国北岭地震震害调查指出,钢梁下翼缘焊缝衬板和引弧板底面与钢柱翼缘相连接处的缝隙,易引发应力集中等缺口效应,这种人为缝隙在梁翼缘拉力作用下会向内部扩张,引发脆性破坏。对抗震设防框架,下翼缘焊缝衬板的底面与柱翼缘相接处,应沿衬板全长用角焊缝补焊封闭,因仰焊施工不便,焊接尺寸可取 6 mm（图 8.14 详图 B）。此外,也可将梁下翼缘的焊接衬板和引弧板用气刨割除,并清根后,再用角焊缝补强,但这种做法,费用较高,且易伤母材。

（5）新型抗震连接

美国北岭地震时,约 150 幢钢框架房屋的梁-柱节点产生不同程度的破坏,然而,其破坏状况并未像结构抗震设计所预期的那样,在梁端的柱面处产生塑性铰,而是出现了裂缝。这种由三轴应力引起的切口处的破坏,属于脆性破坏,其节点转动能力仅为 0.005 rad,仅是美国规范对梁-柱连接塑性转角 θ_p 规定值 0.03 rad 的 1/6。另外,梁端塑性铰若安排在柱面处,将使柱翼缘板在厚度方向产生很大拉应力,不利于节点塑性变形的发展。我国现行《建筑抗震设计规范》（GB 50011—2010）（2016 年版）规定：结构抗震等级为一级和二级时,梁与柱的连接宜采用能将塑性铰自梁端外移的梁端加盖板、骨形连接或端部扩大型连接。

①梁端加盖板

在框架梁端上、下翼缘加焊楔形短盖板,在现场采用坡口全熔透对接焊缝和角焊缝分别与柱翼缘和梁翼缘连接（图 8.15）,使焊缝截面面积不小于单独翼缘截面面积的 $\gamma_{RE}^w/\gamma_{RE}=0.9/0.75=1.2$ 倍,盖板的长度宜取 $0.3h_b$ 且不小于 180 mm。若钢梁塑性铰的塑性区域长度为 $0.9h_b$,则从柱面到塑性铰中点的距离约为 $0.75h_b$。

梁的腹板与柱翼缘的连接方式分为以下两种：

a. 高强度螺栓摩擦型连接。连接螺栓应能承受 $\gamma_{RE}^b/\gamma_{RE}=0.85/0.75=1.13$ 倍由腹板所能承受的最大弯矩设计值 M_w 和地震作用效应组合剪力设计值 V 所产生的合成剪力。

b. 梁腹板与柱上的双片连接板之间采用角焊缝连接（图 8.15 剖面 3—3）,角焊缝应能承受 $\gamma_{RE}^w/\gamma_{RE}=0.9/0.75=1.2$ 倍由腹板所能承受的最大弯矩设计值 M_w 和地震作用效应组合剪力设计值 V 所产生的合成剪力。γ_{RE}^w,γ_{RE}^b,γ_{RE} 分别为连接焊缝、连接螺栓和钢梁的抗震承载力调整系数。

图 8.15　梁端加盖板连接形式

②梁翼缘弧形切面——骨形连接

在传统的框架节点基础上,距离柱面等于或稍大于 $b_f/2$ 处,对梁上、下翼缘的两侧均进行圆弧形切割。以 HM350×250 型号的钢梁为例(图 8.16),圆弧半径为 1 070 mm,切面深度为 6 mm,切面长度为 227 mm。切割后,梁翼缘的切割面应磨平。足尺试验结果表明,这种弱梁型节点具有良好的耐震性能。

图 8.16　骨形连接

③梁端扩大型连接

这种节点的基本构造是在工厂里将一段较宽翼缘短梁焊于柱上,形成带有各层悬臂梁段的树枝状柱,然后在工地现场再采用栓焊连接或全栓连接将悬臂梁段与梁拼接(图 8.17)。短梁(即图 8.17 中的悬臂梁段)特意做得稍强一点,短梁翼缘可以是变宽度[图 8.17(a)]或等宽度[图 8.17(b)]的,使梁端塑性铰位置由柱面向外转移。这种梁-柱连接方案在日本应用广泛。

(a) 变宽翼缘短梁　　　　　　　　　　(b) 等截面短梁

图 8.17　梁端扩大型连接

另一种做法是,采用梁贯通型节点,即将箱形截面短梁段连续通过节点,然后将上下层的柱分别焊在短梁段的上、下翼缘。

梁端扩大型连接节点的优点:梁柱连接的关键焊缝,可以在工厂内制作,质量可以得到较为严格的控制;现场仅由高强度螺栓连接工作,安装费用低。

这种连接的缺点:树形柱的运输费用较高;要求柱翼缘厚板或短梁翼缘厚板(梁贯通型节点)具有良好的 Z 向性能。

8.3 框架-支撑结构

8.3.1 结构特征

(1)结构体系的组成

以钢框架体系为基础,沿房屋纵、横向或其他主轴方向,根据侧力的大小,布置一定数量的竖向支撑,所组成的结构体系称为框架-支撑结构(图 8.18),简称框-撑体系。支撑框架在纵横两个方向的布置宜基本对称。支撑框架之间的楼盖长宽比不宜大于 3。

(a)结构平面　　　　　　　　　　(b)结构剖面

图 8.18　高层钢结构框架-支撑结构

支撑框架中的框架梁与框架柱仍为刚性连接。支撑斜杆两端与框架梁、柱的连接,尽管在结构计算简图中假定为铰接,但实际构造仍多采取刚性连接,少数工程(如上海金茂大厦等)也有采用钢销连接的铰接构造。

竖向支撑可采用轴交支撑(也称中心支撑)、偏交支撑(也称偏心支撑)或防屈曲支撑(也称屈曲约束支撑)。结构抗震等级为三、四级且房屋高度不大于 50 m 的钢结构,可采用轴交支撑。结构抗震等级为一、二级及房屋高度超过 50 m 的三、四级钢结构,宜采用偏交支撑、防屈曲支撑或带有消能装置的轴交支撑。

(2)结构的侧移变形特点

在如图 8.18 所示的框架-支撑结构中,沿房屋的横向或纵向,各榀框架和各片竖向支撑由各层楼板连接为整体,形成一个空间结构。在风荷载或水平地震作用下,当楼板可视为刚性横隔板时,在结构不发生扭转振动的情况下,沿房屋横向或纵向,各榀框架和各片竖向支撑的侧移值相同,其计算简图可用刚性连杆将框架与支撑连为如图 8.19(a)所示的并联体,其整体侧移曲线属于"剪弯型",如图8.19(b)所示。从图8.19(b)中同时给出的框架及竖向支撑单独工作时的侧移曲线可知,框架-支撑结构的侧移曲线,在结构的下半部,层间侧移角要比单独框架(相当于框架体系)减小很多。

在水平荷载作用下,框架属剪切型构件,支撑近似于弯曲型构件,通过多根刚性连杆(由各层刚性楼盖发挥刚性连杆作用)的协调,使两者的侧向变形趋于一致[图8.17(b)]。

(a)结构平面　　　　　　　　(b)结构剖面

图8.19　水平荷载作用下框架-支撑结构的变形特征

在水平荷载作用下,在结构的下部,单独支撑的侧移量小[图8.20(a)],单独框架的侧移量大[图8.20(b)];在结构的上部,正好相反。各层楼盖为使两者的侧移协调一致,支撑与框架之间产生相互作用力,在结构的上部为推力,在结构的下部为拉力[图8.20(c)]。框架与支撑相互作用的结果,使整个结构顶部的侧移值减小,整个结构下半部的层间侧移角减小。

(a)单独支撑侧向变形　　(b)单独支撑侧向变形　　(c)框架-支撑并联体的相互作用力

图8.20　框架-支撑结构中支撑与框架的相互作用力

(3)房屋高度

竖向支撑属于几何不变的轴力杆系,与属于几何可变的弯曲杆系的框架相比,具有大得多的抗侧移刚度和水平承载力。采用框架-支撑结构的房屋,不仅有刚度较大、承载力较强的支撑作为主要的抗侧力构件,同时支撑与框架的相互作用,大大减小了整个结构下部的较大层间侧移角,使各楼层的层间侧移角渐趋一致。框架-支撑结构的房屋适用高度比纯框架体系增加较多。

钢框架-支撑结构房屋的最大适用高度及高宽比限值见本书第2章相关内容。

8.3.2　竖向支撑的力学特性

(1)轴力杆系

由水平杆件、竖向杆件和斜向杆件共同组成的几何不变的三角形杆系的构架,称为轴力杆系构件。所谓轴力杆系构件,是指三角形杆系构件无论是在水平荷载还是竖向荷载作用下,所有杆件均承受轴向拉力或轴向压力,而不会产生垂直于杆轴方向的剪力和弯矩。

在水平位置立放,用以承担竖向荷载的轴力杆系构件,称为桁架[图8.21(a)]。沿高度方向设置,用以承担水平荷载的轴力杆系构件,称为竖向支撑,简称支撑[图8.21(b)]。

(a)桁架　　　　　　　　(b)支撑

图8.21　几何不变的轴力杆系构件

(2)支撑的侧移曲线

支撑在水平荷载作用下所产生的侧移,主要是由其中各杆的轴向拉伸或轴向压缩变形引起的[图8.22(a)]。与框架侧移曲线是由杆件弯、剪变形所引起的情况相比较,其量值要小得多,表明竖向支撑的抗侧移刚度要比框架大得多。此外,杆件的轴向承载力远大于其弯、剪承载力,在水平荷载作用下,竖向支撑的水平承载力也远大于框架。

如图8.22所示,支撑侧移主要是由水平荷载倾覆力矩使支撑整体弯曲产生的,支撑一侧拉伸,另一侧压缩,导致楼面的倾斜转动,由下到上逐层累积,使支撑侧移曲线的层间侧移角 $\theta(\theta=\delta/h)$,由下而上逐层增大[图8.22(b)],整个侧移曲线呈现出弯曲型抗侧力构件的变形状态(图8.23)。

(a)杆件变形状态　(b)支撑侧移曲线

图8.22　竖向支撑的侧移曲线

图8.23　水平力作用下弯曲型杆件的侧向变形

（3）支撑变形特点

取出竖向支撑的一个节间进行分析，水平荷载作用下竖向支撑的侧移 Δ［图 8.24（a）］由以下两部分组成：

①在倾覆力矩 M_i 作用下，竖向支撑整体弯曲所产生的侧移为 Δ_b［图 8.24（b）］。

②在水平剪力 V_i 作用下，竖向支撑整体受剪所产生的侧移为 Δ_s［图 8.24（c）］。

（a）支撑侧移　　　　　（b）整体弯曲变形　　　　　（c）整体剪切变形

图 8.24　竖向支撑一个节间的侧向变形

与框架体系不同，高层建筑竖向支撑的侧移 Δ［图 8.25（a）］，以弯曲型侧移分量 Δ_b［图 8.25（b）］为主，剪切型侧移分量 Δ_s［图 8.25（c）］所占比例较小。竖向支撑基本属于弯曲型抗侧力构件。

（a）支撑的侧移　　　（b）弯曲侧移分量　　　（c）剪切侧移分量

图 8.25　侧力作用下竖向支撑的侧移分量

（4）支撑的帽桁架

在框架的一个跨间内设置的单片竖向支撑，在侧力作用下的受力状态类似于悬臂杆［图 8.25（a）］。以 24 层、高 84 m 的楼房为例，在同一轴线上两个分开的跨间内各设置一片竖向支撑［图 8.26（a）］，连接两片竖向支撑的各层横梁，相对于支撑而言，其竖向抗弯刚度甚小，其作用近似于两端铰接的连杆，两片支撑均独自受力，其受力状态和侧移曲线均接近于如图 8.25 所示的单片支撑。

若在上述两片支撑的顶部用帽桁架连接［图 8.26（b）］，帽桁架的较大竖向抗弯刚度将原来的悬臂杆转换为单层刚架，抗侧移刚度显著增大，结构顶点侧移由原来的 218 mm 减小为 173 mm，减幅达 21%，如图 8.27，表 8.3 所示。

图 8.26　竖向支撑的布置

表 8.3　水平荷载作用下 24 层楼房两种支撑布置方案的侧移值

楼层序号	两片独立支撑的结构侧移/mm	增设帽桁架后的结构侧移/mm	侧移减小比例/%
24	218	173	21
20	169	146	14
16	122	110	10
12	78	72	8
8	40	38	5
4	12.1	11.6	4
室内地坪	0	0	0

图 8.27　两种支撑布置方案的侧移曲线

【工程实例】台湾霖园大饭店

台湾高雄市霖园大饭店,地下 5 层,地上 41 层,高 148 m,平面尺寸为 60.35 m×24.4 m,房屋高宽比为 6.1。

大楼第 4 层和第 11 层结构平面如图 8.28(a)、图 8.28(b)所示。柱网基本尺寸为 4.54 m×

7.1 m 和 4.54 m×9.1 m。

大楼抗侧力结构采用框架-偏交支撑体系。为避免全部采用钢结构使结构整体刚度偏小，大楼8~28层采用钢结构，1~7层采用型钢混凝土结构，地下1~5层采用钢筋混凝土结构。此外，利用第12层和第40层的设备层作为结构加强层，整层设置支撑和带状桁架。如图8.29(a)、图8.29(b)所示为大楼抗侧力结构的横剖面和纵剖面。

图 8.28　高雄市霖园大饭店结构平面

该结构的钢框架按照强柱弱梁抗震设计准则设计。8~41层钢柱采用矩形钢管，其截面尺寸为：内柱，□850 mm×700 mm×50 mm~□750 mm×600 mm×22 mm；外柱，□700 mm×700 mm×50 mm~□600 mm×600 mm×22 mm。

1~7层的型钢混凝土柱，混凝土截面外围尺寸为：内柱，1 150 mm×1 000 mm；外柱，1 000 mm×1 000 mm。其中型钢芯柱，采用由1个H型钢与两个部分T型钢拼焊成的带翼缘十字形截面，H型钢的截面尺寸为：内柱，(700－850) mm×400 mm×30 mm×50 mm；外柱，700 mm×400 mm×30 mm×30 mm。型钢芯柱与混凝土截面周边的间隙不小于150 mm，以利于钢筋绑扎和混凝土浇筑。

钢框架主梁采用焊接工字形截面，其中8~41层，钢梁截面尺寸由1 900 mm×350 mm×16 mm×28 mm 逐段减小到1 800 mm×300 mm×14 mm×19 mm。7层以下，型钢混凝土梁的截面外包尺寸为450 mm×1 100 mm，其内型钢的截面尺寸为850 mm×350 mm×14 mm×28 mm。

偏心支撑的设计基于以下两点考虑：①根据建筑空间使用要求，八字形偏心支撑中间两个

253

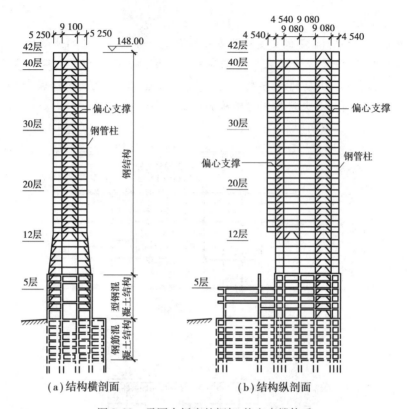

(a)结构横剖面 (b)结构纵剖面

图8.29 霖园大饭店的框架-偏交支撑体系

节点之间的消能梁段的长度 $e > 1.6M_p/V_p$,超过"剪切屈服型"消能梁段的长度,按"弯曲屈服型"消能梁段($e > 2.6M_p/V_p$)进行设计;②支撑斜杆的受压承载力大于1.5倍消能梁段塑性受剪承载力,确保消能梁段屈服后斜杆不发生受压屈曲。

基坑开挖深度为22.75 m,采用1.0 m厚,42.5 m长的地下连续墙作为护壁,地下室各层楼盖采用逆作业法施工。基础桩长54 m,直径为2.0 m和2.4 m两种。基础底面板厚800 mm,基础梁的截面高度为2.5 m。

采用ETABS程序对大楼结构进行竖向荷载、水平地震作用和风荷载作用下的构件内力和变形计算。大楼结构的纵向、横向基本自振周期分别为2.9 s和3.3 s。大楼位于台风区,设计10 min平均风速为40.7 m/s,阵风系数取1.5。作用于大楼的风压,底层为1.7 kN/m²,顶层为3.4 kN/m²。据此,计算出的结构各层的层间位移角 θ 见表8.4。

表8.4 风荷载作用下的结构层间侧移角 θ

楼层序号	层高 h/m	侧移 Δ/mm		层间侧移角 θ/%	
		X 方向	Y 方向	X 方向	Y 方向
41 层	4.50	87.2	218.9	0.044	0.105
40 层	3.25	85.2	214.1	0.048	0.160
35 层	3.25	76.4	190.4	0.062	0.159
30 层	3.25	65.5	163.3	0.068	0.171
25 层	3.25	54	134.9	0.074	0.180

续表

楼层序号	层高 h/m	侧移 Δ/mm		层间侧移角 θ/%	
		X 方向	Y 方向	X 方向	Y 方向
20 层	3.25	41.9	105.8	0.076	0.179
15 层	3.25	29.8	77.9	0.073	0.165
10 层	4.0	14.8	45	0.073	0.173
5 层	4.0	4.2	16.3	0.022	0.093
2 层	5.4	1.6	5.7	0.024	0.072

8.3.3　轴交支撑（中心支撑）

（1）构件特性

轴交支撑（也称中心支撑）的特征是支撑的每个节点处，各杆件的轴心线交汇于一点（图 8.30）。轴交支撑框架宜采用 X 形支撑、人字形支撑或单斜杆支撑，不宜采用 K 形支撑。支撑斜杆的轴线应交汇于梁、柱杆件轴线的交点，确有困难时，偏离梁与柱轴线节点的距离不应超过支撑杆件的宽度，并应计入由此产生的附加弯矩。

X 形、人字形等轴交支撑，具有很大的抗推刚度和水平承载力，用于高楼抗风十分有效，此外，用于抵抗 7 度以下的地震也是可行的。

构件试验数据表明：轴心受压钢杆件，当其长细比大于 40 时，因发生侧向挠曲，其受压欧拉临界荷载小于其轴向压缩变形荷载，减小的幅度与杆件长细比成正比。

支撑在往复荷载作用下的大变形试验情况表明：支撑斜杆反复受压、受拉时，其受压刚度和承载力将进一步下降，下降的幅度与往复荷载循环次数成正比，斜杆从压曲状态骤然拉直时的绷紧效应，将使杆件及端部连接产生超应力，支撑斜杆受压屈曲时的钢板皱褶处，再次受拉时，将因该处已经出现裂缝而过早断裂。

（2）支撑的布置形式

各层建筑钢结构的轴交支撑（中心支撑）宜采用 X 形斜杆［图 8.30（a）］、单斜杆［图 8.30（b）］、人字形斜杆［图 8.30（c）］、V 形斜杆［图 8.30（d）］等形式。

双向斜杆	单向斜杆	人字形斜杆	V形斜杆
（a）X形斜杆	（b）单斜杆	（c）人字形斜杆	（d）V形斜杆

图 8.30　轴交支撑的类型

当采用仅能受拉的单斜杆支撑时，应在两个对应跨度设置对称的两组单斜杆支撑（图8.31），且使每层节间中两个方向斜杆的截面面积相差不大于10%，已保证结构在左右两个方向具有大致相同的抗侧力能力。

由于在地震作用下,K形支撑系统的K形中间节点可能因受压斜杆屈曲或受拉斜杆屈服,发生较大轴向变形而产生不平衡水平力,使钢柱在楼层中点处侧向受力而发生屈曲。因此,抗震设防的结构,不得采用K形斜杆支撑(图8.32)。

图8.31　单斜杆支撑的对称布置　　　　　　　　图8.32　K形斜杆支撑

轴交支撑斜杆的轴线,原则上应交汇于框架梁、柱轴线的交点,有困难时,斜杆轴线偏离梁、柱轴线交点的距离,不应超过斜杆的截面宽度。

人字形、V形支撑的中间节点,每个方向斜杆的轴线应与梁轴线交汇于一点。

沿竖向连续布置的支撑,其地面以下部分宜采取剪力墙的形式延伸至基础。

在抗震设防结构中,支撑斜杆两端与框架梁、柱的连接在构造上应采取刚接。

按8度及以上抗震设防的结构,宜采用带有消能装置的轴交支撑,如图8.33所示,图8.33(a)为安装粘弹性阻尼器的V形支撑;图8.33(b)为联结双片竖向支撑的带阻尼器的单斜杆支撑。此时,支撑斜杆的轴线受压或受拉承载力应为消能装置屈服或滑动承载力的1.5倍。

(a)V形斜杆　　　　　　　　　　　　　(b)单斜杆支撑

图8.33　钢框架带有安装阻尼器的竖向支撑

人字形支撑和V形支撑的横梁,其跨中部位在与支撑斜杆连接处,应保持整根连续通过,并应在连接处设置水平侧向支撑,梁在该支承点与梁端支承点之间的侧向长细比应符合现行《钢标》中规定的钢梁的容许侧向长细比限值。

抗震设防烈度在7度及以上时,设置轴交支撑的框架,其梁、柱的连接不得采用铰接。为简化构造,方便施工,梁-柱节点宜带有在工厂焊接的悬臂梁段,使支撑斜杆与框架的现场连接部位和梁与柱的现场连接部位相互错开。

(3)支撑斜杆截面的确定

钢支撑的斜杆宜采用双轴对称截面,最好采用轧制宽翼缘H型钢或矩形钢管制作。设防烈度为 8 度、9 度时,若支撑斜杆采用焊接工字形截面,其翼缘与腹杆的连接宜采用全熔透连续焊缝。

试验结果表明,由双角钢组装的 T 形截面支撑斜杆,绕截面对称轴失稳时,其滞回性能和耗能容量会因杆件弯扭屈曲及单肢屈曲而急剧下降。双角钢组合的 T 形截面,不宜用于设防烈度为 7 度及以上的轴交支撑杆件。

(4)支撑斜杆长细比的要求

竖向支撑在地震作用下的滞回特性,主要取决于其斜杆的受压性能,支撑斜杆的长细比 λ 较大时,滞回圈(滞回曲线所围成的面积)较小,所能吸收的能量较少。抗震设防烈度较高的结构,支撑斜杆的长细比应该控制得小一些。

支撑斜杆的长细比应符合我国现行《建筑抗震设计规范》(GB 50011—2016)第 8 章的相关规定:

①结构抗震等级为一、二、三级的轴交支撑(中心支撑),其斜腹杆应按压杆设计,不得按拉杆设计。

②结果抗震等级为四级的轴交支撑,其斜腹杆可按拉杆设计。

③支撑杆件按压杆设计时,其长细比不应大于 $120\sqrt{235/f_{ay}}$;支撑杆件按拉杆设计时,其长细比不应大于 180。式中,f_{ay} 为钢材的屈服强度。

试验研究表明,仅当支撑斜杆的长细比小于 $40\sqrt{235/f_{ay}}$ 时,才能避免反复拉、压作用下承载力的显著降低。

按 7 度及以上抗震设防的结构,当支撑采用由填板连接的双肢组合杆件时,其单肢在填板之间的长细比,不应大于杆件最大长细比的 1/2,且不应大于 40。

(5)支撑斜杆的板件宽厚比限值

地震时支撑斜杆中板件的局部失稳,将显著降低支撑斜杆的承载力和耗能容量。试验表明,为确保支撑斜杆具有足够的抗震能力,其板件宽厚比应该比钢梁按塑性设计的要求控制得更小一些。

结合美国 1994 年和日本 1995 年钢结构震害资料,我国现行《建筑抗震设计规范》(GB 50011—2010)(2016 年版)第 8 章规定,支撑斜杆(图 8.34)的板件宽厚比,不应超过表 8.5 中按结构抗震等级划分所规定的限值。

(a)工字形　　　(b)方管　　　(c)圆管

图 8.34　支撑杆件的截面形状

表 8.5　轴交支撑斜杆的板件宽厚比(或径厚比)限值

板件名称	非抗震设防	结构抗震等级			
		一级	二级	三级	四级
翼缘外伸部分(b_1/t_f)	$10+0.1\lambda$	8	9	10	13

续表

板件名称	非抗震设防	结构抗震等级			
		一级	二级	三级	四级
工字形(含 H 形)截面腹板(h_0/t_w)	$25+0.5\lambda$	25	26	27	33
矩形管状截面的翼缘和腹板(b_0/t_f 或 h_0/t_w)	40	18	20	25	30
圆管外径与壁厚的比值(D/t)	100	38	40	40	42

注:①表列数值适用于 Q235 钢,其他钢号应乘以 $\sqrt{235/f_{ay}}$(工字形、方管截面)或 $235/f_{ay}$(圆管截面)。

②λ 为杆件两个方向长细比中的较大值,当 $\lambda<30$ 时,取 $\lambda=30$;当 $\lambda>100$ 时,取 $\lambda=100$。

(6)跨层支撑特征

图 8.35 跨层偏交支撑

常用的小节间支撑(图 8.26),每列支撑的宽度较小,沿房屋的纵、横向均需布置两列以上的支撑,支撑的杆件数量和节点数均较多,加工量大,费用高,传力路线长,抗侧力效果差。

近年来,一些工程采用了跨层支撑(图 8.35),其特点为:支撑的节间高度跨越两个以上的楼层;杆件和节点的数量均大幅度地减少;现场拼装工作量小;抗侧力效用增大。

跨层支撑是小型支撑与大型支撑之间的过渡形式,是向支撑大型化前进了一步。

8.3.4 偏交支撑(偏心支撑)

地震调查资料指出,在强烈地震作用下,轴交支撑中的长细比大于 50 的支撑斜杆,常发生压曲甚至断裂。对于 8 度以上抗震设防的结构,不宜采用轴交支撑,而应改用偏交支撑。

1)构件特性

偏交支撑(偏心支撑)的特征为:支撑斜杆与梁、柱的轴线不是交汇于一点,而是偏离一段距离,形成一个先于支撑斜杆屈服的"消能梁段",偏交支撑框架的每根斜杆应至少有一端与框架横梁连接,并在斜杆与梁交点至柱之间,或至同一跨内另一斜杆与梁交点之间,形成"消能梁段"。

偏交支撑有以下几种类型:

①单斜杆的一端或两端形成"消能梁段"[图 8.36(a)]。

②八字形支撑上端形成"消能梁段"[图 8.36(b)]。

③人字形支撑上端形成竖向"消能杆段"[图 8.36(c)]。

④X 形支撑中心节点形成一个"消能板域"[图 8.36(d)]或水平"消能杆段"[图 8.36(e)]。

⑤X 形支撑中心节点采用弯曲型"消能内框"[图 8.36(f)]。

图 8.36　几种偏心支撑一个节间的构造示意

设计偏交支撑时,应使斜杆受压承载力不小于消能梁段达到屈服强度时斜杆轴力的 1.6 倍。遭遇强烈地震时,斜杆因受到消能梁段先行屈服及其塑性变形的保护,能始终保持平直状态,避免了反复压曲、拉伸引起的刚度退化和强度劣化,提高了支撑乃至整个结构的延性。试验结果表明,消能梁段钢材受剪屈服后经过塑性应变硬化的极限受剪承载力,约为其屈服受剪承载力的 1.6 倍。

在强烈地震作用下,框架-支撑结构将越过弹性阶段,进入塑性变形阶段,偏交支撑的塑性变形,主要发生在各个消能梁段。几种偏交支撑的变形状态如图 8.37 所示。

图 8.37　强烈地震作用下偏交支撑的变形状态

对如图 8.38 所示的 40 层楼房的偏交支撑框架,采用峰值加速度为 $0.5g$ 的 EI Centro(1940)地震波进行地震反应分析,计算出的结构顶点侧移时程曲线,在第 6 s 时刻的最大值为 973 mm。据此计算,在超过 9 度的强烈地震作用下,结构顶点侧移角仅为 1/163,表明偏交支撑同样具有较强的抗侧移刚度。

2)偏交支撑的布置要求

高层建筑钢结构中的偏交支撑有 5 种常用形式:八字形支撑[图 8.39(a)]、单斜杆支撑[图 8.39(b)]、A 形支撑[图 8.39(c)]、人字形支撑[图 8.39(d)]和 V 形支撑[图 8.39(e)]。与八字形支撑相比较,A 形、V 形支撑因每层横梁均多一个消能梁段而具有更大的耗能容量。

支撑的每根斜杆,应至少有一端与框架横梁相连,而且使斜杆轴线与横梁轴线的交点,偏离梁、柱轴线交点或另一斜杆轴线与横

图 8.38　采用钢结构偏交支撑框架的 40 层楼房

259

梁轴线交点一段距离,形成消能梁段(图8.39中的双细线表示的梁段)。

图8.39　偏交支撑的5种形式

每根斜杆只能在一端与消能梁段相连。若斜杆的两端均与消能梁段相连,地震时一端的消能梁段屈服时,而另一端的消能梁段可能不屈服,从而降低支撑的承载力和耗能容量。

为使偏交支撑框架具有较大的抗侧移刚度,并使消能梁段能承受较大剪力,一般宜采用较短的消能梁段。当采用A形或V形支撑时,消能梁段的长度a可取$0.15L$,L是支撑所在跨的框架梁长度。支撑斜杆的倾角常取$35° \sim 50°$,该倾角过小,会使消能梁段的轴力增大,节点构造复杂。

总层数超过12层的8度、9度抗震设防钢结构宜采用偏交支撑框架,但顶层框架梁可不设消能梁段,即在顶层改用轴交支撑。此外,当结构底层的弹性承载力大于或等于其余各层承载力的1.5倍时,底层也可采用轴交支撑。

沿竖向连续布置的偏交支撑,在结构底层宜改用轴交支撑;在地下室则宜改成剪力墙的形式延伸至基础,若竖向钢支撑埋置于钢筋混凝土墙体内,其杆件不再验算受压稳定性承载力。

3)偏交支撑的性能

偏交支撑处于弹性阶段时的抗侧移刚度,接近于轴交支撑,进入弹塑性阶段时,其延性和消能能力则接近于延性框架,是一种耐震性能十分良好的抗震构件。

偏交支撑的设计原则是强柱、强斜杆、弱消能梁段。强烈地震时,通过较弱的消能梁段先行屈服和塑性变形,从而消耗输入结构的地震能量,并保持支撑斜杆不屈服,使结构具有稳定的滞回性能。即使当消能梁段屈服并进入应变硬化阶段,支撑斜杆、框架柱和横梁其余梁段仍能保持在弹性工作阶段。如图8.40所示为两种偏交支撑框架的塑性变形机构。

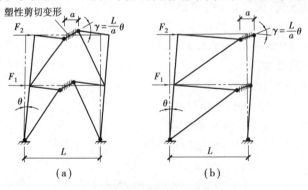

图8.40　偏交支撑框架的塑性变形机构

偏交支撑框架的抗侧移刚度,主要取决于消能梁段长度与所在框架梁长度的比值。随着消能梁段变短,其刚度将趋近于轴交支撑框架;随着消能梁段变长,偏交支撑框架的抗侧移刚度逐渐减小,接近于纯框架。

4)偏交支撑的构造要求

(1)框架梁

为使消能梁段具有良好的延性和耗能能力,偏交支撑框架中含有消能梁段的横梁,应采用 Q235 钢或 Q345 钢,使其屈服强度不高于 345 MPa。

与偏交支撑消能梁段同一跨度的框架梁,同样承受着较大的轴力和弯矩,为确保这类横梁的稳定,其上、下翼缘均应设置水平的侧向支承,其间距不应大于 $13b_f\sqrt{235/f_{ay}}$,横梁在侧向支承点之间的长细比 λ_y,应符合现行国家标准《钢标》中规定的钢梁的容许侧向长细比限值。

消能梁段及与消能梁段同一跨内的框架梁(非消能梁段),其板件的宽厚比不应大于表8.6 所规定的限值,以保证框架横梁在消能梁段屈服时的整体稳定。

表8.6 设置偏交支撑的框架梁的板件宽厚比限值

简图	板件所在部位		板件宽厚比限值
	翼缘外伸部分(b_t/t_f)		8
	腹板$\left(\dfrac{h_0}{t_w}\right)$	当 $\dfrac{N}{Af}\le 0.14$ 时	$90\left(1-\dfrac{1.65N}{Af}\right)$
		当 $\dfrac{N}{Af}>0.14$ 时	$33\left(2.3-\dfrac{N}{Af}\right)$

注:①A,N 分别为偏交支撑框架梁的截面面积和轴力设计值,f 为钢材的抗压强度设计值。
②表列数值适用于 Q235 钢,当材料为其他钢号时,应乘以 $\sqrt{235/f_{ay}}$,其中 f_{ay} 为钢材的屈服强度。

(2)支撑斜杆截面

支撑斜杆宜采用轧制宽翼缘 H 形钢或圆形、矩形焊接钢管。当采用焊接 H 形截面时,其翼缘与腹板的拼接连接宜采用全熔透连续焊缝。支撑斜杆的杆件长细比不应大于 $120\sqrt{235/f_{ay}}$。

偏交支撑斜杆的板件宽厚比,不应超过现行国家标准《钢标》规定的轴心受压构件按弹性设计时的板件宽厚比限值。

(3)支撑斜杆的连接

为使支撑斜杆能承受消能梁段的端部弯矩,支撑斜杆与横梁的连接应设计成刚接。支撑斜杆轴线与框架梁轴线的交点,应位于消能梁段的端点[图8.41(a)],也可位于消能梁段内部[图8.41(b)],此时,将产生与消能梁段端部弯矩方向相反的附加弯矩,从而减小梁段和支撑斜杆的弯矩,对抗震有利。但交点不应位于消能梁段以外,因为它将加大支撑斜杆和消能梁段的弯矩,不利于抗震。

支撑斜杆的拼接接头以及斜杆与框架梁的连接节点,均应采用高强度螺栓摩擦型连接,必要时也可采用焊接,但应采用全熔透对接焊缝。支撑斜杆可采用全熔透坡口焊缝直接与框架梁连接[图8.41(b)],也可通过节点板与框架梁连接[图8.41(a)]。前一种连接构造具有传递弯矩的能力,后一种做法适用于矩形钢管斜杆。

当支撑斜杆与框架梁的连接采用节点板时,应注意将连接部位置于消能梁段范围以外,以免节点板的局部加强影响消能梁段的屈服性能。此外,考虑消能梁段的剪力很大,节点板靠近梁段的一侧应加焊一块边缘加劲板[图8.41(a)],以防节点板屈曲。

(a)交点在消能梁段端点　　　(b)交点在消能梁段内部

图8.41　支撑斜杆轴线与框架梁轴线交点的位置

5)偏交支撑消能梁段的设计要求

消能梁段是指在偏交支撑框架中,斜杆与梁交点至柱面的一段梁,或同一跨内相邻两根斜杆与梁交点之间的一段梁。在地震作用下,消能梁段将承受很大的均布剪力,较大的杆端弯矩和较小的轴力。地震时,消能梁段首先屈服,以确保支撑斜杆、梁的其余区段和支撑框架其他部位仍处于弹性受力状态。

(1)消能梁段的屈服类型和净长度

消能梁段的消能方式与其长度密切相关。取出图8.41(a)所示中的消能梁段$\overline{AB}$作为分离体,它的两端作用有剪力V和弯矩M,则有$M=V\cdot a/2$,反弯点在跨中。如果弯矩M达到全塑性值$M_p f_{ay}$,同时,剪力V达到其屈服剪力$V_l=0.58A_w f_{ay}$,则相应的消能梁段长度将等于$a=2M_{lp}/V_l$(式中M_{lp}和V_l分别为消能梁段的全截面塑性受弯承载力和屈服受剪承载力)。若a小于此数值,则梁段剪力达到全屈服值V_l时,梁段弯矩将小于全屈服值M_{lp}。实际上,当梁段腹板受剪屈服时,梁段的全塑性弯矩将小于M_{lp}。从大量试验研究的结果看,当$a\leqslant 1.6M_{lp}/V_l$时,梁段单纯受剪屈服。根据消能梁段的净长度的大小,消能梁段有以下3种屈服破坏模式:

①当消能梁段的净长度$a\leqslant 1.6M_{lp}/V_l$时,称为"短梁段",剪力很大,两端弯矩值相对很小,梁段在其端部尚未弯曲屈服之前即发生剪切屈服,梁段的非弹性变形主要是剪切变形,属于"剪切屈服型"。

②当消能梁段的净长度$a>2.6M_{lp}/V_l$时,称为"长梁段",两端弯矩值相对较大,梁段在尚未剪切屈服前即发生弯曲屈服,梁段的非弹性变形主要是弯曲变形,属于"弯曲屈服型"。

③当消能梁段的净长度介于上述两种情况之间时,称为"中长梁段"。剪切变形和弯曲变形在其非弹性变形中各占较大比重,属于"弯剪屈服型"。

偏交支撑框架的各个消能梁段宜设计成"剪切屈服型";与柱相连的消能梁段必须设计成"剪切屈服型",而不能设计成"弯曲屈服型",以免在与支撑斜杆相连的柱段产生附加弯矩。试验研究表明,"剪切屈服型"消能梁段对偏交支撑框架抵抗大震特别有利。一方面,它使偏交支撑框架的弹性刚度接近于轴交支撑框架;另一方面,它的消能容量和滞回性能又优于"弯曲屈服型"性能梁段。

剪切型消能梁段的净长度 a 最好不要超过 $1.3M_{lp}/V_l$,但也不能太短。过短时,消能梁段的塑性变形角很大,有可能导致消能梁段过早地塑性破坏。一般而言,消能梁段的长度可取框架梁净长度的 $0.1 \sim 0.15$ 倍。

消能梁段的轴向力主要由支撑斜杆轴力的水平分量产生。当此轴力较大时,为保证消能梁段在往复荷载作用下具有良好的滞回性能,除适当降低此梁段的受剪承载力外,还需要适当减小该梁段的长度。我国现行《建筑抗震设计规范》(GB 50011—2016)第 8 章规定:当消能梁段承受的轴力 $N > 0.16Af$ 时,消能梁段的净长度 a 应符合下列规定:

$$\rho = N/V \tag{8.16a}$$

当 $\rho(A_w/A) < 0.3$ 时, $a \le 1.6M_{lp}/V_l$ (8.16b)

当 $\rho(A_w/A) \ge 0.3$ 时, $a \le 1.6\dfrac{M_{lp}}{V_l}\left(1.15 - 0.5\rho\dfrac{A_w}{A}\right)$ (8.16c)

式中　N,V——消能梁段承受的轴向力和剪力设计值;

　　　ρ——消能梁段轴力设计值与剪力设计值的比值;

　　　A_w,A——消能梁段的腹板截面面积和全截面面积。

(2)消能梁段的截面尺寸

消能梁段的截面尺寸宜与同一跨度框架梁的截面尺寸相同。

为确保偏交支撑在地震时不失效,偏交支撑框架的设计要求是斜杆、梁、柱等杆件的弹性承载力均应大于消能梁段的屈服承载力(含塑性应变硬化)。如果消能梁段的腹板截面尺寸定得过大,会导致其他杆件截面相应地都需要加大,造成不经济。消能梁段的截面尺寸应根据偏交支撑抗侧力所需的最小腹板受剪面积及相应的可能最大截面高度(有利于实现消能梁段的剪切屈服)来确定,并使腹板高厚比和翼缘宽厚比符合表 8.6 的规定。

大量试验表明,腹板上加焊的贴板不能同步进入弹塑性变形阶段,不能采取在腹板上贴焊补强板的办法来提高梁段的受剪承载力。此外,消能梁段的腹板上不能开洞,因为它会显著降低腹板的弹塑性变形能力。

(3)消能梁段的加劲肋

消能梁段与支撑斜杆的连接处,应在梁腹板的两侧配置横向加劲肋(图 8.42),以传递梁段的剪力,并防止梁段腹板屈曲。加劲肋的高度等于腹板的高度,每侧加劲肋的宽度不应小于 $(b_f/2 - t_w)$。加劲肋的厚度不应小于 $0.75t_w$,且不应小于 10 mm。

图 8.42　八字形偏交支撑斜杆与框架梁消能梁段的连接

消能梁段腹板的中间加劲肋的配置,应按梁段的长度区别对待。对较短的"剪切屈服型"梁段,中间加劲肋的间距应该小一点;对较长的"弯曲屈服型"梁段,需要在距梁段两端各1.5倍翼缘宽度处配置加劲肋;对中长的"剪弯屈服型"梁段,中间加劲肋的配置,需要同时满足对剪切屈服型和弯曲屈服型梁段的要求。

腹板屈曲会显著降低梁的非弹性往复抗剪能力。为防止腹板过早地因受剪屈曲和反复屈曲变形导致消能梁段刚度退化和强度劣化,使腹板在地震全过程中均能充分发挥其抗剪能力,消能梁段应按表8.7的要求配置中间加劲肋(图8.43)。

表8.7 消能梁段中间加劲肋的配置要求

情况	消能梁段的净长度	加劲肋最大间距	附加要求
(一)	$a \leq 1.6 M_{lp}/V_l$	$30t_w - 0.2h$	—
(二)	$1.6 M_{lp}/V_l < a \leq 2.6 M_{lp}/V_l$	取情况(一)和情况(三)的线性插值	距消能梁段两端各$1.5b_f$处配置加劲肋
(三)	$2.6 M_{lp}/V_l < a \leq 5 M_{lp}/V_l$	$52t_w - 0.2h$	同上
(四)	$a > 5 M_{lp}/V_l$	可不配置中间加劲肋	—

注:b_f,h,t_w为消能梁段的翼缘宽度、截面高度和腹板厚度。

(a)方管截面支撑斜杆

(b)H形截面支撑斜杆

图8.43 偏交支撑斜杆与框架梁的连接及消能梁段的中间加劲肋

当消能梁段的截面高度 $h \leqslant 640$ mm 时，可仅在腹板一侧配置单侧加劲肋；当 $h > 640$ mm 时，应在腹板两侧配置加劲肋，每侧加劲肋的宽度不应小于 $(b_f / 2 - t_w)$。中间加劲肋的高度等于消能梁段的腹板高度，厚度不应小于 t_w 和 10 mm。

加劲肋与杆件的连接要求应符合以下要求：横向（端部、中间）加劲肋与消能梁段上、下翼缘和腹板的连接，应沿其三边采取双面角焊缝进行三边围焊。加劲肋与腹板连接焊缝的承载力不应低于 $A_{st}f$。加劲肋与翼缘连接焊缝的承载力不应低于 $0.25A_{st}f$。其中，$A_{st} = b_{st}t_{st}$，b_{st}，t_{st} 分别为一侧加劲肋的宽度和厚度。

（4）消能梁段与柱的连接

与柱相连的消能梁段的净长度 a 不应大于 $1.6M_{lp}/V_l$。当消能梁段与柱翼缘连接时（图 8.43），梁翼缘与柱翼缘之间应采用坡口全熔透对接焊缝；梁腹板与连接板之间及连接板与柱翼缘之间应采用角焊缝连接，角焊缝的承载力不得低于消能梁段腹板的轴向屈服承载力、屈服受剪承载力和塑性受弯承载力。

消能梁段不宜直接与 H 形柱的腹板相连接，必须采用这种连接方式时，梁翼缘与柱上连接板之间应采用坡口全熔透焊缝，梁腹板与柱之间应采用角焊缝连接，角焊缝的承载力应分别不小于消能梁段腹板的轴向屈服承载力、屈服受剪承载力和塑性受弯承载力。

为了确保消能梁段及支撑斜杆的侧向稳定，防止其侧向弯扭屈曲，一般情况下，楼板不能视为侧向支承，消能梁段两端的上、下翼缘均应设置隔撑，即水平侧向支撑（图 8.44）。当梁上翼缘与楼板固定但不能表明梁下翼缘侧向固定时，梁的下翼缘处仍需设置水平侧向支撑。

图 8.44　偏交支撑横梁消能梁段端部的侧向支撑

为了不妨碍地震时消能梁段端部所产生的较大竖向位移，侧向支撑（隔撑）宜设置在梁的一侧。

与消能梁段位于同一跨度的框架梁，同样承受着较大轴力和弯矩，为保持其侧向稳定，其上、下翼缘也应设置水平侧向支撑，其间距不应超过 $13b_f \sqrt{235/f_{ay}}$，b_f 为梁上翼缘或下翼缘的宽度。支撑横梁在侧向支承点之间的长细比 λ_y 还应符合《钢标》中规定的钢梁的容许侧向长细比限值。

偏交支撑横梁的非消能梁段，当其侧向支承点的间距大于 $13b_f \sqrt{235/f_{ay}}$ 时，可利用钢次梁作为框架梁上、下翼缘的侧向支撑。当次梁截面高度小于主梁截面高度一半，即 $h_b < H_B/2$ 时，可采取在次梁竖向平面内设置角撑的做法［图 8.45（a）］；当 $h_b \geqslant H_B/2$ 时，可采取在次梁竖向平面内加宽连接板的做法［图 8.45（b）］。

图 8.45　偏交支撑横梁非消能梁段端部的侧向支撑

8.3.5　防屈曲支撑

1）防屈曲支撑的开发与应用

框架-支撑结构是地震区高层建筑中应用得较多的结构体系,与框架结构相比,它多一道抗震防线,抗震可靠性更高。同时,竖向支撑的抗侧移刚度远大于框架,地震作用下结构的层间侧移更小,得以保护和减轻地震时建筑的维护构件、装修和内部设施的损坏程度,成为一种经济、有效的抗震结构体系。随着工程抗震经验的不断总结,竖向支撑逐步地从传统的轴交支撑(中心支撑)发展为偏交支撑(偏心支撑),更进一步发展为防屈曲支撑(屈曲约束支撑)。轴交支撑、偏交支撑、防屈曲支撑三者在力学特性、结构使用效果上均有各自不同的特点。

（1）轴交支撑易屈曲

非地震区的高层建筑,采用框架-支撑结构时,结构体系中的竖向支撑均采用轴交支撑(中心支撑)。地震区的高层建筑采用框架-支撑结构时,其中的竖向支撑,早期均采用轴交支撑;近期则更多地采用偏交支撑(偏心支撑),尤其是在高烈度地震区。

传统的轴交支撑,支撑斜杆的轴心线与框架梁、柱的轴心线交汇于一点,构成几何不变的三角形杆系。这种支撑在水平地震作用下所产生的侧移,是由各杆件的轴向拉伸或压缩引起的,杆件的轴向抗拉、抗压刚度远大于杆件的抗弯刚度,在结构弹性变形阶段,轴交支撑具有很大的抗侧移刚度。然而,高层建筑所采用的轴交支撑,其斜腹杆的长细比一般均大于40,受压屈曲时的欧拉临界荷载小于其轴向压缩时的抗力,遭遇强烈地震时,支撑斜腹杆所受压力往往超过欧拉临界荷载,使斜腹杆发生平面外失稳而产生侧向挠曲(屈曲);地震作用反向时,斜腹杆由挠曲状态骤然绷直,其动力效应使杆件所受拉力大增,杆身及其端部连接产生超应力,同时支撑斜杆受压屈曲时的钢板折皱处因出现细微裂缝而过早断裂。此外,斜腹杆在往复水平地震作用下反复受拉、受压时,其抗压刚度和稳定受压承载力将显著下降,降低的幅度与斜杆的长细比和荷载循环次数成正比。往复水平荷载作用下轴交支撑的滞回曲线如图 8.46（a）所示,从图中可知,滞回曲线是非对称的,而且很瘦小,表明轴交支撑在地震作用下,因为斜腹杆的受压屈曲、刚度退化和强度弱化,吸收和耗散的地震能量少,耐震性能差,抗震可靠度低。7度以上地震区的高层建筑已很少继续采用传统的轴交支撑,而改用耐震性能较好的偏交支撑和防屈曲支撑。

（2）偏交支撑耗能少且使主体结构受损

偏交支撑(偏心支撑)的结构特征是支撑斜腹杆的轴心线与框架梁、柱轴心线不交汇于一点,而是偏离一段距离后仅与梁轴心线相交,使斜腹杆与梁的交点到柱内侧的一段梁形成消能梁段,并使斜腹杆受压承载力不小于消能梁段达到受剪屈服强度时斜腹杆受压轴力的 1.6 倍,确保结构遭受强烈地震时,消能梁段先行屈曲并产生足够大的塑性剪切变形,以吸收和耗散输入结构的地震能量,并保持斜腹杆始终处于平直状态,不发生屈曲,偏交支撑在地震期间也就不发生刚度退化和强度弱化,从而始终保持足够的抗侧移刚度和水平承载力。

框架梁是框架-支撑结构中的主要承重构件和抗侧力构件的重要组成杆件,其消能梁段的较大剪切塑性变形在地震结束后并不能自动复原,需要及时地进行强力矫正和补强,这种伤及主体结构是偏交支撑耐震性能的不足之处。此外,构件往复加载试验结果表明,构件剪切塑性变形所耗散的地震能量小于构件弯曲塑性变形所消耗的能量,更小于构件轴向拉、压塑性变形所耗散的能量。偏交支撑不算是优良的耐震构件,有待于进一步改善。

(3)防屈曲支撑是高效的消能减震构件

防屈曲支撑是以轴交支撑为基础加以改良而成的。为防止强烈地震时支撑斜腹杆因受压时发生屈曲而导致刚度和承载力大幅下降,斜腹杆采用芯杆(受力单元)、无粘结涂层(滑动单元)和外包套管(侧向约束单元)3 个部分组成的复合受力构件。中间的芯杆与框架梁、柱相连接,承担水平荷载所引起的轴向压力或轴向拉力;外包套管的长度比芯杆略短,其两端不与支撑节点板相连接而空开一定距离,让套管不参与承担拉力或压力,而仅利用其抗弯刚度防止芯杆受压时侧向屈曲,使芯杆始终保持平直状态而能充分发挥其最大的拉、压承载力及相应的轴向塑性变形。

防屈曲支撑的结构试验表明,多次往复水平力作用下的荷载-位移滞回曲线[图 8.46(b)]非常饱满,而且是反对称的,受拉和受压状况基本相同,不再出现刚度退化和强度弱化,说明防屈曲支撑是一种耐震性能优良的抗侧力构件。

(a)普通支撑　　　　　　　　(b)防屈曲支撑

图 8.46　往复水平力作用下支撑的荷载-位移滞回曲线

防屈曲支撑是一种位移型(金属屈服型)阻尼器,属于被动控制类型,不需要外部能源驱动,它通过杆件轴向塑性变形直接消耗地震能量的方式达到减小结构振动幅度的目的,是用于地震区高层建筑的高效消能减震构件。

日本和美国是开展结构控制体系研究较早的国家。防屈曲支撑最早于 1980 年出现在日本,目前日本已有超过 400 栋建筑使用。美国自 1994 年北岭地震以后开始在工程中采用防屈曲支撑,应用于多项新建工程和抗震加固工程,并在理论分析和结构试验研究的基础上,于 2001 年编制出《防屈曲支撑框架技术措施》(Recommended Buckling-restrained Braced Frame Provisions)。防屈曲支撑近年来在我国也得到了应用,北京银泰中心的 55 层主楼和上海古北财富中心办公楼均采用了防屈曲支撑。

如图 8.47 所示为在工程中实际应用的防屈曲支撑全貌。

图 8.47 应用于实际工程中的防屈曲支撑的全貌

2）防屈曲支撑的腹杆形式

防屈曲支撑的腹杆在钢框架中的布置形式一般采用单斜式[图 8.48(a)]、人字形[图 8.48(b)]或 V 形[图 8.48(c)]，而不采用 X 形，因为 X 形支撑的中央节点阻碍支撑斜腹杆中间芯杆的自由伸缩。若需要采用 X 形支撑时，一般是采取由上一层的 V 形支撑和下一层的人字形支撑组合而成，即形成跨越两个楼层的 X 形支撑，如图 8.48(d)所示。

(a)单斜式   (b)人字形   (c)V形   (d)跨层X形

图 8.48 防屈曲支撑的腹杆形式

支撑斜杆的倾角宜为 30°～60°，以接近 45°为最佳。斜腹杆倾角小于 30°和大于 60°的支撑，抗侧力效率低下，不经济。

3）防屈曲支撑斜腹杆的构成

防屈曲支撑的斜腹杆是由中间的芯杆和外包的套管两个基本部件组成，芯杆采用截面为十字形、H 形或方管的整根钢杆，套管采用圆形或方形钢管，芯杆与套管之间填充砂浆或素混凝土(图 8.49)；另一种做法是套管与芯杆紧密接触，直接箍住芯杆，芯杆与套管之间不再填灌砂浆或混凝土(图 8.50)。芯杆与套管之间由无粘结涂层和间隙隔开，防止套管参与承受轴向荷载。

图 8.49　支撑斜杆的横截面构造(一)

图 8.50　支撑斜杆的横截面构造(二)

芯杆两端采用高强度螺栓与框架梁、柱上的节点板连接,以承担因往复水平地震作用对支撑斜杆产生的全部压力或拉力。外包套管只是用来加大芯杆的横截面等效回转半径,较小支撑斜杆的长细比,确保芯杆受压时不再屈曲,从而达到无论芯杆受拉还是受压均能实现全截面屈服、全截面产生等值塑性轴向变形,以充分吸收和耗散输入结构的地震能量。为了不让套管参与承担芯杆的轴向拉力或压力,且不妨碍芯杆的轴向拉伸、压缩和横向膨胀、收缩变形,芯杆与套管之间采用无粘结涂层(聚四氟乙烯)和间隙加以隔开。

4)防屈曲支撑的性能

普通的轴交支撑(中心支撑)存在着斜腹杆受压屈曲现象,其往复水平力作用下的荷载-位移滞回曲线中,受拉、受压的滞回反应明显不对称[图 8.46(a)]。在强烈地震作用下,支撑屈曲后的滞回耗能能力变差,难以有效地吸收和耗散输入结构的地震能量,而且斜腹杆受压屈曲后的折皱部位,在腹杆变为受拉时更容易撕裂折断。

防屈曲支撑针对普通支撑容易压曲这一缺点加以改进,将支撑的斜腹杆改用由芯杆和套管组成的复合杆件,使斜腹杆轴向受拉和轴向受压时的承载力基本相同,即使在强烈地震的反复作用下,斜腹杆也不再发生屈曲,且无论是受拉还是受压,斜腹杆均能达到全截面均匀屈服,从而能产生足够大的轴向拉、压塑性变形,从而充分吸收和耗散输入结构的地震能量。结构试验结果表明,防屈曲支撑在往复水平力作用下的荷载-位移滞回曲线十分饱满,而且具有良好的对称性[图 8.46(b)],滞回曲线所包围的面积很大,表明防屈曲支撑在地震作用下能够吸收和耗散大量的输入结构的地震能量,其耐震性能极佳。

防屈曲支撑框架不仅初始抗侧移刚度大,而且受压斜腹杆不再发生屈曲而始终充分发挥其最大的轴向抗压刚度和受压承载力[图 8.51(b)],而不像普通支撑那样随着荷载的增加,支撑斜杆因受压失稳而退出工作[图 8.51(a)],使结构的抗侧移刚度急剧下降,水平承载力锐减。

(a)普通支撑框架   (b)防屈曲支撑框架

图 8.51   水平力作用下支撑框架各杆件的变形状态

水平荷载作用下,纯框架、普通支撑框架和防屈曲支撑框架的荷载-位移曲线如图 8.52 所示,从中可以看出三者的显著区别。

图 8.52   水平力作用下纯框架和两种支撑框架的荷载-位移曲线

此外,从图 8.51(a)所示的人字形普通支撑的杆件变形状态可知,当水平荷载增大到受压腹杆因屈曲而部分退出工作后,受压斜腹杆的轴向压力减小,受拉斜腹杆的轴向拉力增大,拉、压的平衡状态被打破,两根腹杆的拉力、压力的竖向分量的差值,变成作用于框架主梁中点的附加竖向荷载,使框架梁的内力和挠度增大,进一步降低普通支撑框架的抗震可靠度。而图 8.51(b)所示的防屈曲支撑,斜腹杆受压时不再屈曲,而且拉、压腹杆所用钢材的受拉弹性模量和受压弹性模量的数值相同,在整个加载过程中,拉、压腹杆所受的拉力和压力始终处于平衡状态,两者的竖向分量的差值等于零,对框架不再产生附加竖向力,使框架梁、柱一直处于正常受力状态,整个结构得以正常发挥其抗震承载力。

防屈曲支撑的刚性和消能特性使它具有双重结构功能:第一,为框架-支撑结构提供必要和持久的抗侧移刚度;第二,增大结构延性,减小结构在强烈地震作用下的振动反应。

5)**防屈曲支撑芯杆的设计**

防屈曲支撑斜腹杆的芯杆采用低屈服强度和较大延性的钢材制作。低碳钢是一种性能优良的弹塑性材料,具有极为优良的塑性变形性能,在超过屈服应变几十倍的塑性应变情况下,往复荷载数百次而不断裂,其往复荷载作用下的滞回曲线,形状饱满,吸能容量大,耗能效果好。

日本针对防屈曲支撑和钢板剪力墙所用钢材,开发了低屈服点的钢材系列(LY100,LY225),延伸率达到 50%以上。低屈服点钢材(俗称"软钢")具有良好的塑性变形性能,表

8.8 列出了 3 种低屈服点软钢的材料性能指标,供工程设计时选用。研究表明,支撑斜腹杆的芯杆采用极低强度软钢的防屈曲支撑,因具有更强的塑性变形能力和更大的滞回耗能容量,成为地震区高层建筑中一种实用、构造简单、效能优良的消能建筑器。

表 8.8 低屈服点软钢的材料性能指标

钢材品种	屈服应力 σ_y/(N·mm^{-2})	最大应变 ε_m/mm	弹性模量 E_s/(N·mm^{-2})	泊松比 μ
软钢	210	6	2.1×10^5	0.3
很软钢	150	9	2.1×10^5	0.3
极软钢	100	12	2.1×10^5	0.3

芯杆承受轴向荷载,其构件力学模型可采用理想的弹塑性杆单元模型,考虑外包套管对芯杆侧向挠曲的约束,防止芯杆受压屈曲,设计芯杆的截面形状和尺寸时应考虑其强度和稳定性问题。

(1)强度要求

芯杆轴向受力时的设计屈服荷载 P_y 按下式计算:

$$P_y = f_y A \tag{8.17}$$

式中 f_y——芯杆钢材的屈服强度设计值;

A——芯杆的截面面积。

(2)稳定性验算

通过屈曲分析求解芯杆受压时的整体失稳荷载。假定支撑斜腹杆在两端轴向压力 P 作用下发生横向半波形弯曲屈曲,芯杆与外包套管之间有横向分布力 $q(x)$ 相互作用,但无纵向力相互作用。取出受力隔离体,分别建立平衡方程。

芯杆单元的平衡方程为

$$E_1 I_1 \frac{d^4 y}{d^4 x} + P \frac{d^2 y}{d^2 x} = -q(x) \tag{8.18a}$$

套管单元的平衡方程为

$$E_2 I_2 \frac{d^4 y}{d^4 x} = q(x) \tag{8.18b}$$

式中 E_1, I_1——芯杆钢材的弹性模量和截面抗弯惯性矩;

E_2, I_2——套管钢材的弹性模量和截面抗弯惯性矩,

将式(8.18b)代入式(8.18a)并整理得

$$\frac{d^4 y}{d^4 x} = \left(\frac{P}{E_1 I_1 + E_2 I_2}\right)\frac{d^2 y}{d^2 x} = 0 \tag{8.18c}$$

近似地假定芯杆单元和套管单元的长度相等,同为 l,引入杆件两端的边界条件对式(8.18c)进行求解,得支撑整体失稳的极限承载力为

$$P_{cr} = \frac{\pi^2 (E_1 I_1 + E_2 I_2)}{(kl)^2} \tag{8.18d}$$

式中 k——考虑杆件两端约束条件的计算长度系数。两端铰接时,取 $k = 1.0$;两端刚接时,取 $k = 0.5$;实际情况介于两者之间时,取 $k = 0.5 \sim 1.0$。

实际工程中,应尽量使钢芯杆两端与框架梁、柱的连接在构造上接近于铰接,使杆件受力情况符合计算模型,减轻芯杆两端无套管约束区段和节点板在复杂应力状态下的破损程度和失效概率。

(3)截面尺寸的确定

理想情况下,支撑斜腹杆整体失稳的临界荷载P_{cr}大于芯杆所承受的最大轴力,则芯杆单元在斜腹杆屈曲前会达到充分的屈曲。此时,芯杆的截面尺寸即可按强度确定;否则,芯杆的截面尺寸需按强度和稳定性两种情况分别计算,取其较大值。

6)防屈曲支撑斜腹杆外包套管的设计

防屈曲支撑斜腹杆的外包钢套管,不与框架梁、柱的节点板连接,不承受任何轴力,不参与支撑刚度,构造上也不妨碍支撑芯杆的纵向伸缩和横向膨胀,套管唯一的功能是利用其足够的抗弯刚度为芯杆提供侧向约束,确保斜腹杆达到极限承载力之前,芯杆不会发生屈曲。外包套管的设计应满足下列条件式:

$$P_{cr} > \alpha P_y \tag{8.19a}$$

即
$$P_{cr} = \frac{\pi^2 (E_1 I_1 + E_2 I_2)}{(kl)^2} > \alpha P_y = \alpha f_y A \tag{8.19b}$$

整理后,得外包套管的抗弯刚度($E_2 I_2$)应满足下式要求:

$$E_2 I_2 > \frac{\alpha f_y (kl)^2}{\pi^2} - E_1 I_1 \tag{8.19c}$$

式中　α——安全系数,钢材的极限抗拉强度通常为其屈服强度设计值的$1.5 \sim 2.0$倍,而防屈曲支撑正是要利用支撑芯杆在钢材屈服阶段和强化阶段所产生的塑性变形来吸收和耗散输入结构的地震能量以达到减震的目的,工程中宜取$\alpha = 2$。

7)防屈曲支撑斜腹杆的芯杆与套管间隙的设计

支撑斜腹杆的芯杆应在被约束的区段全长涂刷无粘结涂层,在芯杆与外包套管之间填充橡胶、聚乙烯、硅胶、乳胶等材料,以消除芯杆受约束区段与外包套管接触面因轴向变形差异而引起的纵向剪力。

然而,由于约束机构的作用,"约束屈服段"可能会在高阶模态时发生微幅屈曲,为了让芯杆受压时能够自由地横向膨胀,避免芯杆与外包约束套管接触面产生摩擦力而迫使约束套管承受轴向力,芯杆与填充材料之间需要预留一定的间隙。需要注意的是,该间隙不能太小,以免斜腹杆受压时芯杆的横向膨胀受到限制,使芯杆因套箍效应而发生屈服滞后,耗能能力减弱,甚至造成约束机制的破坏。该间隙也不能过大,以免降低外围约束单元对内核受力单元的有效约束,如果间隙太大,"约束屈服段"的屈曲变形和相关曲率会超出设计规定值,以致减小屈服段的低周疲劳寿命。

综上,防屈曲支撑斜腹杆的芯杆与套管的间隙宽度取值,需要考虑芯杆钢材泊松比的影响,以及强烈地震作用下结构最大层间弹塑性侧移的影响。

(1)泊松比的影响

确定间隙宽度时,首先考虑芯杆钢材的泊松比影响。假设芯杆主受力单元受拉或受压时的体积不变,则有

$$A_0 L_0 = AL \tag{8.20a}$$

式中　L_0, A_0——芯杆主受力单元的初始长度和初始横截面面积;

　　　　L,A——芯杆主受力单元受拉或受压后的实际长度和因钢材泊松比效应产生的实际横截面面积。

　　设定轴向应变 ε 以受拉为正,芯杆主受力单元的横截面面积变化与轴向应变之间的关系式可由下式推导:

$$\varepsilon = \frac{\Delta L}{L} = 1 - \frac{L_0}{L} = 1 - \frac{A_0}{A} \tag{8.20b}$$

$$A_0 = A(1 - \varepsilon) \tag{8.20c}$$

　　当芯杆受拉和受压时,"主受力单元"的轴向应变绝对值相同时,其受拉与受压时的实际横截面面积的比值,按下式计算:

$$\frac{A_t}{A_c} = \frac{A_0(1 - \varepsilon_u)}{A_0(1 + \varepsilon_u)} = \frac{1 - \varepsilon_u}{1 + \varepsilon_u} \tag{8.20d}$$

式中　A_t,A_c——芯杆"主受力单元"受拉和受压时的实际横截面面积;

　　　　ε_u——芯杆"主受力单元"轴向应变的最大值。

　　假设芯杆"主受力单元"钢材的应力-应变关系曲线,当杆件受拉和受压时完全反对称,则所对应的轴压力(P_c)与轴拉力(P_t)差值的百分率关系式如下:

$$\frac{P_c - P_t}{P_t} = \frac{A_c f_y - A_t f_y}{A_t f_y} = \frac{A_c}{A_t} - 1 = \frac{1 + \varepsilon_u}{1 - \varepsilon_u} - 1 = \frac{2\varepsilon_u}{1 - \varepsilon_u} \tag{8.20e}$$

　　设芯杆主受力单元轴向拉应变和轴向压应变的最大值为0.01,按照"主受力单元"受力前后体积不变的原则,芯杆与外包套管的间隙宽度约为1.15 mm。受拉时,间隙宽度增大,轴向受拉与轴向受压时的差值约为2%。

　　(2)层间弹塑性侧移的影响

　　外包套管与芯杆的间隙宽度的确定,还需考虑强烈地震作用下结构最大层间弹塑性侧移的影响(图8.53)。一般情况下,支撑斜腹杆的倾角 θ 为30°~60°,则芯杆在结构发生层间侧移时的轴向拉、压应变 ε_L 按下式计算:

$$\varepsilon_L = \left| \frac{\Delta}{L} \right| = \left| \frac{\delta \cos\theta}{L} \right| = \left| \frac{h \cdot \theta_p \cdot \cos\theta}{\dfrac{h}{\sin\theta}} \right| = \left| \frac{1}{2} \theta_p \sin 2\theta \right| \leqslant \frac{1}{2} \theta_p \tag{8.21a}$$

　　芯杆的横向线应变 ε' 与轴向线应变 ε_L 之比的绝对值为常数 μ,即

$$\mu = \left| \frac{\varepsilon'}{\varepsilon_L} \right| \tag{8.21b}$$

$$\varepsilon' = \mu\varepsilon_L = \frac{1}{2}\mu\theta \tag{8.21c}$$

图8.53　防屈曲支撑的层间弹塑性位移简图

根据我国现行《建筑抗震设计规范》(GB 50011—2010)(2016版)的相关规定,罕遇地震作用下高层钢结构的弹塑性层间位移角限值为 $\theta_p = \delta/h = 1/50$;钢材的泊松比 μ 按规定取0.3,计算得芯杆在截面两个方向的胀、缩量约为该方向截面边长的4‰,以此值为依据,间隙的宽度应为 0.3 mm。

比较上述泊松比和层间侧移的影响,取两者的较大值,作为间隙宽度的设计值,同时应以结构对应于1.5倍设计最大层间弹塑性侧移时,受压斜腹杆的芯杆与套管的间隙宽度接近于零为准则。根据以上的计算数据,间隙宽度可取 1.2 mm。

(3)限位卡的设置

间隙的设置并不意味着支撑芯杆与外包套管之间可以相互任意错动,芯杆板件应在中间部位设置限位卡与套管可靠接触,防止支撑腹杆倾斜布置,以及受力变形时外围约束单元的滑脱,保持对内核主受力单元的有效约束。

8)防屈曲支撑节点设计与安装

防屈曲支撑与主体框架的连接节点的构造设计应符合"强节点、弱构件"的耐震设计准则,应满足以下两个条件:

①节点连接板的设计极限承载力大于1.5倍斜腹杆承载力。

②高强度螺栓连接的极限承载力大于1.5倍斜腹杆承载力。

支撑主要用于承担结构的侧向荷载,为了防止支撑参与承担竖向荷载以及框架钢柱弹性压缩的影响,支撑斜腹杆的安装应等待主框架结构封顶后再做最终固定。

对层数很多的高层建筑,框架钢柱在各层重力荷载作用下所产生的弹性压缩量很大,支撑斜腹杆宜根据结构封顶后的实际尺寸下料。

8.4 钢框架-墙板结构

8.4.1 结构特征

1)结构体系的组成

在框架结构的基础上,沿结构纵、横方向于框架间嵌置一定数量的带肋钢板或预制钢筋混凝土墙板就组成了框架-墙板结构体系。

预制墙板有以下几种类型:内埋人字形支撑的钢筋混凝土墙板、带竖缝的钢筋混凝土墙板、带水平缝的钢筋混凝土墙板,以及带纵、横加劲肋的钢板抗震墙。

在结构平面上,墙板的布置应尽量符合"分散、均匀、对称、靠边"4个准则。结构平面的每个主轴方向,剪力墙均不应少于3片,且均应分别沿间距不小于6 m的、两条以上的轴线布置,但相邻两片剪力墙之间的垂直距离,也不宜大于设计规范对"刚性楼盖假定"所规定的限值。

沿竖向,所有剪力墙均应上下对齐,没有错位,且应从底到顶连续设置,不得中断。从下到上,剪力墙厚度应分段逐渐减小,且宜双面对称收进,墙体厚度的减小与混凝土强度等级的降低应错开一个楼层以上。

当房屋顶层要求为大空间而不允许剪力墙到顶时,被中止的各片剪力墙应在顶层以下的两、三层内逐渐减少和减薄,以减缓刚度突变给顶层结构带来的不利的塑性变形集中效应。

钢筋混凝土抗震墙刚度较大,地震时易发生应力集中,导致墙体产生斜向裂缝而发生脆性破坏。为避免这种现象,可采用带缝抗震墙,即在钢筋混凝土抗震墙中按一定间距设置竖缝(图8.54)。这种抗震墙成为并列壁柱,在风荷载和小震下处于弹性阶段,保证结构的使用功能;在强震时并列壁柱进入塑性阶段,能吸收大量地震能量,从而继续保持承载力,防止建筑物倒塌。

钢板抗震墙是在墙板中内埋钢板或加劲肋作为抗震墙结构,与钢框架组合,起到刚性构件作用(图8.55、图8.56)。在水平刚度相同的条件下,框架-钢板抗震墙结构的耗钢量比纯框架结构要省。钢板厚度一般采用8~10 mm,当建筑物的抗震设防烈度不小于7度时,宜在钢板两侧设置纵、横向的加劲肋,以防止局部失稳,提高板的临界承载力。当建筑物的抗震设防烈度小于7度时,可不设置加劲肋。钢板抗震墙的周边与框架梁、柱连接,为使墙板仅承受水平剪力而不承担重力荷载,墙板四周与钢框架梁、柱之间留有缝隙,仅有数处与钢梁采用高强度螺栓连接。

图8.54 带竖缝钢筋混凝土抗震墙   图8.55 内藏钢板抗震墙

图8.56 带加劲肋钢板抗震墙

2)结构受力特点

钢框架-墙板结构除了具有本书第6章介绍的框架-剪力墙结构的特征外,还具有以下受力特点:

①整个结构的竖向荷载全部由钢框架承担。

②水平荷载引起的水平剪力由钢框架和抗震墙共同承担,并按两类构件的层间抗侧移刚度比例分配。一般情况下,水平剪力主要由墙板承担。

③水平荷载引起的倾覆力矩由钢框架和钢框架-抗震墙组合体共同承担。倾覆力矩对结构产生的竖向压力和竖向拉力全部由框架柱承担。

④在整个结构体系的抗侧刚度中,钢框架提供少部分楼层抗剪刚度和全部"整体抗弯刚度",预制墙板则提供大部分楼层抗剪刚度。

⑤由于墙板具有较强的抗侧刚度和受剪承载力,在风或地震作用下,框架-墙板体系的侧移要比框架体系的侧移小很多,因此可以用于层数更多的高层结构,一般可用于40~60层的高层钢结构。

⑥具有特殊构造的墙板,其延性比普通现浇钢筋混凝土墙体大数倍,能与钢框架更协调地同步工作。

【工程实例】北京市京广中心大厦主楼

北京市京广中心大厦,地下3层,基础埋深为-16.4 m,地上53层,总高度208 m。主楼为综合性多用途建筑,下段为旅馆,中段为办公用房,上段为公寓,大楼各段的层高分别为3.3 m,3.7 m和3.2 m。主楼平面采用半径为51.4 m的1/4圆面切角后所形成的扇形,基本模数是将1/4圆面沿径向分成21等分(即$\theta = 90°/21 = 4.3°$)。主楼总建筑面积10.5万 m^2。

结构采用框架-抗震墙体系,按8度进行抗震设防。主楼典型层结构平面、墙板布置平面和结构横剖面如图8.57所示,其中,实线表示的墙板是自第6层布置到第52层,虚线所示墙板是自第6层布置到第37层。

主楼地面以下,采用型钢混凝土框架和现浇钢筋混凝土抗震墙;地面以上,采用钢框架,并沿中心服务性核心区周边各轴线,在钢框架内嵌置"带竖缝钢筋混凝土墙板"。主楼底层至第6层,以及第23层和第38层,因为层高较大,预制墙板太重,所以改用抗推刚度相当的钢支撑代替混凝土墙板。

地面以上,框架柱采用焊接方钢管,截面尺寸为650 mm×650 mm×19 mm和850 mm×850 mm×70 mm,最大壁厚为80 mm;框架梁采用焊接工字钢,截面尺寸一般为800 mm×200 mm×12 mm×36 mm,个别为1 000 mm×350 mm×19 mm×36 mm;支撑斜杆的截面尺寸为BH350 mm×350 mm×36 mm×36 mm。地面以下,型钢混凝土框架柱内的型钢芯柱,采用一个H型钢和两个剖分T型钢拼焊成的带翼缘十字形截面,H型钢的截面尺寸为750 mm×350 mm×32 mm×60 mm和850 mm×450 mm×50 mm×80 mm。

嵌置于钢框架中的预制钢筋混凝土带竖缝墙板,仅在顶面和底面有4~8处与上、下钢梁连接,墙板两侧边与钢柱之间留有10 mm缝隙。墙板主要承担风荷载、水平地震作用产生的楼层水平剪力,有效地减小了结构的剪切层间位移。沿服务性竖筒周边框架设置的墙板,除承担楼层剪力外,在一定程度上增大了其框架梁的竖向抗弯刚度,消除竖筒周边框架在水平荷载倾覆力矩作用下整体受弯时的剪力滞后效应,从而提高其抵抗倾覆力矩的能力。

第1~6层和第23层的竖向钢支撑采用人字形轴交支撑,第38层的竖向钢支撑则采用八字形偏心支撑(图8.57)。支撑斜杆均采用宽翼缘H型钢,其截面尺寸分别为300 mm×300 mm×10 mm×15 mm和350 mm×350 mm×36 mm×36 mm。支撑斜杆H形截面的强轴方向对应于斜杆的平面外方向,以减小斜杆出平面的长细比。另外,在斜杆中点处增设撑杆,以减小斜杆平面内的长细比,防止斜杆受压屈曲。

图 8.57　北京市京广中心大厦

为简化支撑节点构造,方便现场组装,在工厂加工钢柱时,在梁-柱节点处,除加焊一小段悬臂梁段外,还加焊一小段外伸斜杆段。为方便与梁、柱翼缘的焊接,此外伸斜杆段的翼缘方向需与梁、柱翼缘方向一致,以致此外伸斜杆段的截面强轴方向与支撑斜杆的截面强轴方向相垂直,外伸斜杆段的端部应加焊钢板形成田字形(图8.58中的A—A剖面),作为过渡,将强轴方向转换成与支撑斜杆一致,以便实现外伸段与支撑斜杆的拼接。

图8.58 八字形偏交支撑的杆件连接

通过对结构的地震反应分析得知,墙板的恰当配置,使大厦主楼的纵、横向动力特性大致相同,结构两个方向的基本自振周期均接近6 s。主楼纵、横向前三阶振型的周期值见表8.9。

表8.9 北京市京广中心大厦主楼的自振周期计算值　　单位:s

振动方向	基本振型	第二振型	第三振型
纵向	6.05	2.39	1.48
横向	5.92	2.48	1.54

对结构进行两个水准的抗震分析:第一水准——按北京地区100年一遇的中震,峰值速度的基准值取20 Kine(地震振动速度1 Kine=1 cm/s),要求结构处于弹性阶段,层间位移角不大于1/200。第二水准——按北京地区150年一遇的大震,峰值速度的基准值取35 Kine,要求结构不倒塌,层间位移角不大于1/100。同时,选取了EI Centro(NS),Taft(EW),Hachinohe(NS)三种不同性质的地震波,并分别按20 Kine和35 Kine与各个原地震记录的峰值速度(35.9,17.3,34.1 Kine)的比值,对3条地震加速度时程曲线进行全面调幅,作为设计用地震波,分别对结构进行地震反应分析。以上计算结果表明,各种情况下的层间侧移值及总侧移值均满足上述要求的变形标准。

8.4.2　钢板剪力墙

1)构造要求

(1)墙板的构成和材料

钢板剪力墙采用厚钢板制成,或采用带纵、横向加劲肋的较厚钢板制成。

　　钢板剪力墙嵌置于钢框架的梁-柱框格内,与钢框架连接时,应能保证钢板剪力墙仅参与承担水平剪力,而不参与承受楼层重力荷载及柱弹性压缩变形引起的压力。

　　在框架-墙板结构体系中,钢墙板的平面内侧向刚度远大于钢框架,整个结构体系的侧向变形性质和量值更多地取决于钢墙板。对抗震设防结构,为了使钢墙板提前进入塑性变形阶段,以提高框架与墙板的同步工作程度,加大整个结构体系的塑性变形能力和延性,更多地吸收和耗散输入结构的地震能量,确保主体结构的安全,有必要使墙板的钢材屈服强度远低于框架的钢材屈服强度。

　　近年来,日本和我国台湾地区均已开发出用于吸震墙板的,具有极低屈服强度和极大塑性变形能力的 LYP100 钢($f_{ay} \leqslant 100$ MPa,强屈比 >3,伸长率 $\delta \geqslant 50\%$),并实际应用于新竹国宾大楼。100 MPa 已接近钢材的本质强度(Intrinsic strength)60 MPa,需要利用极低碳钢的吹炼技术,去除所有可能造成钢材强度提高的强化因子,以得到近乎纯铁的成分。

　　(2)加劲肋的构造要求

　　非抗震设计及抗震等级为四级的高层民用建筑钢结构,可采用带加劲肋或不带加劲肋的钢板剪力墙。抗震等级为三级及以上时,宜采用带竖向及(或)水平加劲肋的钢板剪力墙(宜采用带有纵向和横向加劲肋的钢板剪力墙,而且加劲肋宜双面设置)。纵、横向加劲肋可分别设置于钢板的两面[图 8.59(a)],必要时钢板的双面均应设置纵、横加劲肋[图 8.59(b)]。竖向加劲肋的设置,可采用竖向加劲肋不连续的构造和布置。

(a)单面的纵向和横向加劲肋　　　　(b)双面的纵向和横向加劲肋

图 8.59　钢板剪力墙的加劲肋

2)强度验算

　　钢板剪力墙宜按不承受竖向荷载设计。实际情况不易实现时,承受竖向荷载的钢板剪力墙,其竖向应力导致抗剪承载力的下降不应大于 20%。

　　(1)无肋钢板剪力墙

　　不承受竖向荷载的非加劲钢板剪力墙,不利用其屈曲后抗剪强度时,应按下列公式计算其抗剪稳定性:

非抗震设计　　　　　　　　　　$\tau \leqslant \varphi_s f_v / \gamma_0$　　　　　　　　　　(8.22a)

抗震设计　　　　　　　　　　$\tau \leqslant \varphi_s f_v / \gamma_{RE}$　　　　　　　　　　(8.22b)

$$\varphi_s = \frac{1}{\sqrt[3]{0.738 + \lambda_s^6}} \leqslant 1.0 \tag{8.22c}$$

$$\lambda_s = \sqrt{\frac{f_y}{\sqrt{3}\,\tau_{cr0}}} \tag{8.22d}$$

$$\tau_{cr0} = \frac{k_{ss0}\pi^2 E}{12(1-\nu^2)} \frac{t^2}{a_s^2} \tag{8.22e}$$

$$\frac{h_s}{a_s} \geqslant 1 \quad k_{ss0} = 6.5 + \frac{5}{(h_s/a_s)^2} \tag{8.22f}$$

$$\frac{h_s}{a_s} \leqslant 1 \quad k_{ss0} = 6.5 + \frac{6.5}{(h_s/a_s)^2} \tag{8.22g}$$

式中 f_v——钢材抗剪强度设计值,N/mm²;

  v——泊松比,可取 0.3;

  E——钢材弹性模量,N/mm²;

  a_s, h_s——剪力墙的宽度和高度,mm;

  t——钢板剪力墙的厚度,mm。

不承受竖向荷载的非加劲钢板剪力墙,允许利用其屈曲后强度,但在荷载标准值组合作用下,其剪应力应满足式(8.20)的要求,且符合下列规定:

①考虑屈曲后强度的钢板剪力墙的平均剪应力应满足下列公式要求:

非抗震设计 $\qquad\qquad\qquad \tau \leqslant \varphi_{sp} f_v / \gamma_0 \tag{8.23a}$

抗震设计 $\qquad\qquad\qquad \tau \leqslant \varphi_{sp} f_v / \gamma_{RE} \tag{8.23b}$

$$\varphi_{sp} = \frac{1}{\sqrt[3]{0.552 + \lambda_s^{3.6}}} \leqslant 1.0 \tag{8.23c}$$

②按考虑屈曲后强度的设计,其横梁的强度计算中应考虑压力,压力的大小按下式计算:

$$N = (\varphi_{sp} - \varphi_s) a_s t f_v \tag{8.23d}$$

式中 a_s——钢板剪力墙的宽度,mm;

  t——钢板剪力墙的厚度,mm。

③横梁尚应考虑拉力场的均布竖向分力产生的弯矩,与竖向荷载产生的弯矩叠加。拉力场的均布竖向分力按下式计算:

$$q_s = (\varphi_{sp} - \varphi_s) t f_v \tag{8.23e}$$

④剪力墙的边框柱,尚应考虑拉力场的水平均布分力产生的弯矩,与其余内力叠加。

⑤利用钢板剪力墙屈曲后强度的设计,可设置少量竖向加劲肋组成接近方形的区格,其竖向强度、刚度应分别满足下列公式的要求:

$$N = (\varphi_{sp} - \varphi_s) a_x t f_v \tag{8.23f}$$

$$\gamma = \frac{EI_{sy}}{Da_x} \geqslant 60 \tag{8.23g}$$

$$D = \frac{Et^3}{12(1 - v^2)} \tag{8.23h}$$

图 8.60 带纵、横向加劲肋的钢板剪力墙

式中 a_x——竖向加劲肋之间的水平距离,mm,在闭口截面加劲肋的情况下是区格净宽;

  D——剪力墙板的抗弯刚度,N·mm。

(2)有加劲肋的钢板剪力墙

对仅设置竖向加劲肋的钢板剪力墙、仅设置水平加劲肋的钢板剪力墙,以及同时设置水平和竖向加劲肋的钢板剪力墙(图 8.60)的计算可参考《高

《钢规》附录 B 中的相关要求进行,此处不再详细说明。

8.4.3　无粘结内藏钢板支撑墙板

无粘结内藏钢板支撑墙板是指以钢板支撑为基本受力杆件,外包钢筋混凝土墙板所形成的预制抗侧力构件,如图 8.61 所示。此类墙板仅在内藏支撑的节点处与钢框架相连接,外包的钢筋混凝土墙板的周边与框架梁、柱之间均留有间隙。

图 8.61　内藏钢板支撑的预制混凝土墙板

1)支撑形式及设计原则

内藏钢板支撑的形式宜采用人字形支撑、V 形支撑或单斜杆支撑,且应设置成中心支撑。若采用单斜杆支撑,应在相应柱间呈对称布置。

内藏钢板支撑依其与框架的连接方式,可做成轴交支撑,也可做成偏交支撑,在高烈度地区,宜采用偏交支撑。

内藏钢板支撑剪力墙在受力特性方面仍属于钢支撑范畴,其基本设计原则可参考普通的钢支撑。内藏钢板支撑的净截面面积,应根据无粘结内藏钢板支撑墙板所承受的楼层剪力按强度条件选择,不考虑屈曲。钢板支撑的材料性能应符合下列规定:

①钢材拉伸应有明显屈服台阶,且钢材屈服强度的波动范围不应大于 100 N/mm^2。

②屈强比不应大于 0.8,断后伸长率 A 不应小于 20%。

③应具有良好的可焊性。

2)构造要求

(1)钢板支撑(图 8.62)

内藏钢板支撑的斜杆宜采用与框架结构相同的材料。支撑斜杆的钢板厚度不应小于 16 mm,其宽厚比应满足 $5 \leq b/t \leq 19$ 的要求(以 15 左右为宜),以有效提高支撑的抗屈曲能力。

混凝土墙板对支撑斜杆端部的侧向约束作用较弱,为了提高支撑斜杆端部的抗屈曲能力,可在支撑钢板端部长度等于其宽度的范围内,沿支撑方向设置构造加劲肋。

支撑斜杆端部的节点构造,应力求其截面变化平缓,传力均匀,以避免该处发生应力集中。在支撑斜杆端部 1.5 倍钢板宽度范围内,不得焊接钢筋,也不得采取任何有利于提高局部粘结力的措施。

当平卧浇筑混凝土墙板时,应采取措施防止钢板自重引起支撑的初始弯曲。

图 8.62 内藏钢板支撑剪力墙的混凝土墙板构造

（2）混凝土墙板

墙板的混凝土强度等级不应小于 C20。混凝土墙板内应设双层钢筋网,每层单向最小配筋率不应小于 0.2%,且钢筋直径不应小于 6 mm,间距不应大于 150 mm。沿支撑周围间距应加密至 75 mm,加密筋每层单向最小配筋率不应小于 0.2%。双层钢筋网之间应适当设置联系钢筋,在支撑钢板周围应加强双层钢筋网之间的拉结,钢筋网的保护层厚度不应小于 15 mm。应在支撑上部加劲肋端部粘贴松软的泡沫橡胶作为缓冲材料（图 8.63）。

混凝土墙板的厚度 d_w 不应小于下列各项要求:①140 mm;②$h_w/20$;③8 t。其中,h_w 为墙板的高度,t 为支撑斜杆的钢板厚度。

在钢板支撑端部离墙板边缘 1.5 倍支撑钢板宽度的范围内,应在混凝土板中设置加强构造钢筋。加强构造钢筋可从以下几种方式中选用:①加密箍筋的钢筋骨架（图 8.64a）;②麻花形钢筋（图 8.64b）;③螺旋形钢箍。

与支撑钢板的厚度相比较,混凝土墙板厚度 d_w 相对较薄时,为了提高墙板对支撑的侧向约束,也可沿钢板与支撑斜杆全长在墙板内设置带状钢筋骨架,如图 8.64（a）所示。

当支撑钢板端部与墙板边缘不相垂直时,应注意使支撑端部的加强构造钢筋（箍筋）在靠近墙板边缘附近,顺平行于墙板边缘的方向布置,然后逐步过渡到与支撑斜杆垂直［图 8.65（a）］,不能全部垂直于支撑斜杆方向布置［图 8.65（b）］,以避免在支撑端部形成钢筋空白区,无力控制支撑钢板端部的失稳。

（3）与框架的连接

钢板支撑的上下节点与钢梁翼缘可采用角焊缝连接［图 8.66（a）］,也可采用带端板的高强度螺栓连接［图 8.66（b）］。最终的固定,应在楼面自重到位后进行,以防支撑承受过大的竖向荷载。

（a）单斜无粘结内藏钢板支撑墙板

1—锚板；2—泡沫橡胶；3—锚筋；4—加密钢筋；

5—双层双向钢筋；6—加密的钢筋和拉结筋；

7—拉结筋；8—加密拉结筋；9—墙板；10—钢板支撑

（b）人字形无粘结内藏钢板支撑墙板

1—双层双向钢筋；2—拉结筋；3—墙板；4—锚板；

5—加密的钢筋和拉结筋；6—加密钢筋；7—加密拉结筋；

8—钢板支撑；9—双层双向钢筋

图 8.63　墙板内钢筋布置

（a）杆端钢筋骨架　　　　　　（b）杆端麻花形钢筋

图 8.64　钢板支撑斜杆的加强构造钢筋

（a）正确布置　　　　　　　　（b）错误布置

图 8.65　支撑斜杆端部的箍筋布置

图 8.66a　无粘结内藏钢板支撑墙板与框架的焊接连接
1—无粘结内藏钢板支撑;2—混凝土墙板;3—泡沫橡胶等松软材料;4—钢梁;
5—钢柱;6—拉结筋;7—松软材料;8—钢板支撑;9—无粘结材料

图 8.66b　无粘结内藏钢板支撑墙板与框架的螺栓连接
1—无粘结内藏钢板支撑;2—混凝土墙板;3—泡沫橡胶等松软材料;4—钢梁;
5—钢柱;6—高强螺栓;7—端板

内藏钢板支撑剪力墙的顶边与框架梁之间应留有 25 mm 的空隙,墙板两侧与框架柱之间均应留出不小于 25 mm 的空隙(图 8.62）。混凝土墙板两侧边与框架柱的间隙 a（图 8.62）,还应满足 $2[u] \leqslant a \leqslant 4[u]$ 的要求,其中 $[u]$ 表示荷载标准值作用下框架的层间侧移容许值。

剪力墙墙板下端的缝隙,在浇筑楼板时,应该用混凝土填实。剪力墙墙板顶边与其上框架梁之间的缝隙,以及墙板两侧边与框架柱之间的缝隙,宜采用隔声的弹性绝缘材料填充,并用轻型金属架及耐火板覆盖。

3）墙板强度和刚度计算

①多遇地震作用下,无粘结内藏钢板支撑承担的楼层剪力 V 应满足下式的要求:

$$0.81 \leqslant \frac{V}{nA_p f_y \cos \alpha} \leqslant 0.90 \tag{8.24}$$

式中　n——支撑斜杆数,单斜杆支撑 $n=1$,人字形支撑和 V 形支撑 $n=2$;

　　　α——支撑杆相对水平面的倾角;

　　　A_p——支撑杆屈服段的横截面面积,mm^2;

　　　f_y——支撑钢材的屈服强度,N/mm^2。

②钢板在屈服前后,不考虑失稳的整个钢板支撑的抗侧刚度应按下列公式计算:

当 $\Delta \leqslant \Delta_y$ 时,$k_e = E(\cos \alpha)^2 / (l_p/A_p + l_e/A_e)$ 　　　　　　(8.25a)

当 $\Delta > \Delta_y$ 时,$k_e = (\cos \alpha)^2 / (l_p/E_t A_p + l_e/E A_e)$ 　　　　　(8.25b)

式中　Δ_y——支撑的侧向屈服位移,mm;

　　　A_e——支撑两端弹性段截面面积,mm^2;

　　　A_p——中间屈服段截面面积,mm^2;

　　　l_p——支撑屈服段长度,mm;

　　　l_e——支撑弹性段的总长度,mm;

　　　E——钢材的弹性模量,N/mm^2;

　　　E_t——屈服段的切线模量,N/mm^2。

③无粘结内藏钢板支撑墙板可简化为与其抗侧能力等效的等截面支撑杆件(图 8.67)。其等效支撑杆件的截面面积 A_{eq}、等效支撑杆件的屈服强度 f_{yeq}、等效支撑杆件的切线模量 E_{teq},可按下列公式计算:

$$A_{eq} = L/a \tag{8.26a}$$

$$f_{yeq} = A_p f_y a / L \tag{8.26b}$$

$$E_{teq} = \frac{k_1 L}{A_{eq}(\cos \alpha)^2} = \frac{a}{t} \tag{8.26c}$$

$$L = L_p + L_e \tag{8.26d}$$

$$L_e = L_{e1} + L_{e2} \tag{8.26e}$$

$$a = \frac{L_p}{A_p} + \frac{L_e}{A_e} \tag{8.26f}$$

$$t = \frac{L_p}{E_t A_p} + \frac{L_e}{E A_e} \tag{8.26g}$$

图 8.67　无粘结内藏钢板支撑墙板的简化模型

8.4.4 带竖缝混凝土墙板

1）墙板工作性能

（1）实体墙

在水平荷载作用下，一般的钢筋混凝土实体墙板的破坏形态为典型的斜裂缝［图 8.68（a）］，属于脆性的剪切破坏。在持续的往复荷载作用下，斜裂缝不断扩大，具有不可恢复性。

实体墙具有初期抗侧刚度大，水平承载力高，刚度退化严重，延性差，耗能容量小等特点，不是与钢框架配合使用良好的抗震构件。

图 8.68　水平荷载下 RC 墙板的破坏形态

（2）带竖缝墙

日本鹿岛建设技术研究所提出的带竖缝钢筋混凝土墙板，是采用几条竖缝将一片墙体划分成几根并列的宽柱，大大改善了墙板的抗震性能。竖缝墙体嵌置于钢框架中，在风荷载作用下，墙板处于弹性工作阶段，具有足够强的抗侧移刚度。遭遇强烈地震时，其"缝间墙"弯曲屈服，刚度下降，结构所受的地震作用减小，同时使结构具有较大的延性。

在水平荷载下，"带缝墙板"不再发生剪切型破坏的斜裂缝，而代之以"并列宽柱"上、下端弯曲破坏引起的水平裂缝（图 8.68）。当水平荷载反向时，原受拉侧的水平裂缝趋于闭合，而且能继续有效地承担反向弯矩所引起的压应力。

混凝土墙板增加几条竖缝后，其受力状态由原来的剪切破坏转变为弯曲破坏，其弹性和极限侧移值成倍地增长，延性改善，刚度退化趋缓，耗能容量增大，墙板的刚度、抗力和延性与钢框架的匹配情况协调较好。

墙板设置竖缝后，弹性极限侧移值及延性与钢框架的差距缩小，竖缝墙与钢框架共同抵抗水平地震作用时的同步工作程度得到很大的改善。墙板在低周往复水平荷载作用下的 V-u 骨架曲线表明，带竖缝墙板具有很好的延性，墙板的极限位移 u_{max} 约为其"缝间墙"竖筋屈服时侧移 u_y 的 2.5~3.0 倍，且约为其"缝间墙"极限荷载时侧移 u_u 的 1.5 倍。

2）墙板几何尺寸

带竖缝混凝土剪力墙板的几何尺寸（图 8.69）可按下列要求确定：

①墙板总尺寸 l,h 应按建筑和结构设计要求确定。

②水平荷载作用下竖缝墙板的破坏可能出现下列 3 种类型：a."缝间墙"弯压破坏；b."缝间墙"剪切破坏；c.上、下"带状实体墙"的剪切破坏。其中，仅第 a 种类型属于延性破坏，其余两种均为脆性破坏。为实现墙板的延性破坏，竖缝的数目及其尺寸，应按下列公式要求：

$$h_1 \leq 0.45h_0 \tag{8.27a}$$

$$0.4 \leq l_1/h_1 \leq 0.6 \tag{8.27b}$$

$$h_{sol} \geq l_1 \tag{8.27c}$$

式中 h_0——每层混凝土剪力墙部分的高度,m;

　　　h_1——竖缝的高度,m;

　　　h_{sol}——实体墙部分的高度,m;

　　　l_1——竖缝墙墙肢的宽度,m,包括缝宽。

图 8.69　带竖缝混凝土墙板的几何尺寸

③墙板厚度 t 应满足下列公式的要求:

$$t \geq \frac{\eta_v V_1}{0.18(l_{10} - a_1)f_c} \tag{8.28a}$$

$$t \geq \frac{\eta_v V_1}{k_s l_{10} f_c} \tag{8.28b}$$

$$k_s = \frac{0.9\lambda_s(l_{10}/h_1)}{0.81 + (l_{10}/h_1)^2 [h_0/(h_0 - h_1)]^2} \tag{8.28c}$$

式中 k_s——竖向约束力对实体墙斜截面抗剪承载力影响系数;

　　　η_v——剪力设计值调整系数,可取 1.2;

　　　f_c——混凝土抗压强度设计值,N/mm²;

　　　λ_s——剪应力不均匀修正系数;

　　　n_1——墙肢的数量;

　　　V_1——单肢竖缝墙的剪力设计值,N;

　　　l_{10}——单肢缝间墙的净宽,$l_{10} = l_1 -$ 缝宽,缝宽一般取为 10 mm;

　　　a_1——墙肢内受拉钢筋合力点到竖缝墙混凝土边缘的距离,mm。

④内嵌竖缝墙板的框架,梁柱节点应上下扩大加强。

3)设计原则及材料要求

带竖缝混凝土剪力墙板应按承受水平荷载,不应承受竖向荷载的原则进行设计。

墙板的混凝土强度等级不应低于 C20,也不应高于 C35。

4)墙板构造要求

①墙板的两侧边与框架柱之间应留有一定的空隙,使彼此间无任何连接,如图 8.70 所示。

②墙板内各条竖缝两端的实体墙中应配置横向主筋,其数量不低于缝间墙一侧的纵向钢筋用量。

③形成竖缝的填充材料宜用延性好、易滑移的耐火材料(如二片石棉板)。

④高强度螺栓和栓钉的布置应符合现行国家标准《钢标》的有关规定。

⑤框架梁的下翼缘宜与竖缝墙整浇成一体。吊装就位后,在建筑物的结构部分完成总高度的70%(含楼板),再与腹板和上翼缘组成的T形截面梁现场焊接,组成工字形截面梁。

图8.70 带竖缝混凝土剪力墙板与框架梁的连接

⑥墙肢中水平横向钢筋应满足下列公式要求:

当 $\eta_v V_1/V_{y1} < 1$ 时

$$\rho_{sh} \leq 0.65 \frac{V_{y1}}{tl_1 f_{sk}} \tag{8.29a}$$

当 $1 \leq \eta_v V_1/V_{y1} \leq 1.2$ 时

$$\rho_{sh} \leq 0.60 \frac{V_{y1}}{tl_1 f_{sk}} \tag{8.29b}$$

$$\rho_{sh} \leq \frac{A_{sh}}{ts} \tag{8.29c}$$

式中 s——横向钢筋间距,mm;

     A_{sh}——同一高度处横向钢筋总截面积,mm²;

     f_{sk}——水平横向钢筋的强度标准值,N/mm²;

     V_{y1},V_{u1}——缝间墙纵筋屈服时的抗剪承载力(N)和缝间墙压弯破坏时的抗剪承载力(N),可根据《高钢规》附录 D 的相关规定计算;

     ρ_{sh}——墙板水平横向钢筋配筋率,其值不宜小于0.3%。

思考题

8.1 进行内力和位移分析时,民用建筑高层钢结构的阻尼比如何取值?

8.2 高层建筑钢结构有哪几种结构体系?各自的特点和适用范围如何?

8.3 什么是高层建筑钢结构的 P-Δ 效应?如何考虑该 P-Δ 效应?

8.4 钢框架的屈服耗能机制与钢筋混凝土框架的屈服耗能机制有什么不同?钢框架如

何实现强柱弱梁？可采取哪些措施使钢框架梁塑性铰从梁与柱的连接部位外移？

8.5 框架-支撑结构体系中,竖向支撑应怎样布置？帽桁架的作用是什么？怎样布置？

8.6 为什么抗震设计的中心支撑钢框架不能采用 K 形支撑斜杆？

8.7 偏支框架中的耗能构件是什么？偏支框架的抗震设计概念是什么？如何在设计中实现？

8.8 为什么要规定抗震设计的钢结构构件的长细比限值和板件宽厚比限值？

8.9 抗震钢结构构件连接的设计原则是什么？钢梁柱连接的抗震计算包括哪些内容？

8.10 钢框架-墙板结构中常用哪些预制墙板？墙板与钢框架梁柱如何连接？

附录
风荷载体型系数

1. 矩形平面

μ_{s1}	μ_{s2}	μ_{s3}	μ_{s4}
0.80	$-\left(0.48+0.03\dfrac{H}{L}\right)$	-0.60	-0.60

注：H 为房屋高度。

2. L 形平面

μ_s a	μ_{s1}	μ_{s2}	μ_{s3}	μ_{s4}	μ_{s5}	μ_{s6}
0°	0.80	-0.70	-0.60	-0.50	-0.50	-0.60
45°	0.50	0.50	-0.80	-0.70	-0.70	-0.80
225°	-0.60	-0.60	0.30	0.90	0.90	0.30

3. 槽形平面

4. 正多边形平面、圆形平面

1) $\mu_s = 0.8 + \dfrac{1.2}{\sqrt{n}}$（$n$ 为边数）；

2) 当圆形高层建筑表面较粗糙时，$\mu_s = 0.8$。

5. 扇形平面

6. 梭形平面

7. 十字形平面

8. 井字形平面

9. X 形平面

10. 卄形平面

11. 六角形平面

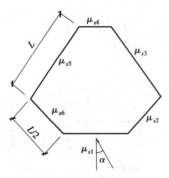

μ_s \ a	μ_{s1}	μ_{s2}	μ_{s3}	μ_{s4}	μ_{s5}	μ_{s6}
0°	0.80	−0.45	−0.50	−0.60	−0.50	−0.45
30°	0.70	0.40	−0.55	−0.50	−0.55	−0.55

12. Y形平面

μ_s \ a	0°	10°	20°	30°	40°	50°	60
μ_{s1}	1.05	1.05	1.00	0.95	0.90	0.50	−0.15
μ_{s2}	1.00	0.95	0.90	0.85	0.80	0.40	−0.10
μ_{s3}	−0.70	−0.10	0.30	0.50	0.70	0.85	0.95
μ_{s4}	−0.50	−0.50	−0.55	−0.60	−0.75	−0.40	−0.10
μ_{s5}	−0.50	−0.55	−0.60	−0.65	−0.75	−0.45	−0.15
μ_{s6}	−0.55	−0.55	−0.60	−0.70	−0.65	−0.15	−0.35
μ_{s7}	−0.50	−0.50	−0.50	−0.55	−0.55	−0.55	−0.55
μ_{s8}	−0.55	−0.55	−0.55	−0.50	−0.50	−0.50	−0.50
μ_{s9}	−0.50	−0.50	−0.50	−0.50	−0.50	−0.50	−0.50
μ_{s10}	−0.50	−0.50	−0.50	−0.50	−0.50	−0.50	−0.50
μ_{s11}	−0.70	−0.60	−0.55	−0.55	−0.55	−0.55	−0.55
μ_{s12}	1.00	0.95	0.90	0.80	0.75	0.65	0.35

参考文献

[1] 中华人民共和国住房和城乡建设部,中华人民共和国国家质量监督检疫总局.建筑结构荷载规范(GB 50009—2012)[S].北京:中国建筑工业出版社,2012.

[2] 中华人民共和国住房和城乡建设部.高层建筑混凝土结构技术规程(JGJ 3—2010)[S].北京:中国建筑工业出版社,2011.

[3] 中华人民共和国住房和城乡建设部,中华人民共和国国家质量监督检疫总局.建筑抗震设计规范(GB 50011—2010)(2016年版)[S].北京:中国建筑工业出版社,2016.

[4] 中国建筑科学研究院.混凝土结构设计规范(GB 50010—2010)(2015年版)[S].北京:中国建筑工业出版社,2015.

[5] 中华人民共和国住房和城乡建设部.建筑地基基础设计规范(GB 50007—2011)[S].北京:中国建筑工业出版社,2011.

[6] 中华人民共和国住房和城乡建设部,等.建筑结构可靠性设计统一标准(GB 50068—2018)[S].北京:中国建筑工业出版社,2018.

[7] 沈小璞,陈道政.高层建筑结构设计[M].武汉:武汉大学出版社,2014.

[8] 沈蒲生.高层建筑结构设计[M].2版.北京:中国建筑工业出版社,2011.

[9] 霍达.高层建筑结构设计[M].北京:高等教育出版社,2006.

[10] 丁洁民,巢斯,赵昕,等.上海中心大厦结构分析中若干关键问题[J].建筑结构学报,2010,31(6):122-131.

[11] 赵西安.钢筋混凝土高层建筑结构设计[M].北京:中国建筑工业出版社,1992.

[12] 吕西林.高层建筑结构[M].2版.武汉:武汉理工大学出版社,2003.

[13] 钱稼茹,赵作周,叶列平.高层建筑结构设计[M].2版.北京:中国建筑工业出版社,2012.

[14] 林同炎,S.D斯多台斯伯利.结构概念和体系[M].2版.北京:中国建筑工业出版社,1999.

[15] 包世华,方鄂华.高层建筑结构设计[M].2版.北京:清华大学出版社,1990.

[16] 傅学怡.实用高层建筑结构设计[M].北京:中国建筑工业出版社,1999.

[17] 陈肇元,钱稼茹.汶川地震建筑震害调查与灾后重建分析报告[M].北京:中国建筑工业出版社,2008.

[18] 刘大海,杨翠如.高层建筑结构方案优选[M].北京:中国建筑工业出版社,1996.

[19] 徐培福,王亚勇,戴国莹.关于超限高层建筑抗震设防审查的若干讨论[J].土木工程学报,2004,37(1):1-7.